探索人的智慧

刘达金　刘著明　著

暨南大学出版社
JINAN UNIVERSITY PRESS

中国·广州

图书在版编目（CIP）数据

探索人的智慧/刘达金，刘著明著 . —广州：暨南大学出版社，2020.5
ISBN 978 - 7 - 5668 - 2892 - 7

Ⅰ. ①探…　Ⅱ. ①刘… ②刘…　Ⅲ. ①智慧—研究　Ⅳ. ①B848.5

中国版本图书馆 CIP 数据核字（2020）第 059712 号

探索人的智慧
TANSUO REN DE ZHIHUI

著　者：刘达金　刘著明

出 版 人：张晋升
责任编辑：曾鑫华　陈绪泉
责任校对：黄志波
责任印制：汤慧君　周一丹

出版发行：暨南大学出版社（510630）
电　　话：总编室（8620）85221601
　　　　　营销部（8620）85225284　85228291　85228292（邮购）
传　　真：（8620）85221583（办公室）　85223774（营销部）
网　　址：http：//www. jnupress. com
排　　版：广州市天河星辰文化发展部照排中心
印　　刷：深圳市新联美术印刷有限公司
开　　本：787mm×1092mm　1/16
印　　张：24.75
字　　数：397 千
版　　次：2020 年 5 月第 1 版
印　　次：2020 年 5 月第 1 次
定　　价：68.00 元

前　言

笔者长期研究哲学原理和心理学原理在干部人事工作和青少年心理（思想）咨询引导工作中的应用课题。面对很多因为心想事不成而产生心理障碍的各类工作对象，见识到了"人各有智、慧行一生"的千姿百态，领略了智慧对于人生的奇妙功效。感悟到若能以哲学和心理学原理指导思维言行，使心理思维智慧化，构建适合个人需求与社会需求的人格结构和能力结构，就能使理想与现实适配而心想事成。

笔者在与工作对象的交流互动中，经常听到关于智慧主题的询问：智慧是什么？智慧是从哪里来的？智慧与心理思维是什么关系？智慧对人生有什么作用？为了回答这些问题，笔者阅读了大量与哲学、心理学、社会学、逻辑学相关的教科书和论著，都未得到满意的解答，从中却意外发现世界各国竟然至今都还没有建立起智慧学这门学科，甚至对智慧这个概念也还没有明确的定义。笔者感慨之余便产生了探索人的智慧，研究哲学、心理学与智慧的关系，研究智慧与思维、人生的关系，为人们提供适宜可行的思维智慧化解决方案的使命感，进而在 2005 年产生了撰写《探索人的智慧》一书的激情和意愿。

本书从智慧化思维角度，探讨、参悟哲学原理和心理学原理与人生思行的连接方式，提出了一些与众不同的概念与原理，为构建现代智慧学的学科理论体系作了粗浅的探讨与尝试。笔者念想以人的心理思维活动为平台，将哲学和心理学原理与因应能量平衡关系变化的智慧化思维对接，使抽象的理论原理与实际生活融会贯通，让人们的心理思维活动和人生实践活动充满智慧。

本书将人的智慧划分为四个板块：需求智慧、人格智慧、智能智慧、悟性智慧。全书共分设六篇二十五章。

第一篇"人类智慧起源",分设六章。

第一章探讨了事物的结构。通过分析事物的结构,认为智慧蕴含于事物结构的运变之中。

第二章探讨了人类智慧的起源与发展。生物的智慧产生于生物自身结构原生品质性能的持续激活和运作,生物的生存意识是智慧的源泉。外界事物蕴含着人类需求的各种能量,很多事物都是人类所需的能量体或能量资源,因此成为人类的能量交换对象。人类智慧起源于人与外界能量交换对象的能量交换活动和能量平衡关系的变化。与生存相关的能量平衡关系变化释放的能量信息刺激人的感官和大脑,激活心理遗传基因需商和情商,衍生出需要感和情性(情感)这两种心理反应性能,从此开启了心理活动;需要感与情感相互作用、相互融合,渐次激活其他心理遗传基因,心理思维品质性能也随之渐次育化、强化与拓展。

第三章探讨了人类智慧的结构和本质。人的智慧由智与慧两部分心理思维品质、性能和功效构成。人的智慧本元是心理思维过程产生的心理思维能量。给出了智慧的定义:人的智慧是因应各种与需求相关的能量平衡关系变化,构建生存与发展条件的心理思维品质、性能和功效。

第四章探讨了作为智慧成长条件的社会环境与社会事物。本章从人的智慧成长条件的角度,分析了社会事物的结构、形态和多维属性。文化、文明现象是社会事物的象体形态,使人的思维拓展并构建了象体思维方式,并通过象体思维方式吸纳和内化社会文化知识的能量。本章从智慧学角度揭示了象体事物的运变原理和象体思维原理。

第五章探讨了社会正义与社会需求。本章系统地论述了社会正义的内涵、本质、分类,并对社会正义进行解释和演绎。

第六章探讨社会互动。对互动对象的认知、评判、适应和改变是人们参与社会互动的四种方式,同时也是人们与互动对象交换能量的四种方式。

第二篇"需求智慧"，分设三章。

第七章探讨人的需要思维。通过分析人与外界事物能量平衡关系的运变，认为人的需要产生于自我内部或自我与外界事物之间能量对比失衡的信息刺激。人的需要表达的是一组反映能量平衡态势运变的因果关系；人的心理思维，因能量平衡态势失衡而生需，因需而求要平衡态势。需要的使命是实现人与外界事物的能量平衡交换，建立与交换对象的能量平衡态势。本章还分析了需要的结构，提出了智慧学的需要产生原理。

第八章探讨人的欲望思维。人的欲望产生于对过去不满意、对现状不满足、求要改变现状和憧憬未来的心理体验与念想。欲望的使命是追求优势，追求创新创造，打破旧平衡建立新平衡。

第九章探讨人的需求思维。人的需求是对需要与欲望的整合和求要指向。需求表达的是对事物能量及其交换对象的取舍态度、意愿和方式的念想。人的需求由需要型需求与欲望型需求组成。主张个人的需求应与团体、社会的需求同向、兼容。

第三篇"人格智慧"，分设五章。

第十章探讨了人格的概念、使命、性能和特点。人格是一个人在社会生活或在他人心目中的样子，包括心性与精神风貌，思行方式与风格。人格思维以适应社会环境与思维对象，构建生存与发展的基本条件为宗旨，具有能量转化、决定人生社会归属、决定人生定位、体验认知、美化心身、调适关系、实践操作和反作用于生理生命八大性能。人格思维的主要特点是感性、直接行动与务实求利。

第十一章探讨了人格内涵。构成人格本质和核心性能的要素主要包括人格属性、人格意识、人格态度、人格互动样本、体验认知、经验与技能、观念与信念这七个系统。

第十二章探讨人格的品质结构和性能。人格品质由需要与情感在社会互动中相互作用、相互融通而衍生、育化和养成。人格品质主要包括情感、道德、意愿、志愿、模仿学习、谋利、审美、吸引力、合作与竞争、利他、抗险避害、改错调适十二类。人格的十二类品质是一个正常人最基本的生存技能和发展技能，决定着一个人最基本的生活模式、生活格调，决定一个人为人处世的标准、原则、信念和言行表现风格。

第十三章探讨人格的动机与决断思维。动机是关于行动的预案思维，是将一次行动的因果关系链确立为一个可行项目预案的思维过程。动机和决断都是围绕需求目标进行的。

第十四章探讨人生态势场和人生态势的构建。人生态势场是人们主动应对外界能量交换对象运变而构建的，整合资源、配置条件和手段的平台，属于可操控、可支配的个人活动空间，属于个人的势力范围。主张将人生态势场划分为八个人生面向态势场。人生的价值在于益利自我、益利他人、益利社会并得到相应的认同和肯定。人生价值由个人价值、家庭价值、社会价值三个层级组合而成。人生态势围绕与互动对象力量对比的平衡状态分为六个层级，核心是保持均势平衡态势，谋取优势平衡态势。

第四篇"智能智慧"，分设四章。

笔者认为，智能智慧来源于人们对科学文化知识的学习、内化和转化，是吸纳、借鉴和运用他人经验与社会科学文化知识的成果。智能智慧是通过掌握和运用文化知识，主导个人与能量交换对象进行能量交换，践行利益最大化的智慧。

第十五章探讨知识的学习思维。着重阐述了思维样本尤其是认知样本的本质结构和性能，阐述了认知样本对文化知识信息的映照识别原理，提出了智慧学的思维样本原理。

第十六章探讨习得知识的内化路径，个人知识体系结构的构建方式，形成了智慧学的个人知识体系原理。

第十七章探讨构建知识智能化思维体系。知识智能化思维是一种以文化知识为动力源和工具的智慧化思维方式，是将科学文化知识理解内

化后，转化为智力和能力的思维过程。知识智能化思维体系主要由学习思维、资源整合思维、工具化与技术化思维、人格文化思维等十大思维系统构成。

第十八章探讨知识观念化。观念首先是对客观现实的认知观点，然后根据认知观点再现或创造认知对象的意念和理念。观念是理念和方法论的模式化。人的观念主要包括世界观、人生观、价值观和应对观念。

第五篇"悟性智慧"，分设四章。

笔者认为人的智慧化思维过程，之所以能使智慧不断成长升级，不断强性增效，根本原因就在于人的悟性，在于悟性思维的引领和主导作用。悟性智慧能够使人们达到智慧的最高境界：以我为主，按自己的需求和态度构建与外部对象的能量平衡关系。

第十九章探讨事物的相关性。事物的相关性是两个以上事物因能量交换而产生相互作用的性质，包括因相互吸引而产生相互接近、相互合作的结合性；因相互排斥而产生相互疏远、相互离散的分离性。社会人际关系的结合与分离，是社会事物相关性原理运变的结果。人们可以通过运作人与人之间的吸引力和结合性，引导人们相互接近、相互结合、相互融通、相互适应、相互合作，通过分工合作构建相互益利的人际关系链和利益链；也可以通过运作人与人之间的排斥力和分离性，在团队内部引导团队成员之间相互竞争、相互监督，进行团队人员结构的调整和改组；在团队外部引导本团队与对手开展竞争、对抗，将对手排斥出同一利益链；还可以通过运作事物的结合性和分离性，开展创新、创造性思维活动，创建新的事物。

第二十章探讨悟性思维。人的悟性是对事物超常特性与相关性敏感专注、触类旁通、超然通解的心理思维特性。悟性思维是一种能够发现并悟通事物运变的超常性和可能性，将超常性转变为创造性，将可能性转变为现实性的思维方式。超常、悟通、一心多用和创新创造是悟性思维的四大特性。

第二十一章探讨悟性思维的性能。悟性思维有超常认知、诱导、对超常性的整合运作、媒介联通、对思维能量的转化、愿景规划、创新、自省八项性能。

第二十二章探讨办法思维。办法思维是认知、分析、解决难题的谋算思维过程。根据需求目标制造和运用工具手段、为解决难题障碍实现目标创造条件、为对手设计和制造难题障碍是办法思维的三大要点。办法思维主要由技法、方法和圆法三大功能包构成。技法是在熟悉的对象中获取利益价值的办法。为实现当下的需求目标，运用可控的条件和工具手段，针对明确的对象，认知并解决主要矛盾与难题的办法叫方法。为实现战略或策略目标，整合资源、适配条件，运用方法并保证方法有效执行，解决复杂问题、系统问题、开创新局面的办法叫圆法。方法与圆法可以相互转化。技法通巧，方法通妙，圆法通玄；技法融入方法可致巧妙，方法融入圆法可致玄妙。

第六篇"智慧的实现"，分设三章。

笔者认为，智慧的实现是指智慧化思维的品质性能向思维对象转化和释放，解决践行需求的各种难题障碍，产生益利自我的功效，实现智与慧、能与效相结合的思维过程。智慧的实现过程对内表现为构建和提升自我需求智慧、人格智慧、智能智慧、悟性智慧的内为实现过程；对外表现为围绕需求目标，使思维的品质性能向行为转化，能力向功效转化，功效向成果转化的外为实现过程。

第二十三章探讨智慧能力。智慧的使命是能量转化，而能量转化的结果是形成智慧能力。智慧能力的使命是运作条件和工具手段实现需求目标。智慧能力是指蕴含在心理思维品质性能中，能够成功完成某项活动、任务的能量与力量，是对思维对象的作用力和反作用力。每个人都会根据自身的个性特点和所处环境条件的特点，组合配置适合自身需求的智慧能力。

第二十四章和第二十五章探讨了智慧的内为实现和外为实现。智慧

的内为实现主要有四条路径：养育悟性、更新思维样本、培养和改造人格思维品质、激励思维品质性能升级。智慧的外为实现是根据需求目标，有选择地向外界思维对象抒发释放智慧能力，排解能量交换过程中的难题障碍，通过获取利益与价值实现需求目标。智慧的外为实现主要包括：资源整合思维、难题求解思维、决策思维、操作执行思维、评判思维和成果转化思维。

为使智慧学的抽象理论与大众的日常生活和社会实践相互连接、融会贯通，使智慧学的理论原理彰显方法论意义与功能，笔者在撰写本书时有意尝试采用通俗易懂的生活化语言，尽量减少抽象与学术性的术语论述。

本书适用于具有一定哲学基础和心理学基础的人群阅读学习。本书可作为智慧学学科研究参考资料，也可作为青年学生学业、创业、智慧能力培养和人格修养的方法论，指导其心理思维活动更加科学化、智慧化，使个人智慧获得持续拓展和提升。

本书是笔者对现代智慧学学科理论体系的初探之作，希望能起到抛砖引玉的作用。由于笔者水平有限，书中难免会有不妥不适之处，恳请各位专家和广大读者不吝指正。

刘达金　刘著明

2019 年 12 月 12 日

目　录

第一篇　人类智慧起源

　　人的智慧产生于与思维对象的能量交换活动，是人的心理思维活动产生的能量和功效。人的智慧能量由心理思维活动，通过与能量交换对象的互动过程受纳获得，经思维活动内化、转化和升华，又通过应对和实践活动向能量交换对象授予释放；受纳获得与授予释放都是智慧能量交换活动。智慧能量的受纳获得与授予释放既互为条件又互为目的，其使命是要确立与能量交换对象进行能量平衡交换的有效路径与方式，使自我与能量交换对象达成能量平衡。

　　自然界事物、社会事物、人际互动对象、自身及心理思维活动是人的智慧能量交换的四大类对象。概括地说，人的智慧活动主要是与这四大类对象进行能量交换活动。自然界事物的运变、社会事物的运变、人际互动对象的运变、自身及心理思维活动的运变，既是智慧能量的源泉，又是智慧的"用武之地"和服务对象。

第一章　事物结构

物即客观实在，是各种能量体的存在。每一物都是一个由众能量元素组合的能量结构体，世间万物都是能量结构体。事即物与物、能量体与能量体因能量交换的相互作用而发生的过程和现象。事物，指客观事物，是各型各类能量体的存在及其相互交换能量的过程和现象。客观事物包括自然界的事物、人及其心理思维活动、人类社会事物、人际关系。世界，是无数客观事物的总和。世界上除了运变的事物和事物的运变以外，再没有别的东西存在。

事物结构，是指与能量交换密切相关的几个能量体之间形成的有序组合。事物结构之所以成为人的智慧能量的交换对象，是因为各类事物的物质能量是人类社会和人及其心理思维的能量源泉；在自然界各型各类的事物结构中蕴含着人的生理和心理所必需的能量，是人和人类社会赖以生存和发展的首要条件。

事物的存在与运变取决于事物的品质和性能态势，事物的品质和性能取决于内部各元素之间能量的平衡协调状况，平衡则立，失衡则废。一事物因内部元素能量平衡协调而质优，因质优而性强，因性强而势盛，因势盛而能，因能被激活而发功，因发功而有效用。事物结构的运变是品质和性能（性质与功能）被激活的结果。事物结构品质和性能被激活正是智慧的起点。

第一节　事物结构原理

世界上的任何存在、内容和活动所包含的一切物质和事情及其相互关系的互动现象，都是事物的表现特征。

一、事物结构原理

任一事物都有原生品质性能。事物因原生品质性能的激活、育化而

生存，因原生品质性能的拓展、升华而发展。事物的生存与发展是其品质性能存续与成长的现象形态。事物品质性能的存续与成长是其生存与发展的本质。

任何事物（元素）的原生品质性能都是能量体（能量结构体），都要通过与周边他事物交换能量（付出一部分能量，获得一部分能量）才能存续，才能实现事物的生存与发展。事物的能量，是对品质结构存续、成长必需的元素、营养、力量、特性、功能、技能、办法、工具、手段、环境、关系、角色地位等资源条件的统称。事物的能量是事物存在和变化发展的根据与内因。在人类的社会活动和日常生活中，事物的能量经常被简称或代称为能量、利益、价值、能源、好处等。

能量交换在本质上就是品质性能和资源条件的交换。一事物通过与周边他事物交换能量而更新、改善自身的品质性能和资源条件。能量交换可分为不平衡交换与平衡交换两大类。不平衡交换必然使一方过度（超额）获得能量，使另一方过度丧失能量。过度（超额）获得能量的一方具有超常发展的可能，但它必须尽快复衡或建立新的更高层级的平衡，否则就会因能量饱和过度、物极必反而引发自身结构分解；建立新的更高层级的平衡，自身结构虽然形未变，但实质上却发生了改变，在性质上已经脱离了原有的结构形态，归属、加入了一个新的类属层级结构形态。过度丧失能量的一方则有结构分解的可能，它必须尽快获得新的能量，尽快复衡，否则就会丧失生存与发展的基本条件。能够与周边他事物平衡交换能量的事物才能正常生存与发展，不能与周边他事物平衡交换能量，不能与能量交换对象构成能量平衡关系的事物就不能正常生存与发展。不能正常生存与发展的事物，不是消失，而是遵循万物守恒定律，发生了形变和质变，离开了现有的事物结构，重新加入（归属）了另一种事物结构，成为另一种事物形态。可见自身有能量，可与他事物平衡交换能量，并与交换对象构成能量平衡关系，是事物存在的三大必要条件，同时也是事物变化发展的根据、出发点和归宿。因此，平衡交换能量并与交换对象构成能量平衡关系就成为诸事物共生共处的共性和普遍规律。

事物原生品质性能的存续、成长对能量的必需与求要便是事物的原生需要。任何事物都有原生需要，即都有正常生存与发展的需要，都有与周边他事物交换能量的需要。原生需要蕴含于事物的原生品质性能之中，是事物的本性、本能，或称原生的品质性能，或称遗传基因。

生命体事物初始的原生品质性能由母体遗传，并靠母体遗传留存的能量维持。原生品质性能使生命体事物表现出生命特征，如植物的种子、动物的胚胎，当种子或胚胎遇到能够代替母体，提供原生品质性能所需能量的外界事物（包括环境和条件，生命体事物和非生命体事物）信息适度刺激时，初始的原生品质性能便被激活，一个新的生命体事物就此诞生。新的生命体事物随即产生与外界事物交换能量的原生需要。交换能量的目的和结果是自身进一步的发展（存续与成长）；进一步发展的目的和结果是自身生存品位和条件的改善。随着能量交换活动的持续与拓展，原生品质性能进化为基本品质性能，原生需要转化为基本需要。持续的能量交换，生命体事物便获得持续进步的生存与发展。

事物尤其是生命体事物的原生需要随原生品质性能的进化、拓展、升华而延伸和转化，构成有因果联系的原生需要、基本需要、衍生需要、具体需要系统，形成生态链、生态系统。基本需要的形成，一方面由原生需要激活后进化而成，另一方面由衍生需要常态化积累集合而成；是替代原生需要，使事物结构进一步存续、成长的常态需要或必要条件。衍生需要首先是指由原生需要和基本需要衍生、育化、拓展和延伸的需要；其次是指事物结构的各个组成部分（分结构）的需要；再次是对具体需要在层级和种类上的归纳与概括；衍生需要是从不同层面表达和实现基本需要的必要条件。具体需要是指衍生需要在各个具体时点、具体地点有标的对象定指的需要，一般都定位为实现衍生需要的工具手段性资源条件而非目的。

有需要必追求满足、实现满足。满足需要就必须与周边他事物平衡交换能量。平衡交换能量必须具备必要的条件，即有合适的交换对象、交换方式、交换条件、交换手段和交换运作过程等要素。合适指通过付出就可以顺利获得，通过获得就可以顺利付出。当下合适或未来可能合适的交换要素之间就产生了相关性和结合性。相关性和结合性是众多事物结构运变的依据。

众事物（元素）因能够进行能量平衡交换的相关性和结合性而按一定的规则和程序，有序排列或组合必然会造就一个新的事物，人们称

之为事物结构，包括结构的过程与结果；众事物（元素）因不具备或丧失能量平衡交换的相关性和结合性而按一定的规则和程序离散或分解，必然会损害所属的事物结构，人们称之为去结构或解构，包括解构的过程和结果。一事物的结构过程或结果都蕴含着他事物的解构过程或结果。

结构通过组合或解构而实现，能量的获得通过能量的付出而实现，能量的付出通过能量的获得而实现。任一事物的结构或解构运变，目的都是实现与周边他事物结构平衡交换能量的平衡态势。

众元素按一定的规则和程序组合成一个事物结构，在智慧学看来，也就是在为自己建立一个适宜生存与适度发展的态势场。

事物（元素）之间能量平衡交换关系的演化运变是一切事物结构的本质。结构性是事物最根本、最普遍的性质。没有无结构的事物，也没有无事物的结构，讲结构即指事物结构，讲事物也是指事物结构。

智慧学认为，在一定的规则和程序支配下，任一事物元素在任一事物结构中都有一定的角色地位及其使命职能的规定，这种规定是结构对内部元素的赋能。由于自身能量与外界能量交换的多样性，一个事物必须经常转换能量交换对象，以便及时受纳获取或授予释放不同的能量。经常转换能量交换对象，必然导致经常转换结构，即从一个结构出来再进入另一个结构，这是一个连贯的去结构化和结构化过程。智慧学把这种转换称为"角色转换"。"角色转换"又必然会导致事物能量受授取向和方式的转换。

综上所述，众事物（元素）因各自生存与发展的品质性能对能量的需要，即对能量平衡交换的需要而产生相关性和结合性，因相关性和结合性而结构或解构，在结构或解构中通过角色转换实现能量的获得和付出，最终实现众事物（元素）之间的能量平衡态势。

二、事物能量运变原理

一个事物结构的运变是内因和外因这两大原因相互作用的结果。内因来自内部各能量体（元素）能量的平衡协调状况，一事物因内部各能量体能量的平衡协调而质优，因质优而性强，因性强而势盛，因势盛而确立能量平衡态势。外因来自周边相关的他事物能量体的作用力和反作用力。所谓内因和外因相互作用，是指相关的事物能量体之间相互交换能量过程产生的相互作用。事物能量体之间因能量平衡交换运变而构成平衡协调关系。事物内部或事物之间能量平衡协调关系的变异是能量交换的根本原因和直接动力。

（1）事物内部或事物之间，在品质性能、资源条件及其度量上的能量交换运变，都有一个由中心线、能量运变轨迹、能量运变值、运变上下限和运变规律构成的"能量平衡运变箱体"，即适宜生存与发展的常态平衡区间。这个常态平衡区间是由三条平行线组成：中心线是一条平衡线，与中心线上下（或左右或前后）对应的两极向等距处各有一条极限线，称为平衡箱顶线（即上限线）和平衡箱底线（即下限线）。能量体的能量因与其他能量体进行能量交换而发生运变轨迹、能量值、运变上下限和运变规律的变化。能量体的能量值，围绕中心平衡线在箱顶线和箱底线规定的区间内运变，都可视为正常变化的能量平衡运变态势。

能量运变值脱离中心平衡线向上或向下变动，结构就会发出需要调适的信号，提示主体及时增减或调适能量；能量运变值越接近上限线或下限线，结构就会发出越强的需要调适信号，提示主体强力增减或调适能量。这就是事物能量平衡运变原理之一。影响事物能量平衡运变的各种因素便构成能量平衡关系。

事物能量平衡运变箱体之常态平衡箱体如图 1－1 所示：

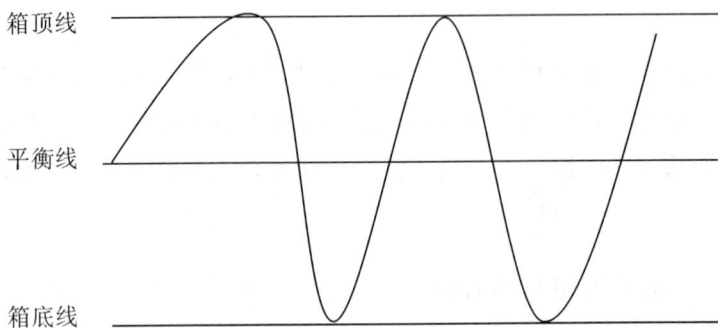

图 1－1　事物能量平衡运变箱体之常态平衡箱体示意图

（2）在外界他事物能量体的作用力减弱和事物能量体内部生长力减弱的双重作用下，事物结构产生向内收缩趋势，使箱体波动区间收窄

变小。这是事物能量平衡运变原理之二。

事物能量平衡运变箱体之内缩平衡箱体如图 1-2 所示：

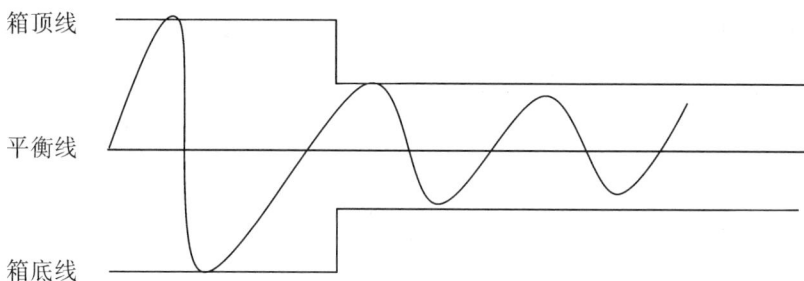

图 1-2　事物能量平衡运变箱体之内缩平衡箱体示意图

（3）在外界他事物能量体的作用力增强和事物能量体内部生长力增强的双重作用下，事物结构产生向外生长扩张趋势。事物结构向外生长扩张，必然突破平衡运变箱体上限线或下限线而脱离原箱体结构，使事物独建一个新的平衡运变箱体，进入新的生存链和发展环境（生态环境），开始新的能量平衡运变周期。这是事物能量平衡运变原理之三。

如果突破平衡运变箱体上限线，则会创建一个更高级别的平衡运变箱体，使事物结构的品质和性能提升一个级别。结果，这一事物摆脱、超越了原低一级别的生存链和发展环境，主动独建一个新的更高级别的平衡运变箱体，进入新的更高级别的生存链和发展环境。

事物能量平衡运变箱体之上升平衡箱体如图 1-3 所示：

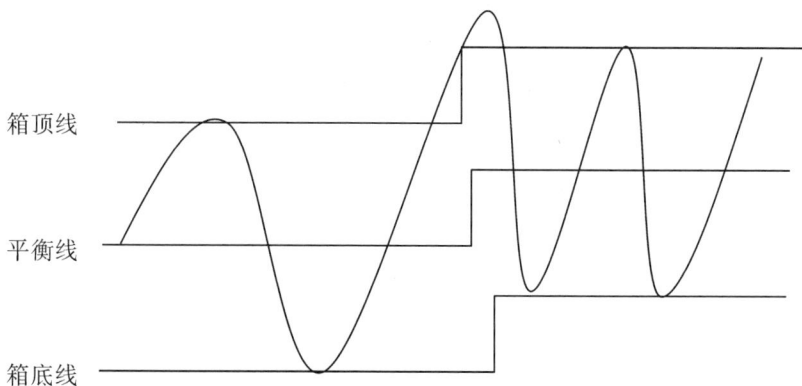

图 1-3　事物能量平衡运变箱体之上升平衡箱体示意图

（4）如果突破平衡运变箱体下限线，则会创建一个更低级别的平衡运变箱体，使事物结构的品质和性能降低一个级别。结果，这一事物脱离了原高一级别的生存链和发展环境，被迫独建一个新的更低级别的平衡运变箱体，进入新的更低级别的生存链和发展环境。这是事物能量平衡运变原理之四。

事物能量平衡运变箱体之下降平衡箱体如图1-4所示：

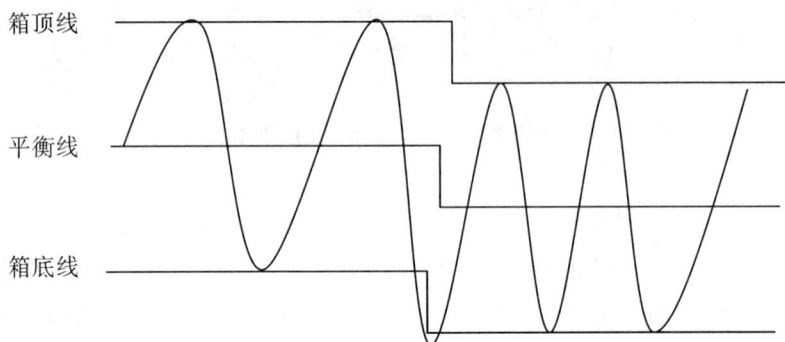

箱顶线

平衡线

箱底线

图1-4　事物能量平衡运变箱体之下降平衡箱体示意图

（5）外界他事物能量体的作用力与事物能量体内部生长力比率极不平衡、极不协调时，事物结构就会高频率、大幅度突破平衡运变箱体的箱底线或箱顶线。如果长时间在平衡运变箱体之外运变，又不能独建一个新的平衡运变箱体，则属于能量交换的严重失衡态势。其结果必然丧失自我，或自行解构、消失、毁灭；或被所属的事物结构剔除、抛弃；或被他事物结构收编，成为他事物结构的一个元素，融入他事物结构的平衡运变箱体。这是事物能量平衡运变原理之五。

事物能量平衡运变箱体之失衡态势箱体如图1-5所示：

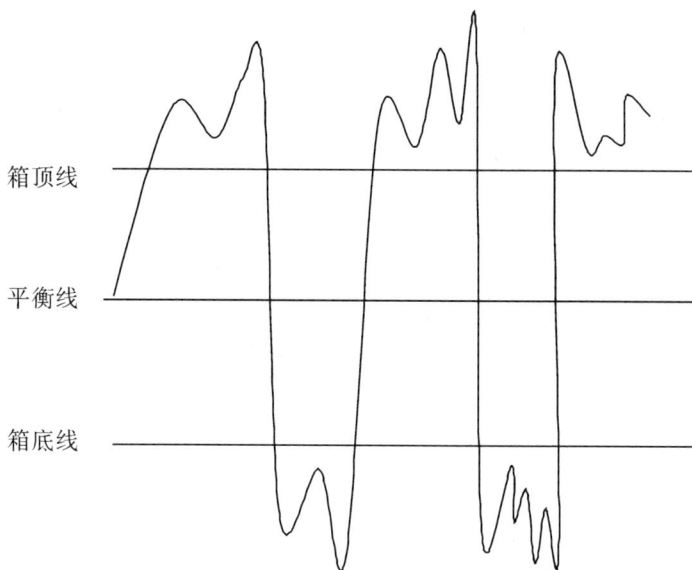

图 1 - 5 事物能量平衡运变箱体之失衡态势箱体示意图

事物能量体内部或事物能量体之间的能量，在品质性能及其度量上的平衡交换运变过程，主要包括能量的受纳获取、能量的匹配、能量的保持、能量的内化、能量的转化转换、能量的授予释放六个环节。其中能量的受纳获取与授予释放是直接的对外交换环节。

三、 事物结构的共性与个性

（1）任何一个事物结构都具有共性和个性，是共性与个性的对立统一。事物结构的共性和个性均可构成众多事物结构之间的相关性和结合性。

独立性、开放性、功能性、利己性、利他性、可变性、倾向性、兼容性、排他性、规律性等，是事物结构的共性。各类事物结构又有类内多种事物结构的共性。如人类就有功能性、利己性、利他性、种族性、文明性、心性、智性、悟性等。

其中，功能性是事物结构的直接目的，是事物结构的本质特性所蕴含的能量对他事物产生作用和影响的性质，包括益利功能和损害功能。可以认为，功能性是事物结构中最具活力、生命力，最具有标志意义的性质。

性质与功能的差异化、特殊性、超常性、唯一性、遗传特性则是事物结构的特殊性、个性。

一个事物通常以其结构的特殊性、个性获得命名；各类事物则通常以其类内共性而获得命名。

（2）事物结构的共性为众多个性事物（元素）赋能，并提供能量交换的舞台、规则与程序，让个性事物获得适度的发展条件，能充分而又适度地获取和释放功能，实现需要。当然，共性也可能压迫甚至扼杀某些个性，在规则错失、秩序失控的情形下，这种可能性更容易变成现实。

个性元素也为共性提供动力和能量，使一个共性事物结构具有众多个性元素。不同的个性元素加入一个结构体，就会带来各自的能量、优势和特性。这些个性能量、优势和特性一旦相融合，就会聚合成共性功能与势能，为共性的发展壮大作出贡献。

第二节　事物结构的智慧

事物结构的运变是其品质和性能被激活的结果。而生命体事物及其结构品质和性能被激活正是智慧的起源。

一、　事物结构的性质

事物结构的性质（特性），对外是指事物结构自身固有的能够与周边他事物交换能量的规定性；对内是指事物结构对内部各元素的能量运变过程、元素间的相互关系固有的规定性。这些对外和对内的规定性所确定的能、势、序、量、度就是事物的性质（本性、特性）。为明确区分对外的性质与对内的性质，人们又通常将对外的规定性称为特性、属性，将对内的规定性称为本质、实质，或合称为本质特性。

事物结构的功能是指一个事物结构能够与合适的互动对象交换能量的动力性品质、潜能；也指一个事物结构能够成为另一个事物结构的工具或手段的动力性品质、潜能。事物结构的性质和功能又常被合称为"性能"。

对于结构自身和他结构的适宜生存与适度发展而言，任一结构的性

能都具有矛盾的两极功能，即益利性功能和损害性功能。不论是益利性功能还是损害性功能，又都具有稳定性和变化性倾向，在稳定性能主导结构的时间段，结构表现为相对静态（常态）；在变化性能主导结构的时间段，结构表现为相对动态（超常态）。静态结构的稳定性是事物现状、常态与平衡态势的根据。动态结构的变化性是事物超常变化趋势与规律的根据。

事物及其结构本质特性的变化是事物走向结构组合或解构分散的根本原因。事物及其结构本质特性的变化主要有八个基本特征可供考量：

（1）事物结构所拥有的能量状况，以及内部各元素各自所拥有的能量状况。

（2）事物结构的能量需要状况，以及内部各元素各自的能量需要状况，即能量的获取、配置、保持、转化、释放的运变状况。

（3）事物结构以及内部各元素获取和释放能量的渠道、途径与方式。

（4）事物结构以及内部各元素的能量平衡状况。

（5）事物结构给内部各元素配置能量的规则和程序状况。

（6）事物结构对内部各元素的管理和操控状况。

（7）来自事物结构外部的作用力或吸引力。

（8）一个事物结构与他事物结构（外部环境）的相关性、结合性和互动态势。

上述各个方面的基本特征又分别内含常性、常点、常态特征和超常性、超常点、超常态特征。认知了上述基本特征，就可以认为对一个事物的本质特性有了真理性认识。

二、事物结构的功能

如前所述，事物结构的功能是指一个事物结构能够与合适的互动对象交换能量的动力性品质、潜能；也指一个事物结构能够成为另一个事物结构的条件、工具、手段的动力性品质、潜能。

事物结构的功能既有正面益利性的益利功能，又有负面损害性的损害功能。功因能而生，能因势而生，势因性而生，性因质而生，质因内部各元素能量配比而成。一事物因内部元素能量配比平衡、运变平衡而质优，因质优而性强，因性强而势盛，因势盛而能，因能被激活而发功，因发功而有效力作用。这就是功能——事物结构的功能。

功能是一事物的合理性、可用性、可为性、可被利用性、价值性的源泉和标志。功能在未被激活前可代称为潜能、潜力；被激活后可代称为能力、能量；投入运作后可代称为动力、功力、力量；运作产生效果后可代称为功效、能效、效能、价值。功能使得一个事物合理地存在并具有可用性和价值。调整、更新功能可以使一个事物合理地发展。事物的功能性就是事物存在的合理性、发展的合理性。

一事物的功能与他事物的功能相比较，有数量多与少、质量优与劣、程度高与低、幅度大与小、速度快与慢等的差异。认知和把握事物功能的差异性，是使众事物元素形成功能互补，按"黄金比例"组建结构的重要依据。

功能变化是性质变化的标志，既是事物结构的原因，也是事物结构的结果和目的。认知和把握某一事物的功能，就牵住了这一事物的"牛鼻子"，上可操控利用，中可合作，下可防范避让；前可知其因，中可知其势，后可知其果。

三、 事物结构的智慧

事物的结构过程是众元素品质性能合理搭配、合理组合、适配的过程。智慧学认为，事物结构尤其是生物结构的品质、性能及其功效就是智慧要素，就是智慧结构的元素。智慧既是过程又是结果，是过程和结果的统一。智慧学将生物结构的品质性能称为"智""智性""智能"；将品质性能被激活而显示、释放产生的功效和价值称为"慧"；将获取、整合配置和激活品质性能的过程称为智化过程；将使品质性能显示、释放产生功效与价值的过程称为慧化过程；将智化和慧化的心理思维活动称为思维智慧化或智慧化思维。

智慧学讲的智慧，指的是智慧主体的智慧。智慧主体是指有生命特征、有心理活动、能自我持续激活原生的品质性能的生命个体或群体，主要指人与人类（群体、社会）。智慧学讲的生物结构原生的品质性能被激活，指的是通过自身心理活动进行自我持续激活，或被外

界驱动力、压力、操控力、吸引力等作用力激活后，依靠自我持续激活而能自动运作（包括维持、拓展、转换、调控和展示）品质性能的态势特征。

　　智慧学认为，无生命特征的事物及其结构，纵然有原生的品质性能，但因其无自我心理活动而不能自我持续激活，所以不会自动产生持续的品质性能运作态势特征，不会成为智慧主体。生命体有心理活动，能自我持续激活原生的品质性能，因而会成为智慧主体。生命体的原生品质性能是可以代际遗传的，因此被称为遗传基因。人，不但能自我持续激活原生的品质性能，而且能持续激活和运作其他生物的原生品质性能。所以，人是最高级的智慧主体，人的智慧是最高级的智慧。无生命特征的事物及其结构，虽然不能成为智慧主体，但它们的原生品质性能一旦被人的智慧开发运用，就会成为人的智慧能量交换对象，参与人的智慧活动，最终成为人的智慧不可或缺的元素。

　　结构的智慧，指的就是有生命特征的事物（生物）原生的品质性能被持续激活并运作后，性质趋强、功能趋强、功效趋强。主要包括两种情形：一是事物结构自身的性、能、效达到优强态势；二是有心理思维的生物（主要指人）设计者在策划、设计、实施某结构组合过程中注入的智慧的再现。

　　智慧蕴含于事物结构之中，蕴含于事物结构品质性能的运变之中。认识事物结构的关键是要认知并认同其中智慧机理，不能认知就会被表象特征蒙骗，不认同就找不到有效应付的对策。

第三节　事物结构的形态

　　时间是一个无始无终，向前一维性发展变化的物质存在。空间是一个无边无际，上下、左右、前后三维双向变化发展的物质存在。时空实际上是一个无限变化着的物质结构。一切事物及其相互关系、联系都在无限时空中存在、互动、变化和发展。因此，我们的世界是千姿百态的世界。

　　虽然在无限的四维时空中，无数事物结构的形态各异，但都有理有道有规律可循，并可依其性能的共性特征给出类别归属。

从人的智慧对事物的认知与应对所持的视角、视度和不同的能量交换取向观察，起码可对无数事物的结构形态作五种划分：

一、 依据人的感官可知性作划分

依据人的感官可知性，可以将事物划分为有形事物、无形事物、有形与无形相结合的二合事物三种形态。

（1）有形事物也即具体事物，主要指自然界中一切可以被人感知到的事物，也包括借助工具就能感知到的微生物。有形事物是人类通过感官或工具感知的事物存在与变化发展的形态和现象。

（2）无形事物也即抽象事物，主要指人的心理思维活动（精神意识）和事物的性质、规律、趋势组成的道与理。无形事物是人类需要用智慧认知力透过有形的事物现象，通过分析、判断、推理、悟通才能认知的事物内容与性质。

（3）二合事物主要指人类社会上层建筑的社会文化、社会意识形态部分，如宗教、信仰、国家精神、民族精神、社会风气等，也指当代人类社会由于智慧发展和科学技术尤其是计算机和网络技术高度发达而开辟出来的"虚拟事物"。

二合事物是人类智慧高度发展的产物，是人类智慧使有形事物和无形事物的性能更好地相互融合、相互促进而建立的新事物，它能使人类更有效地创造和交换更多的物质与精神能量，是人类进步与文明的显著标志。

二、 依据人们当时的感知度差异性作划分

依据人们当时的感知度差异，事物又可分为已知事物、未知事物和在知事物，即已知世界、未知世界和在知世界。

"在知"是一个很动态的学习认知概念，是对一个认知对象只知其一不知其二、似知又似不知、知而未明、知而复不知等认知状态的自我判断；可以是对已知结论、观点的存疑、再审，对未知的研习、破解；也可以是对他知、你知、我不知的学习和探究。

可见，所谓在知，实是人们自觉地将一些事物纳入学习、探究认知范围，以图解惑答疑通变运用的一种思维态势。纳入在知世界的范围量

度，恰是一个人学习探索精神与观念更新自觉性的标志。

在人生各阶段的学习、生活、工作以及社会互动实践中，最令人费神费力，但又最可能获得成就的领域，恰恰不是已知和未知，而是在知世界、在知事物。

三、　依据事物结构元素的量级特征作划分

依据组成事物结构元素的量级特征，可将无数事物结构划分为个体式结构、群体集合式结构、联合式结构：

（1）个体式结构。个体式结构又可分为单元个体和多元个体。单元个体又可分为单质单元个体和多质单元个体。单质单元又可分为无机单质和有机单质。有机单质单元个体结构具有遗传繁衍的传承功能，是有生命并可繁衍传承的事物结构。

个体式事物结构使得大千世界无奇不有、千姿百态、相生相克、各自为继、衍衍不息。

单元个体的结构形态是事物结构中的典型结构，是群体集合式和联合式结构的基础。

（2）群体集合式结构。群体集合式结构又可分为单元集合型群体和多元集合型群体。单元集合型群体又可分为同质单元集合和异质单元集合。多元集合型群体也可分为同质多元集合和异质多元集合。

（3）联合式结构。联合式结构是指众多个体事物或众多群体事物因某些相关性而组合成一个联合体（团体），或结盟成一个共同体（集团、协会）。常见的主要有：利结式、链结式、缘结式、欲结式和约结式。

四、　依据事物状态作划分

依据事物被感知的状态，可将无数事物结构划分为动态事物与静态事物。

（1）动态事物是指事物处于运动变化状态，包括获取能量过程和付出能量过程，去衡过程和复衡过程。动态也可称为超常态，是由事物超常性运变导致的动变状态。

（2）静态事物是指事物处于微弱变化的相对静止状态，包括稳定

过程、保持过程、持衡过程，中性时段和过渡时段。静态也可称为常态，是由事物常性导致的惯常的平静状态。静态并非绝对静止不动，而是相对静止的轻微运变状态。

五、 依据事物的品性差别作划分

依据事物结构的品性不同，可将无数事物结构划分为无机结构、有机结构、人类社会结构、心理思维结构和智慧设计类结构等。

（1）无机结构。无机结构无生命特征与生命机理，但它为有机结构事物提供生存与发展的必需能量。无机结构以物理结构和化学结构为典型。

（2）有机结构。有机结构的事物叫生物体，包括植物、微生物和动物，是有生命机理与特征的事物结构。有机结构事物的主要特征有互为条件、相生相克、相互竞争、优胜劣汰、强弱相对等。有机结构的事物遵循适者生存、优胜劣汰、智者逞强的定律。

（3）人类社会结构。人类社会结构是以智慧、文化、文明为特点的高级的事物结构。主要分为经济基础和上层建筑两大块。

（4）心理思维结构，即人的心理精神世界。主要由生理机能、遗传基因、心理对象信息、心理过程、心理思维品质性能、心理思维成果（智慧产品）和心理特征等要素构成。

（5）智慧设计类结构。这主要是指人类社会的创造者们为更好地生存与发展而改进、改造、发明创造、谋划设计的智慧产品，也包括生物界有智慧的生物为更好地生存与发展而设计的智慧产品，如蜂巢、蚁巢等。

以上五种区分只对智慧认知、评判和应对的不同时段具有相对意义。因为事物性能的多样性既造就了事物结构形态的多样性，又造就了事物结构形态运变的多样性。一个事物通常会以多种结构形态与周边事物交换能量。如果人们能从不同的视角视度去分析观察，然后综合概括，就会比较容易获得真理性的认知，继而能正确评判应对。

第四节　事物结构的调整

结构的组合即结构化过程，在人类社会活动和思维活动中，常被代称为：单元化、团结、结合、组建、构建、合并、联合、归属、调整等。

结构的分化即去结构化过程，在人类社会活动和思维活动中，也常被代称为：多元化、破解、分解、分离、脱离、解散、解构、改建、调整等。

结构的调整既包含去结构化过程又包括结构化过程，是改变结构性能、改变个体结构在群体结构中的态势的根本途径。

调整结构主要有三大任务：第一是调适结构内部各元素能量、品质和性能的配比权重，使其品质、性质、功能更合理、更协调，核心是使益利性能占支配地位。第二是调适结构内部的能量交换与分配的方式、规则和秩序，使其更能维持内部交换与分配的平衡关系。第三是调适事物结构对外能量交换方式的适应和应对态势，使其更简易、有序和高效，使事物结构与外界各事物结构交换能量更顺畅，相处更协调、和谐，更能恢复和维持平衡态势。

调整结构也是事物生存与发展的原生需要、原生品质性能的表现，是自我修复、自我保护、自我提升的主要路径。调整结构的目的非舍即得、非退即进。舍与得、进与退往往互为目的、互为手段。调整结构的依据是对结构品质性能益损利害态势的认知判断。

第二章　人类智慧的起源与发展

第一节　人类智慧的起源

一、　生物的生存意识是智慧的源泉

世界上的任何存在、任何内容和现象都是事物的表现，都是由事物结构或解构产生的，都是事物（元素）之间相互交换能量、相互作用的结果。事情，则是对事物体内部元素与性能运变过程、事物之间相互作用过程及其态势的表述。

生物是一种有生命的事物，是具有动能的生命体，是一类有生命性能的物体的集合。个体生物是指在自然条件下，通过化学反应生成的具有生存能力和繁殖能力的有生命的物体。

生命是生物特有结构的特性所表现出来的生存意识。生物特有结构的特性主要包括：①构成生命体物质基础的活性细胞结构。②生物体与外界不断进行物质能量交换，并在体内不断进行物质能量转化的新陈代谢过程。③能够对外界的刺激作出反应的应激性。④生长繁殖特性。⑤原生品质性能的代际遗传性及其遗传变异性。⑥遗传基因的进化特性，即遗传基因激活后育化生长的反应性能，具有适应和改变外界环境的优胜劣汰、适者生存的进化特性。

生命或生存意识是生物体特有的本能，即与外界不断进行能量交换、能量转化的性能，是生物结构的本质。生物结构的生命性能或生存意识就是包括人类在内的生物的智慧源泉、智慧种子、智慧基因，生物结构的各种生命特性就是生物共有的智慧形态。

分析蕴含智慧动能的生物结构及其特性可以发现，有智慧元素的事物结构是一种关系，一种因主体的生存需要（能量交换与转化）而与周边事物（元素）结成平衡交换能量的因果关系，也即与能量交换对

象的能量平衡关系。这种关系的任何变化、运作和调整，都将直接影响到主体的生存态势。

任何生物的生存意识都是在适应和挑战自然界，同时又在与其他生物种类相互依存、相互博弈的互动中以到强化和发展。

生存意识使得生物具有三大智慧特征：一是能与相关事物平衡交换能量，包括吸纳与付出能量、能量转化、建立能量平衡关系；二是能认知、适应和改造环境；三是能使种族繁衍延续。

不同的生物种类甚至族群，它们的智慧水平是有很大差异的。例如，动物的智慧比植物的智慧要高出无数个级别，灵长类动物又是动物中智慧水平最高的。但是，相比于人类，其他动物的智慧不论多高，又都属于低级、初始的智慧水平。

二、　人类智慧的产生与进化

人类智慧是在生物共有的智慧形态基础上，演化运变而形成的特有的智慧结构和性能。人类的原生品质性能即生存意识，以基因的形式代际遗传，使得每一个人从一出生就会受外界信息的刺激，激活遗传基因，尤其是激活心理的智慧遗传基因，生成对能量平衡关系变化的反应性能，从此开始心理思维活动和心理思维智慧化活动，并持续不断地获得自身智慧的拓展与提升。

人的心理遗传基因，简称心理基因，又称作智慧基因，是人类智慧的代际传承，是人的心理思维天赋、原生的样本体系。个体获得这种智慧基因传承的品质和体系结构状况，决定着他一生中智慧培养和提升的高度及层级。

人的心理基因作为人类传承的原生品质、资质、天赋、灵性孕育于胎儿的大脑中，胎儿出生后经接受外界信息的刺激而被激活。心理基因被激活后生成反应性能。这种心理基因反应性能又称为心理的品质因素。品质因素中蕴含着多种心理能量（性能）。心理学将品质因素的心理性能量值用 Q 值标识，这些 Q 值通常被人们称为心理商数，如需商、智商、慧商、情商、意商、美商、法商、悟商、欲商、利商、谋商、记商、忆商、逆商等。

心理基因这种原生品质因素，是人类天生的对外界事物信息刺激的反应性能，是人的心理活动的初始阶段。各种品质因素的 Q 值指标，就是人脑反应性能强弱的计量。由于遗传的差异和人出生后所处环境条件的差异，每个人的心理品质因素 Q 值有很大差异。一个人的心理遗传基因的反应性能结构状态是天赋资质，是日后智慧生长、拓展和提升的必要条件，但并非充分条件。例如，如果一个人缺失艺术审美的心理品质因素——美商，其家庭和社会无论怎样重视对其进行艺术创作技能、技巧的培养，他都不可能在艺术创作方面有大的成就；同理，如果一个人的遗传基因很优秀，而其家庭和社会却不予重视和培养，优秀的遗传基因得不到有效的开发和培育，他仍然不能获得与优秀遗传基因成正比的优秀发展。

任何生物都必须与外界交换能量才能存活。交换能量包括能量吸纳、能量转化与能量释放三个主要环节。人与其他生物一样，也必须与外部事物交换能量，才能使生命存续。与其他生物不同的是：第一，人类通过社会化大分工、大联合，建立了能量体（能量标的）的社会化生产（能量转化）、社会化流通（交换）和社会化消费（能量分配）的生存发展方式。对外，用这种方式与自然环境进行能量交换活动；对内，则以这种共同的生存发展方式，为人类的每一个成员提供一个简易、规范、有序、高效的能量生产交换平台，并将之定义为"社会""社会环境""社会活动"。第二，每个人都是社会化生产、流通和消费的一分子。人与人通过付出等价劳动获取能量等价物，再以能量等价物兑换适合自己所需求的能量标的物。人们正是以这种能量交换方式，实现与社会环境的能量交换。那些古老的、传统的、不通过社会活动而直接与自然环境交换能量的交换方式，已经被证明是低效和不安全的，正逐渐被高效、安全的社会化等价交换方式所取代。正因为社会化生产、社会化流通和社会化消费，必须经由人与人、人与社会进行能量等价交换的社会互动（社会活动）才能实现，社会互动也就成了人与人、与社会交换能量的代名词。

围绕能量交换，我们可将人的智慧基因分为四大类：第一类是感能类，即及时感知和应答相关能量平衡关系的变化。第二类是吸能类，即采集吸纳适合自我生存与发展的外界事物能量。第三类是化能类，即将吸纳的能量或内生的能量转化为适合当下需要的能量。第四类是赋能

类，即对能量交换对象抒发释放能量。

为了在社会互动中能够高效地交换能量，人类通过长期的演变进化，生成了适用而又系统的内生能力，并使这种内生能力不断拓展和提升，使人们能够有效应对一系列阻碍能量交换的难题。古今中外，人们将这种能力称为"智慧"。智慧的本原是应对能量交换难题的心理思维品质和性能，是天赋资质衍生进化的结果。

由此可见，人类智慧起源于人与能量交换对象的能量交换活动。人类智慧的拓展提升，则应归功于能量体的社会化生产、社会化流通交换和社会化消费活动。践行平衡交换能量的社会互动实践是个人智慧的出发点和归宿。

第二节　智慧基因的激活与培育

一、智慧基因的激活

激活遗传的智慧基因，是人的心理思维活动的开始、起步，是智慧化思维的前提。

遗传性是生物体共有的一种属性，指亲代性状、性能通过遗传物质（细胞）传给下一代的能力。基因是生物体携带和传递遗传信息的基本功能单位。遗传基因就是指储存在遗传细胞中的携带和传递遗传的特定信息（能量）的功能单位。

遗传基因从生物体的构造外表性状、属性、功能，与生活环境条件相适应的反应方式、生活方式等多方面，都能世代传承延续生物体的生理结构和生活性能。

俗话说：种瓜得瓜，种豆得豆，优秀的遗传基因是优秀智慧的基础和必要条件，一个人如果没有获得优秀的遗传基因，后天无论如何培养、训练，也很难获得优秀的体质和优秀的智慧。人类的心理遗传基因由生理物质基因（即大脑机能）和心理基因两部分构成。

大脑机能是心理活动的物质基础。人的心理活动，从简单的闻听、观看、接触举动到复杂的谋略策划、决策、管理思维，都是人的大脑对客观事物的反应。心理反应的第一阶段便是人脑机能对客观事物刺激信息的反应、反射。"此反应过程一般包括三个环节，即感觉器官接受外部信息、肌肉和腺体作出回答反应以及介于二者之间的信息传导和整合活动；从体内的神经系统及内分泌系统将这三个环节连接起来，统一为整体；大脑是神经系统的高级部位，是人特有的复杂心理活动（语言、思维）的控制和调节中心。"[1] 离开健康完整的生理机能即大脑机能对外界信息的反应、反射，心理进一步的反应、思维活动就无从谈起。

人的心理基因不但传承延续上代的心理反应性能，而且对人生及社会文化的某些标的、事项的记忆，具有隔代传承功能，可以在后代的认识中再现或再认，并有强盛的隔代演化功能。

人的心理基因，作为人的心理潜质、天赋、灵性，孕育于胎儿的大脑中，出生后，婴儿的心理基因经能量平衡态势变化的信息刺激而被激活。心理基因的激活是一个对应的渐进的过程，首先是与出生后的生存密切相关的那部分心理基因（主要是需要基因和情感基因）被外界信息刺激激活（如对食物、奶嘴、母亲气味和声音的记忆基因）。其次是随外界信息种类的增多，与新增信息对应的心理基因被激活。再次是随内生需要与欲望的生长，同内生需要与欲望相对应的心理基因被逐个激活（如人际交流沟通基因、学习基因、谋利基因、意愿基因等）。

二、 智慧基因的培育

心理基因被激活后，会迅速自行育化，生成心理基因的反应性能即心理现象。首先是生成初级的心理基因反应性能即心理基因反应本性，反应本性又可称为心理素质或心理品质因素。心理反应本性中蕴含着丰富的繁衍育化能量（功能）。这些心理基因反应本性的能量量值通常用 Q 值标识。

初级的心理基因反应本性，在多次重复地反应、应对信息能量的过程中，逐渐演变进化成心理的反应常性。这种心理反应常性既有稳定性和定式性，又有自我演变进化的可变性和可塑性。正是这么一组矛盾统一的两重性，赋予了心理反应常性两大角色和使命：一个是能够承载和运作心理能量的心理思维品质；一个是担当识别或应对事物信息（能

---

[1] 荆其诚、林仲贤主编：《心理学概论》，北京：科学出版社1986年版，第50页。

量）的心理思维样本。也就是说，由心理基因反应本性演变进化而来的心理反应常性表现为两种形态：在担当认知或应对外界事物信息（能量）的使命职责时表现为心理思维样本；而在承载和运作心理能量时则表现为心理思维品质。

每个人都一样，心理基因被激活后进行的心理思维活动，会按照人的作息和活动规律，在时间上有规律地交替进行退出、休息与进入、工作两种状态的转换。这就形成了一个心理反应性能、反应常性在需要清醒投入工作运转时的重新唤醒的规律。这里有两种情形：第一种情形是依作息规律，到了休息时间，心理思维活动全面退出，经过休息（睡眠）后，重新进入清醒状态，再重新适时唤醒心理反应本性、反应常性；第二种情形是随当下社会角色、工作事项的退出、完成而使相对应的那部分心理反应本性、反应常性退出、休息，当重新进入同类社会角色、工作事项时，再重新适时唤醒相对应的那部分心理反应本性、反应常性。

唤醒心理反应两种性能的动力源来自三个方面：一是本能，生理和心理的遗传基因自身规律性自动唤醒（犹如生物钟功能）；二是外源信息的刺激，唤醒相对应的心理反应本性、反应常性；三是内生需要与欲望的驱动力唤醒相对应的心理反应本性、反应常性。唤醒后的心理反应本性、反应常性迅即进入工作状态，担当起心理思维样本或心理思维品质的使命和职能。

心理反应本性有一个特性叫遗传规定性。这种遗传规定性有两项功能：一是稳定性，使心理反应性能的能量值恒定在遗传规定的限度内，使 Q 值商数十分稳定，不易改变，因此说，各类 Q 值商数只能代表先天遗传状况，标志一个人的先天条件，不能代表后天的培养训练状况；二是单向性，即心理反应性能的能量只向前流动，不接受后续心理思维活动产生的能量反哺。因此，心理的遗传特性难以改变。

与心理反应本性不同，心理反应常性却十分乐意接受后续心理思维活动产生的能量的反哺，乐意吸纳新的营养，乐意提升、改进自己的性能。正因为如此，心理反应常性才能成为与时俱进、永不过时的"心理思维样本"和"心理思维品质"，使人的思维智慧化水平不断提升。

心理思维品质是整个心理思维活动最基本的性能整合配置中心，担负着承载和运作心理思维能量的使命。

换一个角度观察，人的心理活动是对能量平衡态势变化的反映。最早最直接反映能量平衡态势变化的心理现象是需要与情感。需要反映失衡状况，相对滞后、相对静态；情感反映平衡态势运变的动态过程，相对敏感、相对动态。需要的本义是反映失衡、求要复衡。情感的本义是应对意识和应对态度。心理思维的其他现象都需要与情感的衍生或演绎。如需要与情感结合便产生了欲望与意识，进而又产生需求与意愿等思维品质及其性能。

美国著名心理学家、哲学家威廉·詹姆斯断言：普通人只用了他们全部潜能的极小部分。每个人身上都存在着伟大的潜能，经过充分的挖掘，可以使人生达到前所未有的高度。[1]

第三节　智慧成长

一、个人智慧成长过程

个人智慧成长过程包括心理思维品质性能的衍生、育化、拓展、提升。个人智慧的成长是多种心理思维品质性能的相互融合，衍生育化出新的心理思维品质性能，进而逐步拓展与提升的结果。

（1）智慧的产生：与生存相关的能量平衡关系变化释放的能量信息刺激人的感官和大脑，激活心理遗传基因需商和情商，衍生出需要感和情性这两种心理反应性能，进而育化成需要和情感两种心理思维品质性能。需要感经常表现为对所需能量的想要与求要念想；情感经常表现为喜欢或恼恨的应对态度、应对体验与念想。需要感和情感是人最初始的智慧形态，是智慧成长的一级动力源。此时的智慧结构属于求生存、求适应环境阶段。

（2）需要感与情感相互融合激活欲商、意商，衍生育化出欲望和求要意念这两类心理反应性能，进而育化成欲望和意愿这两类心理思维

---

[1]　马斯洛著，刘烨编译：《马斯洛的智慧——马斯洛人本哲学解读》，北京：中国电影出版社 2005 年版，序言第 2 页。

品质性能。欲望与需要再融合便形成需求。赋能与实践是意愿品质的核心性能和使命。欲望与意愿是智慧成长的二级动力源。此时，智慧的主体结构仍然属于求生存、求适应环境阶段。

（3）需求、情感、意愿相互融合激活智商与悟商，衍生育化出学习认知、能量凝集、能量转化与悟性这四类心理反应性能，进而育化成学习认知、智力、能量转化与悟性这四类心理思维品质性能。学习认知的本质是采集、吸纳外源智慧能量，复制并重塑他人的经验与技能，向社会的文化知识借智借力，以他山之石攻己之玉。吸能是学习认知品质的核心性能和使命。智力的本质是聚集、凝结心理思维能量，整合成排解障碍与难题的能力。能量转化的本质是将外源智慧能量转化为自己的智慧能量，将一类智慧能量转化为另一类智慧能量。悟性的核心性能和使命是超常、通解、谋划和创造；悟性经常参与各类心理思维活动，并引导其走向智慧化。智力和能量转化性能蕴含于各类心理思维品质中。此时的智慧结构已成长到求要生存与求要发展并行的新阶段。

（4）需求、情感、意愿、悟性、学习认知、智力、能量转化品质性能再相互融合，会相继激活人的其他心理遗传基因，衍生育化出各类心理思维品质性能。进而逐步拓展构建起需求、人格、智能、悟性四大智慧板块。各智慧板块都不同程度地具有吸能、集能、赋能和化能性能。随着悟性、学习认知、智力、能量转化和意愿实践的深入、强化与拓展，人的心理思维必然走向智慧化，人的智慧水平必会持续拓展与提升。

二、 个人智慧成长的条件

这里讲智慧成长的条件主要是对个人智慧而言的，不涵盖社会智慧。在践行使命的思行过程中，智慧是持续成长的。智慧成长是人的基本需求，而实现智慧持续成长是有条件的。智慧成长的条件，主要包括健全的大脑机能、能量交换遇难题、适宜的环境、心理需求强烈、悟性启动与强化这五大条件。在静态情形下，这五大条件都是必要条件。在动态过程中，心理需求强烈和悟性启动与强化经常会转变为充分条件。适宜的环境包括自然环境和社会环境，但主要指由社会事物构成的社会环境，因为现代文明社会讲的社会环境也包含自然环境，包含相关的自然事物和社会事物。不断创造、改进智慧持续成长与提升的条件，也是个人智慧的重要使命。

（一） 健全的大脑机能

就具体的个人而言，智慧基因的开发、培育，智慧水平的拓展和提升，都有赖于个人的大脑机能是否健全，大脑机能健全又有赖于身体健康。大脑机能健全主要是指身体的体质体能可以保障心理思维活动的正常进行。生理缺失和心理遗传缺失，后天损害，听障、语障、视障、智障类大脑机能缺损，身患疾病等原因，都会严重影响一个人心理思维活动的正常进行，都会阻碍智慧的生长与提升。疾病与智慧成反比，健康与智慧成正比，健全的大脑机能，承载和养育着心理思维品质，制约心理思维品质性能的激活、启动和运作，为智慧化心理思维活动提供坚实的物质基础。

（二） 能量交换与转化遇难题

认知和解决难题，确保能量交换与转化顺利进行是智慧的天赋使命。

能量交换与转化遇难题，是指个人与社会、与他人交换能量过程和吸纳转化能量过程遇到的难题和阻障，而且有一定难度。如果能量交换与转化畅通顺利，没有难题，不用动脑都能实现，智慧就没有提升的必要。能量交换与转化的难题，主要指导致能量交换与转化严重失衡的阻障难题，如社会环境条件时过境迁产生的新阻障新难题、自然险害或人为错罪、事故造成的阻障难题、理解和演绎过程遇到的难题、创新创造遇到的新阻障新难题、竞争的相关方人为设立的阻障难题。

有一定难度是指通过努力就可以排解。能量交换与转化过程遇到的难题难度过大主要有两种情形：一种是难题不可抗拒，没有人为排解的可能，生存都无法保障，智慧提升更无从谈起；另一种是经多次努力也无法排解，导致人的兴趣和意念转移而丧失智慧提升的机会。虽然在难题面前选择放弃和改变也是智慧的表现，但难以使智慧得到有价值的提升。

（三） 适宜的环境

适宜的环境包括自然环境和社会环境，这里主要指社会环境。

1. 自然环境

自然环境是环绕人类周围的各种自然因素的总和。如大气、阳光、水、植物、动物、海洋、山川、土壤、岩石、矿场等，是人类赖以生存的物质基础。时间也是自然环境不可或缺的部分。自然环境中的自然事物，尤其是那些与人的生存发展活动密切相关的事物，是人的智慧必须认知、适应和改造的对象。认知、适应和改造自然环境、自然事物的速度与程度，是人的智慧水平提升的重要标志。

人与一切事物的互动，离不开能量交换、能量转化规律的指引和制约。智慧的魅力与神奇在于，人们能够根据自我需求来选择能量交换和转化的对象与方式。在智慧的引领下，人与他事物的能量交换活动，必然会变得越来越自觉、适当、简易、有序、高效。

2. 社会环境

社会环境是对自然环境的改造运用。社会环境是指人类通过加工、改造自然环境的社会劳动，创造的物质生产体系和社会文化体系，是人类社会活动的物质条件与精神条件的总和。相对于自然环境，社会环境是由各种社会事物相互作用构成的富含智慧的人文环境。社会环境一方面随着人类文明的演进而不断地丰富和发展，是人类精神文明和物质文明发展的标志；另一方面又成为人类精神文明和物质文明进一步发展的条件与平台。

社会环境的本质是社会事物。对于人们的生存与发展活动而言，与社会环境互动即是与社会事物互动。人们认知、适应、应对社会环境，也就是认知、适应、应对社会事物。本书另设专章专题探讨社会环境中的社会事物。

（四） 心理需求强烈

心理需求强烈，是指人们排解难题阻障与发展提升自我的需要或欲望很强烈。心理需求强烈的主要表现是，在需求驱动下的各种心理思维品质性能"有的放矢"地交换能量，并发生智慧。没有心理需求的驱动，心理思维活动"无的放矢"、无益利功效，就难以产生智慧；心理需求低弱，驱动力不足，智慧也难以提升。

驱动智慧持续成长与提升的需求可分为两类：一类是内生需求，即当事人生存与发展过程产生的基本需求；另一类是外能内化形成的需求，即由外源能量，如社会需求、社会利益分配方式、社会文化诱导、信仰之旗帜的召唤、社会角色的使命职能要求、团队管理者指令等外部信息能量，经智慧化思维接受内化后，转化而生成的心理需求。两类需求都会源源不断地为智慧化思维提供内驱力。

（五）悟性启动与强化

悟性启动与强化，是指人的悟性基因（悟商）较强，被需求激活、唤醒而启动并不断强化，使人进入想得到、想得通、想得透的悟通思维状态。悟性启动与强化是智慧成长与提升的条件，而且都可以由必要条件转化为充分条件。第一，悟商低弱的人无论后天如何启悟培养，其智慧的成长与提升都很缓慢，都不可能达到悟商高强的同龄人的智慧水平。第二，就悟商高强者而言，幼少时期启悟学习、启悟教育与启悟应对实践培养的程度，都决定着智慧成长与提升的程度。第三，在正常思行过程中，悟性不启则智慧不兴。在悟性引领下，兴趣、精力进入灵感状态专注于一件事，集中精神去研究探索最有效的解决方式，其思维的智慧化肯定会快速而高效。否则，悟性不启，兴趣、精力不专一，不求超然通解，事不分巨细繁简都以经验、观念、习惯应对处置，其智慧必然难以继续成长升级。所以说智慧的成长与提升要依靠悟性，要提升智慧必须先提升悟性。

第三章　人类智慧的结构和本质

第一节　人类智慧的特点

人的智慧与其他生物的智慧都是智慧，在一般的生存活动方面有很多共同点。但在智慧的品质、性能和功效上，在环境的认知、适应和改造上，在发展和提升自我上都有天渊之别。相比于其他生物的智慧，人类智慧具有以下特点：

（1）语言文化成为心理思维工具。掌握和运用语言文化主导思行，使得人们的心理思维活动拥有一个资源共享、安全、高效的社会环境，超越了个体生理机能和生存环境的局限，构建起社会化、高效率的心理思维模式。这是其他生物无法比拟的。通过语言文字等文化工具引出概念、关系、原理和规律来深化、拓展与提升心理思维活动，使心理思维更加简便、有序、高效，更加智慧化。

科学文化知识在人类智慧的发展提升中具有不可替代的作用。人类能够运用科学文化知识，更广、更高、更深地认知各类与人的生存发展相关的事物（思维对象），突破个人感官与活动时空的限制。

人类运用科学文化知识，能够更好地适应、操控和改造生存环境；能够更好地吸纳和转化他事物能量为人所用，为人类生存与发展创造条件。

（2）制造和使用工具。通过制造和使用工具，人类可以按需求大范围、深度、高效改造生存与发展环境。这也是其他生物的智慧望尘莫及的。尤其是借助科技进步，如通信、传媒、网络、人工智能、交通运输等手段，不断拓展社会化分工与合作，多渠道地全面统合调配自然资源和社会资源，创造、积累和流转更大更多的物质财富，创造出不受时空限制的便捷高效的生产方式和生活方式。

（3）对后代的教育培养社会化、专业化、智慧化，使人类的智慧水平一代胜于一代。这是其他生物不可能办到的。

（4）精神文化生活广受重视。人的社会属性比自然属性更加凸显，人们花更多的时间精力去参加社会人际的互动交往和精神文化活动。精神文化生活极大地提升了物质能量体生产、交换与消费活动的功效。

（5）智慧成果转化。智慧成果通过抽象化、数字化、信息化、系统化、智能化等路径和手段，加速积累升华，进一步转化为先进的科学技术和理论原理知识，向全社会推广、普及，指导和推动新的智慧化思维和实践活动，使人类智慧能够不断地拓展和提升，创造出新的社会文化与文明。

第二节　智慧的概念

人类的生存与发展，是与构成环境的各类相关事物保持能量平衡关系的结果。人类智慧是心理思维过程因应与需求相关的能量平衡关系变化，有目的地吸纳、转化能量，构建并保持能量平衡关系的过程。人的心理思维因应与需求相关的能量平衡关系变化，主要包括以不变应变、以变应不变、以变应变三种方式。

一、智慧的本质

智慧的本质是心理思维能量流转，即心理思维过程产生的践行与交换对象的能量交换、能量转化、建立能量平衡关系，努力实现需求目标的心理思维能量流转，简称智慧能量流转。流转的智慧能量主要由六大块构成：一是认知的智慧能量。二是确定能量交换对象及目标的需求智慧能量。三是践行能量交换的智慧能量。四是实现能量转化的智慧能量。能量转化有三种形态，即外源能量转化为自身需求能量（外能内化）、心理思维内部各品质之间的能量相互转化（内能互化）、自身能量向外部交换对象转化（内能外化）。五是构建能量平衡关系的智慧能量。六是改造、转化、提升智慧的悟性智慧能量。可见，智慧是能量认知、交换、转化、平衡的成果。

智慧能量流转以需求智慧、人格智慧、智能智慧和悟性智慧形态蕴含于心理思维全过程，形成连贯流畅的智慧化思维过程。

二、　智慧是智与慧的统一体

智慧由"智"与"慧"两种作用取向不同的思维能量组成，可以有两种理解：

（1）"智"是指思维能量的流转或流转的思维能量；"慧"是指思维能量流转产生的功效。思维能量的流转必然产生功效（尽管有些功效不是自己想要的），如果无功效产生就说明思维不能智慧化。能量向需求目标流转是思维功效的原因，思维功效是能量流转的结果。两者是一个相互依存的因果关系组合，所以合称为智慧。

（2）"智"是指将外源能量吸纳内化成思维品质性能的"由知及能"的外能内化思维过程，"知有所合谓之智"。"慧"是指内化积聚的思维品质性能向交换对象抒发释放的"由行及效"的内能外化思维过程，"行有功效谓之慧"。知且能为智，行且效为慧，智慧是知、能、行、效的思维能量与过程的统一体。

三、　智慧是学习认知的成果

人们的认知主要是指：认知与需求相关的各种能量交换对象；认知与需求相关对象的益利性能和损害性能；认知与需求相关的能量交换对象之间，能量平衡关系运变的特点和演变趋势；认知吸纳、内化益利能量，化解损害能量的渠道、程序、规则和方式；认知各种相关工具的结构性能和使用操作程序与办法。与需求相关的各种能量交换对象是指经需求思维选择，列为符合生存与发展条件的能量交换对象。有需求才会去认知，对那些与需求无关但与生存发展条件相关的事物，产生的应激反应或体感，不属于智慧的认知。通俗地讲，人们的认知是关于某对象是什么、有什么、会如何、为什么的判断，包括感知、识别、理解、记忆、内化和解释等心理思维过程。认知目的是要达到对某些对象知晓与通解。

人们对能量交换对象的认知，是通过三种学习认知渠道与方式实现的：

第一种渠道与方式是通过学习经验和技能实现体验认知，形成人格智慧。

人的生存与发展所需的技能与经验主要包括动作技能与经验和智力技能与经验。动作技能与经验主要表现为外显的肢体肌肉骨骼的运动操作活动，如体育运动、生产劳动、家务劳动技能与经验等。智力技能与经验主要表现为内隐的知会操作活动，如心算、设计构思、组织管理、人际沟通、语言表达技能等。学习技能与经验的方式主要是身体接触、体感模仿、样本比较、反复练习、理解记忆、思考联想、体验调适、操作实践。人们正是通过学习生存与发展所需的技能与经验，认知能量交换对象的品性特征和相互关系；认知与能量交换对象平衡交换能量、建立能量平衡关系的方式办法；认知与能量交换对象互动相处、融合适应的路径和方式。技能与经验的学习和体验认知使人获得安全生存与适度发展的智慧。

第二种渠道与方式是通过学习文化知识实现概念原理认知，形成智能智慧。

文化知识学习与概念原理认知是指，运用认知样本映照识别文化知识信息，理解概念原理的含义，吸纳并内化知识能量，构建起自己的知识体系和智能化思维体系；以文化知识为工具透过象体思维的概念原理，对概念指代的客观事物本体的品质、性能、功效及相互关系等获得真理性的认知。文化知识学习与概念原理认知，突破和超越了身体接触与操作实践的局限，极大地拓展了人们对客观事物认知的广度、深度、高度和历史长度四维特征；极大地拓展和提升了人们开展社会互动的空间、机会和效能；极大地拓展了人们与能量交换对象平衡交换能量、建立能量平衡关系的渠道、方式和办法。文化知识学习与概念原理认知，以认知真相和真理为使命，使人获得优质生存与高度发展的智慧。

第三种渠道与方式是思辨学习悟通认知，形成悟性智慧。

思辨学习悟通认知是指人们在人格思维和智能思维的基础上，以技能和知识为思维工具，通过辨析、思考、想象、悟通等思维方式，悟通认知客观事物或互动对象的超常品质、超常性能、超常态势及其超常关系、运变的特殊性；悟通认知万事万物互联互通的可能性、可行性。然后将需求或理念指向、难题障碍、智慧能力、资源条件四大思维要素对接联通，规划设计出可行的愿景，用以激励和引导人的情感和意志。思辨学习与悟通认知，使人获得超越必然、创造可能、实现优质生存与自由发展的智慧。

在人的一生中，最容易导致失败、挫折的因素，不是已知的重重困难与险害，不是已知的强大对手，也不是已知的环境不适或条件欠缺，而是对自身和思维对象的无知，尤其是那种自以为是的无知。既不真正了解自己又不真正了解思维对象却自以为是，这种无知是真正的愚蠢透顶。对自身和思维对象的无知，必然导致无法确定目标、无法整合资源、无法有效思维与作为。

在心理思维对外界事物和思维对象的认知过程中，智慧是对事物认知的真理性内容，是对事物信息真相的真知，是对事物运变态势和发展趋势的预知。这些认知蕴含在各种经验、技能、概念、判断、选择、决策、规划设计、原理、观点、观念、信念以及科研成果之中。

四、 智慧是心理思维的品质性能

智慧是心理基因被外源能量信息激活唤醒后，在心理思维开发培育过程中聚集起来的心理思维品质及其性能。心理思维品质是富含心理思维能量的基本单位，是智慧的母体、载体。

被外源能量信息激活唤醒的心理基因，在生存与发展的能量交换活动中获得逐级开发培育，并形成心理思维活动。

智慧学认为，人的心理思维活动自始至终都是一个念想的过程，念想与适宜对象交换能量并建立能量平衡关系，念想更好地生存与发展的愿景及其求要的路径与方式。全过程可分为两个念想阶段或四个念想过程。

两个念想阶段：前阶段是想要什么，即构想愿景的心理想要念想阶段；后阶段是求要什么，即实现愿景的思维求要念想阶段。心理想要念想阶段也即心理活动阶段，主要特点是海阔天空地构想、欲求、想要，不考虑条件性和可行性。思维求要念想阶段也即思维活动阶段，主要特点是践行与实现愿景的意识、动机、行动、实操，着力构建求要的条件和可行性。

四个念想过程：需求念想过程、认知念想过程、人格念想过程、践行念想过程。

（1）需求念想过程，分为三个小阶段：需要念想、欲望念想、需求念想。需求念想思维过程的使命是，解决获取生存与发展的能量求要标的及其属性确定问题。需求念想属于构想愿景的心理愿景念想阶段。

（2）认知念想过程，分为三个小阶段：念想体验认知、念想文化概念认知、念想思辨认知。认知念想思维过程的使命是，解决需求与标的对接、需求与环境条件对接问题；为适应环境、践行需求而认知，培养和提升技能与经验、智能与智力、能量转化力与创造力。认知是构想愿景的必要条件，因此认知念想基本属于构想愿景的心理愿景念想阶段；达成认知、建立愿景则属于实现愿景的求要思维念想阶段。

（3）人格念想过程，分为四个主要的小阶段：情感念想、道德念想、意志念想、审美念想。智慧学认为，情感、道德、意志、审美在思维本质上，都属于对某种适应方式（内含应对方式、践行方式、生活方式、美化方式）的念想思维。情感的念想主要表现为态度选择，分为念想善爱益利类的应对态度选择，或念想恶恨损害类的应对态度选择；道德的念想主要表现为利他应对方式、公益应对方式还是利己应对方式的选择；意志的念想主要表现为意愿对当下践行方式、生活方式的选择，志愿对长远践行方式、生活方式的选择，信念对未来愿景规划的选择；审美的念想主要表现为对美的体验方式、鉴赏方式、创造方式、表现方式、享受方式的选择。

人格念想思维过程的使命是，解决人格品质性能的构建与释放问题；解决人生态势场的构建问题；解决社会互动方式选择、利益求要即能量交换方式选择与生活方式选择问题。人格念想基本属于实现愿景的思维求要念想阶段。

（4）践行（行动、行为、操行）念想过程，分为五个小阶段：建立思路阶段、动机决断阶段、人生态势营造阶段、智慧实现阶段、成果转化阶段。践行念想思维过程的使命是，使智慧能力与需求连接、与难题连接，运用智慧能力解决难题，获取利益，践行能量交换，实现需求目标，营造适宜的人生态势，构建自我与能量交换对象的能量平衡关系。践行念想基本属于实现愿景的思维求要念想阶段。

上述四个念想思维过程中的各个小阶段，不是单纯不变的纵向递进关系，可以同时展开同时进行，可以相互兼容、共同运变、共同发展。

本书未按心理思维活动两个念想阶段或四个念想过程的纵向结构来

表述，而是按需求智慧、人格智慧、智能智慧、悟性智慧这四大智慧板块的横向结构进行表述；将心理思维活动两个念想阶段或四个念想过程的表述蕴含于四大智慧板块的表述之中。

人的心理思维活动生成和积累的能量，会分类凝聚成各种心理思维品质及其性能。参照个人智慧体系可划分为四大板块的原则，心理思维品质亦可划分为需求思维品质、人格思维品质、智能思维品质、悟性思维品质四大类。心理思维品质及其蕴含的性能（性质与功能）就是智慧的原质，或称为智慧的单元。在日常生活和社会活动中，心理思维品质性能，又被称为人的"能力"或"潜能"。

智慧又是一种超常思维性能。超常思维性能是指人的悟性思维，发现和运作思维对象的超常性和超常点，形成打破常态、常规的创新创造思维性能。这种超常思维性能能够使人不断地超越自我，突破现实环境条件的局限，开拓比常态思维、常态实践更高层级的悟性思维领域和悟性实践领域，获取超常的利益和价值。这样的智慧叫作悟性智慧或超常智慧。

五、 智慧是多种心理思维品质的系统结构性能

多元而又复杂的心理思维对象及其能量信息，不是任何一个或几个心理思维品质就能应付得了的。众多品质按性质与功能的相关性有序地组合成各种功能团组，再按分工的面向构建成相关的面向功能系统，最后形成心理思维品质的系统结构，从而产生系统结构的系统性能，这就是复合的多功能的智慧。这种智慧蕴含于个人的各种能力系统中，蕴含于团队、集体的各种合力之中。

六、 智慧是心理思维的功效

智慧是心理思维品质性能有目的释放和运作产生的功效。在社会活动和心理思维过程中，各种心理思维品质和性能依据分工和指令与相应的思维对象结合，在相互作用中吸取或释放能量，进行能量的平衡交换，使思维与对象结合的各个时点、各个层面产生或真或善或美或假或恶或丑的功效。这些代表智慧的思维功效，表现为各式各样的产品、成果，如金钱、财富、物品、产品、管理制度、规划、模式、方式、科技

成果、工具手段、办法计谋、艺术作品等；代表智慧的思维功效还表现为理论文章和文化知识，正如百科全书式的哲学家亚里士多德所说："智慧就是有关某些原理与原因的知识"[①]；智慧的思维功效还包括：将思维成果快速转化为实现新需求目标的条件和手段，转化为新的利益和价值实现方式。思维成果的转化是智慧作用空间的拓展，是智慧的提升。能够产生智慧的心理思维活动，可以称之为智慧化思维或思维智慧化。

七、 智慧的定义

综上所述，我们对智慧的内涵与结构形成了一个系统的认知。至此，我们也就可以给出智慧的定义：人的智慧是因应各种与需求相关的能量平衡关系变化，构建生存与发展条件的心理思维品质、性能和功效。这一智慧定义蕴含六大要件（元素）：一是要求；二是能量；三是能量平衡关系；四是生存与发展条件；五是心理思维活动；六是心理思维品质、性能与功效。将六要件连接，使能量平衡交换并向需求目标转化，形成功效的心理思维活动，必然生成智慧。智慧的核心使命是认知和解决能量交换中的难题，构建与相关对象的能量平衡关系，实现需求目标，获得更好的生存与发展条件。

在能量交换的社会实践与人际互动中，人的智慧主要表现为动态的能力，如真理性认知、准确判断、适己选择、果断决策、有序执行、自我调适，以及巧妙的设计、可行的计划预案、超常的谋略等智慧化思维成果；同时又表现为静态的成果，如书面文字、图画符号、理论知识、科学技术、工具手段、劳动产品、艺术作品、金钱、物质财富、社会文明与进步等智慧成果。

第三节　个人的智慧体系

个人智慧是相对于群体智慧、社会智慧而言的。个人智慧是群体智慧、社会智慧的构成元素、核心内容；群体智慧、社会智慧是无数个人

---

① 亚里士多德著，吴寿彭译：《形而上学》，北京：商务印书馆1959年版，第3页。

智慧的聚集和概括。个人智慧掌握着自己的命运，决定自己生存与发展的质量和高度。

一、 一般思维与智慧化思维

由需求驱动产生的心理思维活动都会凝集成智慧，使需求得以践行，目标得以实现。根据智慧含量差异，可将人的思维活动区分为一般思维与智慧化思维两种思维方式。每一个人都具有一般思维方式与智慧化思维方式，都会因需求而切换。但是，在人生的主要时段中一定是以一种思维方式为重心、为主轴，并养成习惯与观念。

（一） 一般思维

一般思维主要是指由弱需求驱动，得不到高强欲望加力驱动的思维方式。一般思维也可称为弱欲思维、低智慧思维。一般思维的优势主要是低欲、简单、直接、迅速。一般思维的劣势主要是不求进取，不与人争，不求改变，谨小慎微，顾虑重重，满足于现状。与智慧化思维相比较，一般思维的主要特点有：

（1） 欲望低弱，不求上进、不求突破。以实现需要目标为出发点，满足于基本的安全生存、适度发展、自然生活，对生活品质不敢有过高诉求。欲望低弱导致思行动力不足且目标不明。

（2） 个性隐忍，经常压抑自己，坚持低调做人、低调做事。

（3） 人格意愿懒散、志愿薄弱，胆小怕事。怕打破平衡、怕别人不满意、怕得罪人；怕出意外事件、怕麻烦、怕担责；怕挫折、怕失败。

（4） 过于敬畏强者、过于顺从并依赖强者，怕强者打击、驱离；不敢表达自己的见解与观点，更不敢反对强者的见解与观点；遇大事、复杂事，更依赖别人的意见和指引。

（5） 凡事顺其自然，知难而退，容易知足常乐，不思改变。

（6） 在认知上，不爱学习、不爱思考，不采信他人观点；满足于认知人、事、物的表面特征，且固执己见；抽象思维能力低弱，对事物本质与相互关系不求甚解，对发展趋势与运变规律漠不关心。对思维对象经常知其一不知其二，知其然不知其所以然。

（7）竞争意识低弱，做人做事循规蹈矩，与世无争、与人无争；缺乏自我意识，兼容礼让有余，竞争抢先不足。

（8）悟性低弱，感悟力、领悟力差；不求创新创造，不求标新立异，不求破旧立新。

（9）在人生态势场的构建和经营面向上，满足于与能量交换对象的弱势平衡或均势平衡态势，不敢求要优势、强势；在社会互动中经常处于被动谦让状态，无心无力去拓展社交人际关系。

（10）策划、组织、管理意识低弱且能力差。不敢不愿、无心无力去组织管理他人。

（二）智慧化思维

智慧化思维主要是指由高强欲望的强需求驱动的思维方式。智慧化思维可称为强欲思维、高智慧思维。智慧化思维的优势主要是凡事追求适己、简易、有序、高效。爱将有益的事情进行适己化链接，善将复杂的事情简易化，将简易的事情程序化，将有序的事情高效化。智慧化思维容易犯的错误主要是"聪明反被聪明误"，易把简易的事情复杂化，有时自以为是，有时想得太多管得太宽，有时过于贪婪。与一般思维相比较，智慧化思维的主要特点有：

（1）欲望强盛，追求上进、追求突破。以实现欲望目标或愿景目标为出发点，不满足低层级的"安全生存、适度发展、自然生活"态势，意欲求要高一层级的"适宜生存、高度发展、舒适生活"，或更高层级的"优质生存、自主发展、自由生活"。

（2）人格意志坚定，敢想敢做敢担当，敢于打破平衡、打破现状，敢于创新创造、标新立异；不怕困难、不怕挫折、不怕失败；自尊但不自恋，自信但不自傲，自强但不自负。

（3）个性鲜明、独立自主，大胆追求、大胆表现、大胆决断，渴望变强变优，构建优强态势。

（4）认知达真。在认知上，爱学习、爱思考，喜欢研究探讨；不满足于认知人、事、物的表面特征；对事物本质与相互关系特别重视，对事物发展趋势与运变规律非常关注；喜欢从新的视角、多维度立体看问题，喜欢站在高层级从全局综合的立场思考应对方式。

（5）重视打造和运用先进高效的工具和手段，重视科学文化知识在生产和生活实践中的应用，重视用理论原理分析和解决实践中的难题。

（6）悟性较强，感悟力、领悟力强，对人、事、物的超常性、超常点、可能性特别敏感。创新创造思维能力强，喜欢以变应变，图求改变现状。能够自觉自省自励，自觉改错修正。悟性及悟性思维，经常在智慧化思维中处于核心地位，起主导作用。

（7）竞争意识强，能自觉学习、刻苦修炼，努力做强做大，增强自身的实力，提升竞争力。

（8）重视整合资源、整合条件，重视借智借力；有规划未来、经营未来的理念，重视既得成果向新的条件与手段转化。

（9）做事主题明确、理念融通、思路清晰，预立方案；遇到难题障碍不回避，想方设法排除与解决。

（10）有强者特质，重视策划设计、重视办法谋略，有较强的组织管理意识，乐于安排指挥他人。

智慧化思维的最高境界，是以我为主、按自己的需求和态度创新创造，改造思维对象，构建与思维对象的能量平衡关系。考察智慧的生成凝集过程，显见智慧化思维有两种风格迥异的思维模式及表现形态：

一种是依靠自身实力及其竞争力改变他人、改变环境，强求互动对象配合而达成预定目标的智慧化思维模式。这种模式的特点主要有：以自我利益、自我意志为中心，以自身实力为后盾，以功能强大的工具手段为依托；通过制定并掌控竞争标准和规则进行与互动对象的竞争与合作；信奉综合实力，信奉优胜劣汰、强者优先。这种智慧化思维模式主要采用逻辑思维方式。

另一种是依靠互信和调适，创造适宜环境，与互动对象开展合作而达成预定目标的智慧化思维模式。这种模式的特点主要有：尊重互动对象的利益诉求；以平台共建、风险共担、资源共享、互利互惠为原则；通过共同制定共同评判竞争标准和规则开展互动对象的合作与竞争；信奉互信兼容、调适共存，信奉灵活变通、适者优先。这种智慧化思维模式主要采用辩证思维方式。

欲成大事大业者，应该两种智慧化思维模式并用，因时因事因人因地有针对性地切换运用，相互取长补短，以求有效地解决单一智慧化思维模式不能解决的难题，实现单一智慧化思维模式无法实现的目标。

智慧化思维者常犯的错误主要是自恋、自傲、自以为是；偏听、偏信、以偏概全；错判、错断、错失良机。

（三） 一般思维与智慧化思维的主要区别

如果说心理活动与思维活动的分水岭，是需求和情感融合生发的对实现愿景念想的求要意识。那么一般思维与智慧化思维的分水岭，就是求要思维品质性能与功效的高低与强弱。

在难题面前，一般思维与智慧化思维的态度截然不同：在难题面前，一般思维属于"议题式思维"。遇到难题总是热衷于反复议论、讨论，议而难决，不急于动手解决。美其名曰：发扬民主，充分听取不同意见。结果是时间已逝，难题长存，不会随时间流逝而消解。

在难题面前，智慧化思维属于"解题式思维"。遇到难题总是寻求解决方案，尽快动手解决；遇到复杂的难题则尽力制订最佳解决方案，广泛听取意见以求解题思路，然后及时决策、及时组织实施难题解决方案；不进行浪费时间、浪费资源、议而难决的讨论。

无论采用一般思维方式还是采用智慧化思维方式，都会有对有错，都会有得有失。正是因为有错有失，才会在试错改错思维中拥抱智慧、走向成功。

二、 个人智慧体系的特点

人各有需求，人各有个性，人各有智慧。概括地说，个人的智慧体系有十个显著的特点：

（1） 天赋特点。每个人的智慧都受天赋资质、遗传智慧基因的制约。"种瓜得瓜、种豆得豆"，天赋资质如同植物的种子，属性的类别和品质的优劣决定后天智慧开发成长的方向与空间。每个人的智慧遗传基因不同，导致智慧的培养和修为效果大不一样。某些面向的天赋资质优秀，且后天能得到相应的开发培育，人的智慧就会在对应的面向上表现出非常突出的特点，在这些面向上呈现出优势和特长技能，表现出智慧的面向优势；某些面向的天赋资质劣弱，后天除非特殊开发培育，否

则人的智慧就会在对应的面向上表现出明显劣势和缺失，显露智慧的"短板"。

（2）人格个性特点。即以个性鲜明的智慧形态为核心来主导和调适人格的品质性能结构。主要表现在人格品质如情感、道德、意愿、意志、审美、谋利、吸引力等方面人格智慧结构的与众不同。人格完整且特长突出、个性鲜明，人格智慧就可以弥补文化学历低的缺陷，以优秀的人格品质性能，开辟一条适合自我需求和社会需求的高效的利益获取渠道。

（3）民族特点。即个人所属民族的语言、文化、信仰、道德规范、思维方式和生活方式不同，智慧的品质、性能也会不同。

（4）环境特点。每个人所处的自然环境和社会环境不同，他的智慧层级和表现方式都会留下环境的烙印。生存环境和条件不同，导致需求不同、难题不同、践行方式不同。生活在物质条件优越和文明程度高的环境中的人，智慧培育和提升的起点高、条件好，智慧的拓展拥有很大的空间；生活在物质条件恶劣和文明程度低的环境中的人，智慧培育和提升的起点低、条件差，智慧的拓展受到很大的限制，智慧的拓展与提升必须付出更多的努力、更大的代价。

（5）家境特点。家庭物质生活的贫与富，家庭成员的教育、修养程度、生活方式不同，智慧的品质性能也会不同。穷人有穷人的智慧，富人有富人的智慧。穷人的思维方式难以适应富人，富人的思维方式也同样难以适应穷人。正所谓：人各有智，慧行一生。

（6）文化知识与学历特点。每个人所受教育、所学知识的程度、类型、学历及其专业的不同，都会对智慧的品质性能产生很大的影响。学历高与博学者的特点主要在于更能将天赋优势转化为智慧能力优势，更能将文化知识能量转化为自我智慧，使思行更高效。

（7）观念特点。即每个人的观念、理念、信念、信仰不同，智慧思维的定位、取向都会不同。"三观"不合，就会志不同道不合，利益价值取向也会不同。

（8）年龄特点。年龄不同，需求就不同，观念、思维方式、工作方式、生活方式都不同，智慧的品质性能也就不同。

（9）社会地位特点。即每个人当时的社会地位不同，智慧思维的起点、取向和适用领域都不同。

（10）职业（专业）特点。即以所担任的社会职业的角色需求为智慧结构原则来组合智慧系统，使不同的职业者有不同的智慧类型。

每个人的智慧特点，都是上述多个特点的个性化组合。组合不同，智慧特点也各不相同。

三、 个人智慧体系的结构

每个人的智慧体系都是多维多元的结构，都是由不同维度、不同性能的多个智慧系统构成的。

（一） 个人智慧体系由四大板块组成

根据智慧的能量来源和流转方式不同，可将个人的智慧分为需求智慧、人格智慧、智能智慧和悟性智慧四个智慧化思维板块（系统）。需求智慧是以需求为动力产生和聚集的智慧化思维系统，使人能够与思维对象平衡交换能量，获得基本的生存与发展。人格智慧是以人格为动力产生和聚集的智慧化思维系统，使人能够根据自我情感和意愿在一定程度上改变环境、改变他人；同时根据环境和互动对象的需求，调适自我适应环境，实现更好的生存与发展。智能智慧是以文化知识为动力产生和聚集的智慧化思维系统，使人能够掌握和运用语言文化工具，以知识的力量不断拓展和提升生存与发展的空间及品质。悟性智慧是以悟性为动力产生和聚集的智慧化思维系统，使人能够真正实现超越常态、创新创造、变优变强。

每个人的智慧体系都是由四个智慧化思维板块组合而成。其中需求智慧在人的智慧体系中处于基础的地位，为后续三个智慧系统提供依据和驱动力。人格智慧在人的智慧体系中处于核心的地位，是开展社会互动实现能量交换，保证安全生存和正常发展的决定性的智慧系统。人格智慧将需求智慧引向与社会对接、与人生对接，引向理性的能量交换。人格智慧又是智能智慧、悟性智慧的基础和归宿。智能智慧是人们吸纳并内化文化知识能量，借助文化知识工具，向智慧的深度和广度拓展构建的智慧系统。在智能智慧驱动下，人们能够解决人格智慧不能解决的复杂、系统的难题，为人与外界的能量交换创造出广阔空间、机会和可

能性，创造出高效的能量交换渠道和方式，将人的智慧水平提升到一个崭新的高度。悟性智慧让人们能够发现事物的超常性和可能性，高效地清除难题和障碍，将与能量交换相关的思维对象联结融通，实现能量的流通和转换，创新、创造出其他智慧系统所不能达到的智慧成果。悟性智慧还能够迅速地发现和解决需求智慧、人格智慧、智能智慧系统内的难题，使其需求目标得以顺利实现。悟性智慧能够使人们真正做到以我为主、按自己的需求和态度构建与外部对象的能量平衡关系。

四大智慧化思维板块的共同使命主要是：①改变、调适自我以适应思维对象与环境；②提升智慧能力使自己更加强大，以更加适应思维对象与环境的变化和进步；③认知思维对象及其相互关系，使自身需求与对象连接，为建立与能量交换对象的能量平衡关系创造条件；④做好能量转化，包括外能内化、内能互化、内能外化与成果转化；⑤适度改变对象与环境，使之更能满足需求；⑥创新创造，打破旧平衡建立新平衡。

受个人智慧特点的制约，每个人的各个智慧板块（系统）在整个智慧体系中所占的权重是不同的，如一些人的需求智慧特强，一些人的人格智慧特强，一些人的智能智慧特强，一些人的悟性智慧特强；有些人一强三弱，有些人两强两弱，有些人三强一弱，各有特点，各有优势和短板。

（二）　个人智慧体系的八个面向系统

每个人的人生都有八个基本面向，即智慧培养提升面向、社会态势研判面向、家庭生活面向、安全与健康面向、社会互动与人际关系面向、风险与难题面向、利益取舍面向、人生价值面向。每一个面向的心理思维活动都会产生和积聚智慧，同时每一个面向的心理思维活动都需要智慧的支持和养育。因此，每个人的智慧都是与人生面向相匹配的多元组合。对应人生八个基本面向，就会形成八个面向的智慧，即智慧培养提升面向的智慧、社会态势研判面向的智慧、家庭生活面向的智慧、安全与健康面向的智慧、社会互动与人际关系面向的智慧、风险与难题面向的智慧、利益取舍面向的智慧、人生价值面向的智慧。

智慧与人生基本面向相匹配的多元组合，使得人们的智慧更具特色。如：一些人在处理家庭亲情生活面向上很有智慧；一些人在处置人际关系上很有智慧；一些人在职业、专业上很有智慧；一些人在赚钱和整合资源方面很有智慧；有些人在规避风险、解决难题方面很有智慧。又如：人们有各具特色的政治智慧、军事智慧、公关智慧、表演智慧、管理智慧、执行智慧等。

（三）个人智慧体系的手段思维系统与目的思维系统

人的智慧化思维都是有手段、有目的的思维活动。手段包括工具、条件、办法和方式，目的包括当下目标和长远目标、分目标和终极目标。手段与目的必须匹配，只有目的而无手段，或只有手段而无目的的思维是低效思维、非智慧化思维。智慧化思维的目的和手段是一组相对应的、可以相互转换运作的因果关系。每个人的智慧体系都是手段智慧和目的智慧的组合。

手段智慧，是指以手段为价值取向，做人做事的一切活动都重视运用手段。经常有意识地将可控资源和条件适时转化为手段，养成借势借力的思维方式和习惯。及时地将新获取的利益、条件、成果，转化、打造成谋取更多新的利益、成果的新手段。重视先进工具、先进办法等手段的制造、改进、更新和积累。

目的智慧，是指以目的为行为取向。做人做事的一切活动都要有的放矢，重视目的和目标系统的构建，将不同取向的横向分目标或不同阶段的纵向分目标聚拢为终极目标，将各个分目标列作实现终极目标的必要条件，使每一具体事项都能准确定位、目标明确。在社会活动中要紧盯利益点和益利点，适时将新发现的利益点、益利点列为下段活动的目的候选标的，供动机立项思维和决断思维选用。重视目标系统的构建，使活动目标对应利益链，形成系统的目标链，使活动一环扣一环，有序而高效地进行。

（四）个人智慧体系的取得思维系统与舍弃思维系统

"舍"是指舍弃、放弃、失去、释放、放下、丢掉、脱离、付出、给予等，表示取得某些利益好处而必须付出的代价、成本；或为了取得某些利益好处而准备付出的代价成本。"取"是指取得、获得、得到、收入、收成、接受等，表示付出某些代价、成本必须取得某些利益或成果。在人的智慧化思维过程中，舍与取是相辅相成、互为条件的因果关系。人与人、人与他事物的能量交换、能量平衡、能量守恒都是通过舍与取的方式实现的。人们的每一个思维项目、思维事件，都不会只有舍弃、付出而无取得、收成，同理也不会只有取得、收成而无舍弃、付出。每个人的智慧体系都是舍弃智慧和取得智慧的组合。

舍弃思维舍弃智慧，要求人们认知和自觉信守舍弃是取得的条件和手段之规律，自觉建立舍弃付出的高效思维模式，使舍弃付出有目的、有序地进行。

取得思维取得智慧，要求人们做人做事的一切活动，既要有所舍弃，又要有所取得，坚信取得的正义性、法理性、道德性、真理性，要大胆取得、合理取得、善意取得、适度取得。

（五）个人智慧体系的守成思维系统与创新思维系统

正常人的智慧化思维都有两个相对应的价值取向：一个是由人的常性思维主导的守成价值取向，另一个是由人的悟性思维主导的创新价值取向。根据两个价值取向的分工和使命的不同，可将人的智慧区分为常态的守成智慧和超常的创新智慧。

1. 常态的守成智慧

常态的守成智慧可以简称为守成思维或守成智慧。守成是指守住成果、守住成功，保住已经拥有的，维持现有的制度、标准、规则、秩序、方式和模式，反对实质性的改变。守成智慧的本质是对现有成果、既得利益、现行思维方式、现行生活方式、现行制度规则与秩序的依赖，害怕改变和丧失。

常态的守成智慧，以经常、重复出现的思维对象和每天类似的生活事项为思维对象，以人的常性认知（即感性、知性和理性认知）获得的知识为指导。守成智慧的价值观认为当下已经拥有的就是最宝贵的，就是公平、正义、合理的，最应该珍惜和爱护，以免失去。守成智慧最大的特点是守护的责任担当；是维持现状、按部就班、循规守序，坚守正义的惯常性；是反对和防止改变现状。守成智慧以现有的社会正义、法规、公理道德、政策、规则和公共秩序为思行标杆或参照系，其使命和目标是要在获取新的利益和好处的同时，坚决维护既得利益、好处和既有秩序。保守意味着落后，守成最大的副作用就是阻止创新。客观上，守成智慧具有阻碍历史向前发展的负面损害性能。

2. 超常的创新智慧

超常的创新智慧可以简称为创新思维或创新智慧。超常的创新智慧以未知的、新出现的或可能出现的事物为思维对象，以打破常规、突破规则局限，构建新的谋利模式或管理模式，开创未曾有过的新局面为思路。创新智慧站在一个超常的高度和视角，主要采用悟性思维方式，以超常认知获得的真知作指导。创新智慧的价值观认为想得到而仍未得到的才是最宝贵的，最值得努力追求和拥有。创新智慧最大的特点就是以超常认知代替常性认知，以悟性思维方式代替常性思维方式；就是超越现实、破旧立新、改变现状、打破常制常规、突破常理局限，以规划设计的战略目标或愿景为旗帜和参照系。其使命和目标是不断求要想要的，并为此不断创新思路，创新思维方式，创新利益好处的获取程序与模式，图求新的利益点、利益面、利益链，为自身及所在团队拓展新的发展空间，创造更好的发展条件，创造更多的财富，推动历史不断向前演变。

实事求是地讲，除智障者外，没有人没有悟性，没有人不用悟性进行思维，人与人之间的区别主要是悟性的强弱不同、运用程度不同、功效不同。所以说，每个正常人的智慧都是常态守成智慧与超常创新智慧融会贯通的合成智慧，都是一种复合价值取向结构。人与人的智慧水平之所以差距那么大，决定的因素在于悟性和超常创新思维的水平差距大。

区分守成智慧和创新智慧只有相对意义，目的有二：第一是提醒人们正视，每个正常人都确实同时存在常性和超常两种价值取向不同的思维方式，都同样可以进行两种思维方式的转换或交替运作。第二是不要固执地坚守常性思维方式，压制超常创新思维方式；也不要一味创新，不重视做强做大和守护成果。应该双管齐下，一边守成一边创新，谋求最好的生存质量和发展速度。

（六） 个人智慧体系的四种形态

人的思维智慧在长期的演变进化中，归并成了域界清明、特征显著

的由低到高四个层级的思维智慧形态，即感性思维智慧形态、知性思维智慧形态、理性思维智慧形态和形象艺术思维智慧形态。每个人的智慧都会因时因事、或强或弱地表现出上述四种形态，而且人们会自动随思维对象、生活面向、社会角色的交替切换，而交替切换和运用对应的思维方式与智慧形态，以求能够适应、融入当时的生活面向和社会角色，能够轻松、简易而又高效地思考问题和解决问题。如在家庭亲情生活中主要运用感性思维方式，表现出感性思维智慧形态；在学习和专业工作中主要运用知性思维方式，表现出知性思维智慧形态；在分析和处理系统、复杂的问题时，主要运用理性思维方式，表现出理性思维智慧形态；在娱乐、休闲或艺术欣赏、艺术创作、幽默表演、艺术表演活动中，主要运用形象艺术思维方式，表现出形象艺术思维智慧形态。

从智慧表现形态上观察人们的生活和社会活动，会发现任何一个人都有感性时段、知性时段、理性时段、艺术美化时段；都会经常依据当下需求、情感和角色的转换而在感性、知性、理性和艺术思维之间切换思维方式。每个人都会以不同的智慧形态去应对不同的生活面向：在感性时段的活动中是感性人，表现出来的是初级智慧即感性智慧形态；在知性思维时段的活动中是知性人，表现出来的是中级智慧即知性智慧形态；在理性思维时段的活动中是理性人，表现出来的是高级智慧的理性智慧形态；在形象艺术思维的活动中是艺术人，表现出来的是高级智慧的形象艺术智慧形态。

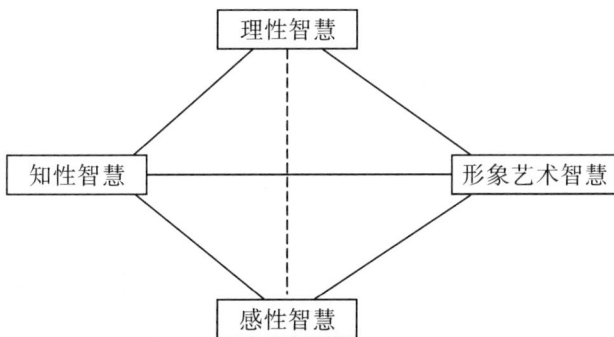

图 3-1　四种智慧形态组合图示

1. 感性思维智慧形态

感性思维智慧是感性思维的表现形态，是感性思维智慧化的结果。感性思维是以人格品质为动力源，以基本的生存活动和周边的人际关系为思维对象，以人格诉求为指向，以感官的感觉、心理体验和亲身经验等感性认知为依据，以体能、技能、技巧和态度为思维的主要手段，以物质利益和情感愉悦为目标的一种思维方式。

感性思维智慧的主要特点是：①个性突出、态度鲜明、情感主导、真诚相待、爱恨分明；②目的明确、强力求要、直接应对、快速反应、务实求利、敢想敢做、敢作敢当；③容易改变自己、容易适应环境、适应对方、容易被体制化、容易上当受骗；④容易被情感、信念和利益驱使、激励，又容易被情感、信念和利益所困、所累，难能超脱；⑤欲望不强、要求不高、不爱学习新知识、很难认知和采用新的高科技手段，无法明白和解决复杂问题，易患经验型保守固执和低欲型丧失斗志等心理疾病。

感性人以感性思维智慧看问题、思考问题的原则是眼见为实、耳听为凭，现象就是结果，结果就是问题，解决问题就是处置结果，没那么多前因后果的分析思考。因此，很容易跟着感觉走，感情用事、意愿用事，言行容易走极端。

感性思维智慧的适用领域主要有三：一是家庭生活、亲情关系、友情关系这些需要真诚相待、仁爱相待的领域和场景；二是需要明快决断、斗勇斗力、竞优争胜的事项；三是动手性强、利益性明显而又比较简单、有规律的生存和生产活动、享受活动。

2. 知性思维智慧形态

知性思维智慧是知性思维的表现形态，是知性思维智慧化的结果。知性思维是以习得信息、知识和智能思维品质为动力源，以打造工具、手段并构建社会职业和人际关系为思维对象，以智能发展诉求为指向，以科学文化认知为依据，以媒体信息、书本知识和概念为思维的主要手段，以认知事物原理和解决问题为目标的一种思维方式。知性思维智慧的主要特点是：一方面重视学习文化科学知识，重视知识的积累和记忆，自觉以概念作为思维工具，在日常生活和工作中爱用概念和原理去归纳概括、解释和演绎各种现象，爱用相互作用原理分析问题解决问题；另一方面也会因极度迷信书本知识而容易陷入知识迷宫，被知识所困，易被书面知识体制化，尤其容易被一些假信息和伪科学知识所欺骗，轻视经验与教训，并且容易患概念性固执保守症心理疾病。知性思维智慧最容易犯的错误是，把自己获得的书本知识和信息视为绝对真理，并用以衡量、评判一切相关事件与事项，而忽视事件与事项的特性。

知性人知性思维智慧看问题、思考问题的原则，是知原因知原理才算知，现象背后有本质，结果前面有原因，明白原因才算看懂了面前的现象，才能找到解决问题的路径和办法。

知性思维智慧的适用领域主要有三：一是以吸纳文化知识能量为目的的学习活动、辩论活动、学术研讨及写作活动、教育活动；二是常规的职业和业务性很强的工作和活动；三是以科技知识为主要手段的发明创造活动。

3. 理性思维智慧形态

理性思维智慧是理性思维的表现形态，是理性思维智慧化的结果。理性思维智慧是以办法思维品质和悟性为动力源，以难题、解决方案和可控资源条件为思维对象，以发展诉求和理想信念为指向，以对事物原理、规律的认知为依据，以办法、谋略为思维的主要手段，以解决难题、提高效率、实现利益最大化为目标的一种思维方式。

理性智慧的主要特点：①重视认知事物原理和规律，勇于接受挑战，乐于与复杂的人事、物事打交道，重视分析和预测思维对象的发展趋势、演变形式和演变规律，喜欢研讨应对办法、策略与谋略；②在困难、难题面前容易产生创新、改变现状的欲望和激情，喜欢变换角度、变换思路、另辟蹊径、打破常规，开创新局面；③不偏执、不自以为是，适应环境、融入社会（团体）需求，自觉调适、改变自我，实现超然应对、高效应对。

理性人以理性思维智慧分析问题、解决问题的原则是重势、重谋略、重效果。认为事物的态势比现象重要，原理比原因更重要，发展趋势规律又比原理更重要，全局比局部重要。不爱计较和纠缠当前的现象与结果，十分看重当前现象与结果转化、发展的趋势和可能性；十分重视造势和打造平台；十分重视制订解决方案，运用办法、谋略分解、解决难题，尤其喜欢采用圆法去化解难题。

理性思维智慧的适用领域主要有四：一是复杂、系统性强、牵涉面广的重大工程、项目、事项和活动；二是多方博弈行业或地域跨度大的大事件；三是非生产性的创造、创新活动；四是自然科学、社会科学、思维科学领域的分析、研究和学术交流活动。

4. 形象艺术思维智慧形态

形象，是指在形貌形态上既像常态相又像新常态相。形象艺术就是以人、事、物为对象，挖掘、演绎和张扬其超常性、超常点，塑造其超常态、新常态，展示平常的人、事、物不平常的一面。所谓艺术就是指将常态形象变成超常态形象的技艺、术法。能获得受众认同、欣赏、喜爱的形象（氛围），就是典型形象（氛围）。艺术来源于生活，才能将常态生活加工塑造成新常态生活。脱离生活，凭空想象只能臆造出全新态生活，而不能反映或再现常态生活。

艺术思维、幽默思维，将人、事、物的常点与超常点联通并反复切换，使平常人、平常物、平常事在常态与超常态之间联通并反复切换，塑造成新局面、新常态、超常态，以此达到吸引人、陶冶人、愉悦人、引导人的功效。

形象艺术思维智慧是形象艺术思维的表现形态，是形象艺术思维智慧化的结果。形象艺术思维智慧是以悟性思维和超常认知为动力源，以精神生活和塑造艺术形象为思维对象，以情感诉求和审美诉求为指向，以对事物的常性常点和超常性超常点的认知为依据，以各种艺术表现形式（如幽默、技艺、绝活）为主要手段，以塑造典型形象（氛围）、引导和愉悦受众为目标的一种思维方式。

形象艺术思维智慧的主要特点是：十分重视思维对象常态与新常态之间的美质、美感和美态，十分重视语言的组合技巧及其表现技巧，十分重视人的言谈举止形态与动作的协调性、技巧性、匹配性、创新性，从中配置与创造出各类美的艺术作品和产品。注重把各种具象（包括常态和新常态）特征、心理特征演绎塑造成典型的形象与氛围，用以展示和再现人们的生活、需求与智慧，启发人们的联想与思考，引发情感认知与共鸣，享受到艺术美的愉悦与情感的陶冶。

艺术人以艺术思维智慧看问题、思考问题的原则是审美与塑造美、表现美相结合，使认知形象化，智慧表达幽默化、艺术化，使社会互动和人际交往愉悦化，通过各种艺术表现形式提升生活品位，实现人生价值的升华。

形象艺术思维智慧的适用领域有三：一是业余、休闲生活领域的心情放松与求乐活动；二是职业、专业的艺术创作与表演领域的造美与示美活动；三是参与和辅助感性、知性、理性思维活动，从中起调节、润滑、舒缓压力的作用，从而达到愉悦情感、融洽人际关系、激励意志的效果。

第四章　社会事物

广义的社会环境指社会事物的总和，即整个社会经济文化体系，包括国际的、国内的和个人所在地区的社会政治环境、经济环境、文化环境等社会氛围和态势场。狭义的社会环境仅指人们生活的直接环境，即与自我需求紧密相关的物、人、事相互作用构成的态势场。如构成个人生活、工作、学习的条件与平台的家庭、亲友、群组、学校、企业、机关等团体组织以及民族、国家等，又如影响个人生活、工作、学习的社会文化、社会意识、社会正义、政治、经济等因素与氛围。狭义的社会环境是因人而异、各具特色的"人生态势场"。

人类为更好地开展交换能量的社会合作、社会互动而共同创造的社会环境，给每一个人、每一个团体通过社会互动交换能量提供了不可缺省的条件。适宜的社会环境更是人的智慧培育与提升不可缺省的前提条件。

社会环境中的社会事物，是人们最重要的能量交换对象。不能认知和适应社会事物的演化运变，人的智慧就无从培育和提升。

第一节　社会事物概述

社会事物，即社会环境中的事物，包括个体与系统。社会事物是指经人类按社会需求对自然事物进行改造，注入文化概念、人文元素而形成的事物，或由人为创造、培育而形成的事物。

如果一个事物只有自然属性，而没有社会属性，那就是自然事物。如果一个事物既有自然属性，又有社会属性，那就是社会事物。也就是说，社会事物既是自然的也是社会的，既有自然的一面又有社会的一面，是自然性和社会性的统一。

一、 社会事物的结构

政治经济学通常把社会事物划分为上层建筑和经济基础两大部分。

本书从智慧学角度，将构成社会事物整体的要素分为六大板块：第一个要素板块是人及其智慧（心理思维活动）；第二个要素板块是各种社会组织，如集团、党派、团体、企业、国家机构等；第三个要素板块是各种社会规范、规则，如社会正义、社会制度、社会意识形态、文化知识、教育体制、媒体等；第四个要素板块是按社会需求从自然事物中改造、创造出来的事物，或对自然事物注入文化元素而建立的新事物，如各种物质资源、物品、产品、商品、工具、武器、装备、基建设施等；第五个要素板块是由人与人、人与社会组织、人与物、物与物相互作用生成的各种事件，包括对人类生存发展强相关的自然事件；第六个要素板块是各类人、事、物及其事件的相互关系。其中，社会正义是人类社会一切非物质形态社会事物的核心本质。

社会事物结构的特点是三层级结构：

（1）上层结构称为"国家"。国家通常是社会的代称。国家层级的社会事物包括国家政体、社会制度、社会正义、社会规范规则、社会组织、社会生产方式、生产关系、社会意识形态、社会文化、国家工具等。

（2）中层结构是大集团、大团体、大型组织、大型机构、大型企业的板块结构件。由各下辖的团体、组织、机构、企业及其团体正义、规范规则、生产方式、管理方式组合而成。

（3）基层结构称为具体组织机构、团体、企业的社会功能包。社会的基层结构由一个个家庭，一个个具体的人，一个个具体的组织机构、团体、企业，一件件的资源、产品、商品、物件、事件、事情、事项组合而成。

一般而言，中层与上层社会事物结构可称为宏观社会事物；基层与各个具体的社会事物可称为微观社会事物。

二、 社会事物的形态

从能量交换渠道和方式上看，社会事物主要可分为本体、象体、形象体这三种形态。

在社会互动和能量交换活动中，每一个社会事物都会或多或少地表现出本体、象体、形象体这三种形态。每一个社会事物都是本体、象体、形象体这三种形态的统一。每一社会事物的能量，都会通过这三种形态作用于他事物。人与社会事物的能量交换活动，也会通过与三种形态对应的三条通道和方式来实现：第一条是本体能量交换通道和本体互动方式，第二条是象体能量交换通道和象体互动方式，第三条是形象体能量交换通道和形象体互动方式。也就是说，人与社会事物相互作用有三条通道和方式可供选择。在智慧化思维支配下，每个人都会根据自身当下需求的特点，选择最适当、最高效的渠道和方式，践行与对象的能量交换。

本体、象体、形象体三大能量交换通道，使得社会事物刺激、作用于人的感官的能量，同样分为本体能量、象体能量和形象体能量；又使人的心理思维随之产生本体、象体、形象三种思维方式。

（一）本体能量交换通道与本体思维方式

本体即社会事物物质实体。人与社会事物本体交换能量的互动渠道和互动方式，形成本体思维方式。或者说，人们可以选择通过本体思维通道和方式，与某种社会事物实体互动并交换能量。如运用工具 A 操控工具 A + B，释放能量作用于物质实体 C，从 C 中获取所需利益能量。

社会事物的本体分为形体与品质。形体就是事物在三维空间上的结构形貌形态。事物形体作用于人的能量叫"力量""势力"；人们对力量刺激的心理反应和体验是"情"，即情态。事物品质即事物本体的质量及其结构元素。事物品质作用于人的能量叫性能，包含属性和功能。人们对性能刺激的心理体验是受到益利或损害，即益利体验或损害体验。性能是事物能量的标志。每个社会事物的品质都有多重属性和多种功能。人通过身体的接触和心理的体验等实践应对活动，实现与社会事物本体的能量交换。人类智慧将对事物本体的认知以"命名""名称"来标识、概括、表述和解释，如粮食、大米、衣服、房屋、吃饭、睡觉、学校、朋友、家庭等。

人们以本体为对象的心理思维活动叫本体思维或实体思维，核心是

体验与实践，因此又可称为体验思维、实践思维。本体思维的主要功能是通过实践应对，直接与思维对象交换能量。本体思维的主要特点是"眼见为实"、制造和使用工具、动手操作、经验至上，是身体力行的接触、行动、体验，特别强调身体接触、技能技巧和心理体验的决定作用，但也经常依赖和借助象体思维的智能成果作工具和手段。

受人体生理功能的局限，人们对事物实体的认知存在三大盲区：一是如果客观事物本体的特征信息太大或太小、太远或太近、太快或太慢，都会看不清、听不见、感知失准，这使人类对客观事物不能达成真相性认知；二是受身体活动四维时空范围和频率的局限，人的本体思维认知量小、范围窄而又慢速，效率太低；三是对诸多本体事物之间的关系，某一事物在诸多事物中的位置、地位、价值、作用等相关性难以确认。

（二）　象体能量交换通道与象体思维方式

象体即映像、抽象，是事物本体在人的心理思维中留存的信息、映像、印象、复制品、指代物、替代物。或者说，在人类知识和智慧中，事物象体是事物本体在人脑和心理思维中的"等同体""等价物"，相当于本体的影子。在人类知识和智慧中有本体事物就有象体事物。在纷繁复杂的社会活动中，人们就是通过象体达成对社会事物本体高效而又正确的认知。受本体思维的局限，任何一个人只用本体思维而不用象体思维，都不可能认知更多繁杂的社会事物，更不可能频繁地与纷繁复杂的社会事物交换能量。

为了解决本体思维的认知难题，为了无限拓展人们认知和交换能量的多元维度，无限提升认知和能量交换的速率与功效，人类的智慧创造了指代社会实体事物的象体事物，同时又创造了配套的语言、文字、符号、图像、音声、韵律等文化知识和信息作为象体思维的工具和手段，用来透过象体认知事物本体。人类智慧将指代本体的象体以"概念"来标识、概括、表述、理解和解释。

人与象体事物交换能量的互动渠道和方式，形成象体思维方式。人们通过象体思维通道和方式，可以同时或频繁地与多种社会事物互动并交换能量。象体思维的语言文化知识和信息有三大益利功能：一是成为人们认知社会事物的共用工具。每个人都以标准一致、规范统一的语言文化知识和信息作为认知工具，来描述和解释对认知对象品质、性能及其各种关系的理解和运作。二是文化知识和信息又是人们认知成果的总结概括：一方面，每个人都将自己对各种事物本体的认知成果，注入或转化为文化知识和信息提供给他人共享；另一方面，每个人都能通过学习，分享文化知识和信息蕴含的认知成果，转化为自身智慧。三是语言文化知识和信息是各种事物能量汇集、存储、交流、传递的通道、媒介与平台。

但是，象体思维的知识和信息，也存在难以排解的损害功能和"短板效应"，那就是"假象陷阱"。"假象陷阱"因概念理解偏差、概念解释偏差、偷换概念等以偏概全的认知形成。象体的假象，使社会事物生成真假、善恶、美丑、优劣等矛盾性和多元属性。对于眼前事物的认知，如果人们以本体思维与象体思维相结合，在直面感受和体验本体的同时，以象体的样本映照来识别校正，就不会轻易被假象蒙骗。

象体是社会事物独有的形态和特性。未被人类智慧认知或未循公开渠道与人交换能量的自然事物，只有本体没有象体。没有象体的事物也就是知识外、智慧外的自然事物。自然科学将这类自然事物统称为"暗物质""隐性物质"等。

社会事物的象体可分为义象与想象。

义象即本义、内涵，是客观事物的复制件，在含义上标记事物的本体。义象作用于人的能量叫"等同能"或"等价物"；义象又分为知识与思想。也就是说，知识和思想是社会事物及其能量的两大等价物。通常用文化知识水平和思想水平代称人的思维能量。知识和思想是人类文明、文化与智慧的载体，由语言、文字、符号、概念、判断、理论观点与原理等元素构成。知识和思想作用于人的能量叫义理、含义、意义、属性，又分内涵与外延两部分。义理对人的作用主要表现为：分归属、立标准、明利害、辨善恶、判对错、定是非、建信念、认价值。总之，义理是要为选择、决断提供依据。义象思维积聚的成果，一方面活化成观点、道理、观念等方法论的活化知识，另一方面形成印象和记忆等储备待活化的知识。

想象是指以样本映照、识别、认知对象的连接思维过程，是对事物本体印象和记忆的理解或演绎，想象也因此被称为理解象或演绎象。思维认定某一想象似本体就是真相（真象），认定不似本体就是假象。因此，想象的结论可分为真象与假象。只有符合真象的想象演绎才具有创新创造性能；想象成假象就是幻想、幻象。想象作用于人的能量叫想象力和联想力。悟性思维经常通过想象、联想把想象体与义象体、本体、能量标的物四者联结、联通起来认知和研究，使理解力、记忆力得到强化与提升。如果认定四者相符合，就是真相（真象），否则就是假象。人们之所以容易被假象蒙骗，很大的原因就是过于感性、快速、草率地判断认定上述四者相符。人们之所以因认知错误而失败，是因为感性认知或知性认知容易错将假象当真象，错将假象联结成利益链或损害链。人们之所以成功，是因为能够理性地检讨感性认知或知性认知，能够执着追求真相与真理，不明真相不选择，不达真理不决策。

象体（抽象）思维的使命是掌握和运用知识。运用知识的使命是认知和运作本体。象体思维的核心目标是真相与真理，象体思维的成果则积聚成智能智慧和悟性智慧。象体思维的主要功能是学习文化知识，使概念系统化，使判断真相化，使推理真理化，使观念方法论化，使智能成果工具化。象体思维方式使人类智慧优强于任何生物智慧，使人类得以整合、支配和运用自然界的各种资源及其能量，稳居自然界生物链的最高端，稳居自然界的支配地位。

随着科学技术进步，象体思维方式衍生出虚拟思维、网络思维、人工智能思维等思维方式。

象体思维的要点是：学习文化知识、样本映照、记忆、理解、解释、演绎、思考、研究、真相、真理、概念、判断、推理、想象、观点、原理、理论、方法论、智能、技术、发明、发现、创新、创造等。

与本体思维本体认知相比较，象体思维象体认知最大的进步和优势，是消除、排解了本体认知的三大盲区，并在这三个认知面向上确立了超常的优势，使人类对各类事物的认知和改造能力不断拓展、深化与提升。

受信息、印象和样本的局限，尤其是受信息和概念内涵多义的困扰，抽象思维也经常犯错，主要错误有：印象失真，信息失实，记而不忆，误认假象为真相（真象），对概念的理解与解释脱离本义，概念与本体事物错配，概念脱离本体事物，学习知识与实践体验脱节，轻视实践经验，将简单的事情复杂化，习得知识不能转化为智能智力，理论原理不能转化为解决实际问题的方法论等。抽象思维最大的遗憾莫过于拥有广博知识智能，却无法与需求目标对接，找不到抒发释放能量的合适渠道与结合点，无法运用习得知识获取利益价值。

（三） 形象体能量交换通道与形象思维方式

社会事物的形象体形态，也即事物的美质、美态、艺术态。人与事物形象体交换能量的心理思维活动构成审美的形象思维、艺术思维。人们可以选择通过形象思维通道和方式与某种社会事物互动并交换能量。形象思维的要点是：灵感、爱美、审美、造美、共鸣、幽默、愉悦、娱乐、陶冶、修养人格等。形象思维与本体实践相结合就会形成游戏、娱乐活动。形象体能量与象体的想象认知相融通，就会生成形象的能量信息，从而形成形象思维。以塑造形象作为追求目标的心理思维属于艺术创作；循形象认知渠道去认知、理解、解释和应对外界事物的心理活动属于艺术思维或形象思维。形象思维的核心目标是美与乐，主要功能是审美、鉴赏美、创作美与愉悦人的情意。

形象思维形象认知的最大特点是：发现和认知各类事物、事件中的超常性、超常态、美质、美性、美感、美点和美的关系，为情感愉悦与思维对象之美构建联结融通渠道，为美的欣赏、演绎、创造和展示，为以美怡情、以美悦性、以美养志开辟渠道与平台。

（四） 三种事物形态与思维方式的关系

1. 三者交互运用

在人的智慧化思维中，本体思维、象体思维、形象思维相互取长补短汇集于一身，使人对社会事物的认知、理解、解释和应对，具有三种（三维）可以交互运用的渠道与方式。在实践中，人们运用象体（抽象）思维的智能成果，通过本体实践思维方式，打造成各种各样的工具或工具包，用于解决各种各样的困难与难题，使人的思维功效得以极大提升。三条思维渠道与方式也使得人的智慧具有三维培育、拓展与提升的广阔前景。

2. 三者分别运用

本体思维主要存在和运用于人格智慧中，使人依实求利；教人勤于动手实践，重视技能技巧，诚实劳动；讲现实，讲实惠，讲利益，利益至上；眼见为实，实践出真知，经验至上。

象体思维主要存在和运用于智能智慧和悟性智慧中，使人求知、求理、求变；教人尊重知识、尊重科学，做人做事要动脑思考，重视因果联系，讲变通融合；讲长远，讲大局，讲效率，真理至上，价值至上；追求知识，追求真理，提倡文化主义、知识主义、科学主义。

形象思维主要存在并运用于人格智慧、智能智慧和悟性智慧中，使人爱美求乐；教人求美质、讲美感、讲幽默、讲艺术、求放松，愉悦至上，知足常乐；不要太看重实惠，不要太计较利害得失，不要太看重社会角色地位。追求技巧技艺，追求美妙，提倡艺术主义、愉乐主义。

三、 社会事物的微观与宏观

社会事物结构要素和结构程式的繁简度，导致认知的难易度和认知结论的抽象度。根据认知的难易度和抽象度，可将社会事物分为微观事物和宏观事物。如前所述，微观社会事物主要包括社会基层组织、团体、家庭、事件、事项、各个具体的人和具体的物品。宏观社会事物主要包括社会中层和上层组织机构、社会规范、社会规则、社会管理等社会事物。社会事物之间的关系，也可分为微观关系和宏观关系。微观关系和宏观关系都是竞合关系，既有同向关系，也有逆向关系。从事物的外层表征向内层本质看，越往本质越宏观，越往表征越微观。

（一） 社会事物的微观关系

社会事物的微观关系即直接关系，首先是指不同事物之间直接的能量交换关系，是各方外层具象、表象特征之间能量直接交换结成的直接关系。其次是指站在微观即具体事物的需求角度，所看到的各个事物之间的关系。社会事物之间的微观关系，既容易因各自具体的需求错位或对立而生发竞争、矛盾与冲突，也容易因各自具体需求一致或兼容而产生合作、互利互助。

（二） 社会事物的宏观关系

社会事物的宏观关系即间接关系，首先是指不同事物之间间接的能量交换关系，是由各方内层本质属性之间能量间接交换结成的间接关系。其次是指站在宏观即抽象事物的需求角度，所看到的各个事物之间的关系。社会事物之间的宏观关系，既容易因各自总体需求的相互适应、相互益利而"志同道合"，产生融合、融通与合作；也容易因各自总体需求的错位、对立、相互损害而"道不同不相为谋"，产生竞争、博弈甚至对抗。

（三） 认知社会事物的微观关系和宏观关系

认知社会事物的微观关系和宏观关系，具有重要的方法论意义：

1. 更新认知观念

指导人们改变原来对人、事、物之间，要么是直接关系，要么是间接关系的观念。认识到每个人与周边熟人的关系，大部分是微观关系，也有小部分是暂未认知的宏观关系，是微观关系与宏观关系的统一；每个人与陌生人的关系，大部分是宏观关系，也有小部分是暂未认知的微观关系，也是微观关系与宏观关系的统一。

2. 自觉调校需求目标和动机

指导人们在人际沟通交流时，要先弄明白双方的关系是微观还是宏观的，是直接还是间接的，以便正确定向。双方的微观关系在哪些方面，宏观关系在哪些方面，以便正确定位。

利益取向与关系性质适配、对应，才能准确衡量各方需求与目标交集和实现的概率，巧妙而又适度地应对和处置双方或各方的各种关系。

利益取向与关系性质不适配、不对应，各方就很难形成交集，很难找到结合点，就会出现很多不应有的阻碍与难题。付出更大代价也会事倍功半，很难获取应有的利益、价值。

3. 办法适配

指导人们应对微观关系时，多用简洁技法、方法，少用或不必用比较复杂的方法和圆法，以免把简单的事情复杂化。应对宏观关系时，则要重视运用较综合的方法和圆法，减少运用简单的技法和方法，以免把

复杂、系统的事情过于简单化。言行表达与办法不适配，效果就会出乎意外，难以心想事成。

第二节　社会事物的多维属性

社会事物的多维属性，决定社会事物品质结构是立体、多面向、多功能的。我们可将社会事物结构的多维属性概括为四维八面向，即真与假、善与恶、美与丑、优与劣。其中，真、善、美、优四大品质面向，被社会预先定性为好的优良品质、正面属性，并被奉为社会事物的普世价值，被奉为高尚人格的样本。正面属性内含的能量称为"正能量"。假、恶、丑、劣四大品质面向则被社会预先定性为坏的低劣品质、负面属性。负面属性内含的能量称为"负能量"，并列为低劣人格的样本。

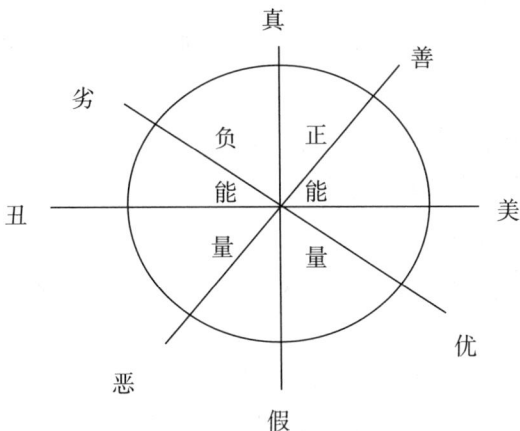

图 4 - 1　社会事物多维属性图示

所谓社会事物的多维属性，是指一个具体的社会事物总是集多面品质、多维属性于一身，既有真的一面，也有假的一面；同时，还会有善的一面、恶的一面；美的一面、丑的一面；优的一面、劣的一面等。一件事情，可能既是真的，又可能是善的、美的、优的；也可能既是假的，又是美的、善的。每个社会事物都具有多面品质、多维属性，而且多种品质性能相互依存、相互伴生。绝大多数的能量体，如食品、药品都在益利性能（正能量）上伴生着损害性能（负能量、副作用），人们吸纳益利性能时也一并吸纳了损害性能。在获取自身生存与发展条件这个原则立场上，人们有一套区别于社会评判标准的个性化评判标准，认为只要是对自己有利有益的就是好的；只要是对自己有害有损的就是坏的。好的就认同、拥护、采纳，坏的就否定、反对、拒绝。

社会事物的多面品质、多维属性，客观上是由事物自身结构特点产生的，主观上是由人们或社会的需求多样性、社会事物能量的分类认定规则这些因素决定的。

社会事物的多维属性，使得每个社会事物在互动对象面前总是呈现出多面品质、多重功能，也使得社会事物之间的关系同样具有多面性、多重性。人们当下能认知哪个或哪几面品质性能，取决于当下的需求取向和所依据的标准与规则。同一事物，有人说真，有人说假，有人说善，有人说恶，有人说优，有人说劣，有人说美，有人说丑，有人喜爱，有人讨厌，有人求取，有人舍弃。

对于具体的人与事，各种品质都会依据心理需求与动机的切换而切换。品质的切换又导致释放益利性能或损害性能的切换。并非优良品质只能释放益利性能，低劣品质只能释放损害性能。优良品质也会释放损害性能，低劣品质也会释放益利性能。

在以社会事物为对象的思维范畴，认知了一个事物的多面品质、多维属性，才能从不同角度去解读该事物，才能掌握真相、找到真理、解决难题。认为一事物只有一个品质、一个属性，容易让人们犯以偏概全的错误，严重束缚人们的智慧施展与提升。设定一个事物只有一个品质属性，且品质属性不变，正是逻辑思维方式隐含的短板和遗憾。认为一个事物有多重品质、多重属性，且品质属性会随机转换，正是辩证思维方式的长处和优势。

一、 社会事物品质性能的真与假

真即真实。真实品质，是指对事物品质的名称、特征、性能、功效的认知、判断与客观存在的事实相符合，是名副其实的。假即虚假。虚假品质，是指对事物品质的名称、特征、性能、功效的认知、判断与客观存在的事实不相符，是虚假的。这种与事实不符的认知、判断，有些

是由感知的面向或角度偏差造成的；有些是由采用的认知样本的标准不同造成的；有些是由错配判断样本，错用归属概念造成的；有些是由表述者故意隐藏真相，张扬假象造成的。

可以认为，很多社会事物品质性能的真与假都是相对的，尤其是人文类和思维类事物与信息。一些人认为是真的，另一些人则会认为是假的。很多社会事物因此而真真假假，真假难辨。

在现实生活中，认知社会事物的真与假十分重要。认知真假才能正确有效应对，才能掌握和有效运作事物的性能。认知失真危害极大。因为很多社会事物真假难辨，所以很多人就懒得去辨真假。很多人在自以为是、投机取巧的心态驱使下，干脆跳过辨别真假的必经环节，直接去探究事物的性能、因由与演变。不问是什么，却问有什么、为什么、会怎样。前提错误，结论、结果就会全盘皆错，还白搭时间与资源。

虽然人们的双眼经常都会被假象蒙蔽欺骗，以致认知判断产生错误，但只要心态平正，很多人都能够通过理性辨识来修正认知判断，或者通过善意取得、善意付出代偿认知判断的错误，避免因认知错误导致应对决策与行为错误。如果心态偏歪，认知的错误必然导致应对决策与行为错误。

二、 社会事物品质性能的善与恶

每一个社会事物都可以成为人们践行需求与动机的工具手段，并按动机意向释放正能量或负能量。

善与恶，是指人们根据能量承受者的体验，对能量释放者的动机和能量作用功效所作的社会道德评判定性。善意品质性能，是指对承受者有益利动机和功效的思行事项所作的道德评判定性。恶意品质性能，是指对承受者有损害动机和功效的思行事项所作的道德评判定性。

人们将对人对事有益利功效的人、事、物称为善人、善事、善物或善心、善意、善举，将对人对事有损害功效的人、事、物称为恶人、恶事、恶物或恶心、恶意、恶行。

三、 社会事物品质性能的美与丑

在人们的形象思维、审美思维中，每一个社会事物都有美好的一面，也有丑陋的一面。人们总爱从或美或丑的观感角度去审视面前的互动对象，为情感应对态度的选择提供利益与价值之外的理由。因为在利益与价值之外，绝大多数人都喜爱和乐意与美好事物互动并交换能量，厌恶和规避与丑陋事物互动并交换能量。

事物的美好品质性能，是指能激活人们喜欢、愉悦的情感，能吸引人们积极与之交换能量的元素。美好品质性能是事物利益性、价值性的重要元素。

事物的丑陋品质性能，是指能引起人们的厌怨悲哀情感，使人们厌恶和规避的元素。

四、 社会事物品质性能的优与劣

社会事物的优秀品质性能，是指那些高于同类事物性能平均值的，有益利和善意效能的品质性能。优秀品质性能充满正能量，经常被人们奉为样本、标准和规范，因而招人喜爱、尊敬和争取。

社会事物的低劣（伪劣）品质性能，是指那些低于同类事物性能平均值的，有损害和恶意效能的品质性能。低劣品质性能充满负能量、副作用，经常招致人们的反感、抵制、规避和抛弃。

第三节　社会事物的人文能量与等价物

一、 社会事物的人文能量

社会环境是人文环境，人文环境中的社会事物不但具有可度、量、衡的自然能量，还具有独特的人文能量。社会事物的人文能量是指因人文活动创造，经人文渠道和方式流转、交换，为社会成员共有共享的社会能量。人文能量的主要特点是人文创造，经人文渠道方式流转、交换，社会成员共有共享。

社会事物、社会人文环境都是人类智慧的产物。因此，社会事物的人文能量也是智慧能量的一种。

社会事物的人文能量，包括社会态势能量、社会利益能量、社会文化知识能量、社会价值能量、社会道义能量等。

（一）　社会态势能量

社会态势能量是指各种社会事物相互作用产生的社会态势及其能量。社会态势内含社会制度、社会意识形态和社会动态，是影响和制约人生态势场、人生态势的社会形势和趋势。动态多变的社会态势，经常会使个人的人生态势发生难以预测的影响，顺势者兴、逆势者衰是基本规律。强者占有社会态势能量的份额多，可掌控的社会资源多；弱者占有社会态势能量的份额少，可掌控的社会资源少。人们一边通过社会互动与社会事物交换能量，一边通过吸纳和运用社会态势能量，增强自身的人生态势能量。

（二）　社会利益能量

社会利益即社会物质财富，社会利益能量主要指社会物质财富以产品、商品形态存在，能对人们起益利作用，可直接满足社会成员需求的社会能量。社会利益能量经常以利益资源和金钱货币这种一般等价物形态，传递、流通和作用于能量交换活动。拥有金钱货币这种一般等价物，就可以任意兑换自己需求的利益标的物。因此，人们谋取社会利益能量的活动，经常体现为谋取金钱货币财富的利益交换活动。

（三）　社会文化知识能量

社会文化知识能量是指社会事物的能量通过文化科学知识等人文符号表现出来。因此，很多知识都不是事物能量本身，而是成了事物能量的标识、符号。人们通过学习渠道获取知识，又通过智能智力渠道创造并输出知识，达成对社会知识能量的交换。社会知识能量交换的结果是智慧能量的吸收内化和释放外化。

（四）　社会价值能量

智慧学讲的社会价值包括人文价值和人生价值，是与利益的一般等价物——金钱货币相对应的精神等价物。社会价值能量是通过与能量交换相关的个人、组织，依据社会规范、道德和程序，给予正面、优良的人文评价，授予精神褒奖和物质奖励，包括认同、肯定、赞赏、称号、名誉、角色、地位、奖金、奖品等。授予精神褒奖和物质奖励也即授予等价的人文价值能量。人们则通过获得他人和社会组织的优良评价和授予的褒奖，获取社会价值能量，进而创造和提升自身的人生价值。

（五） 社会道义能量

社会道义能量是指社会事物的能量，通过道义、正义、公理、理由等道理形态表现出来。人们通过为某个事件、某种言行建立道理功能包的方式，吸收内化和抒发表达社会道义能量，并与相关的互动对象交换。可见，讲道理是在抒发、传递道义能量；服从道理是在吸纳、接受道义能量；拒讲道理或拒听道理也是在通过道理渠道进行道义能量交换——负能量的交换。

社会事物的各种人文能量之间并不矛盾，而是相互兼容、相互补充，还可以同时表达、统合为一。社会事物的每一种人文能量，都标志着一种能量交换渠道或方式。人们从一个或两个渠道、方式上感受认知的社会事物能量，只是社会事物诸多能量的一部分，并不是社会事物能量的全部。要想全面认知一个社会事物，必须从多个渠道、多种方式去感知、分析和思考。同理，人们要想优质生存自主发展，就必须在不断提增自身能量的同时，广开与其他社会事物进行能量交换的渠道和方式，持续提升自身的智慧水平。

二、 社会事物能量的等价物

在社会化大生产、大流通、大消费的市场经济社会里，社会事物能量主要以商品形态存在。社会事物之间的能量传递与交换，普遍是以间接方式进行的。便利这种间接交换方式运作的关键元素，就是社会事物能量的等价物。社会事物能量的等价物主要有如下六种：

第一种是利益。利益也称利益标的、能量体，有广义与狭义之分。狭义的利益通常指已获取的物质利益，主要包括两类：一类是指可供直接享用的物品，如衣物、食物、生产工具、生活工具、生活日用品；另一类是指通过简单加工，或组合或分解就可享用的物品、半成品、资源。广义的利益包括已获取的能量体和通过努力就可获取的能量体。

第二种是可计量的一般等价物——金钱货币。人们要想获得可供直接消费的能量体——商品，必须运作货币功能，通过获取或付出货币，经过多次的价值交换活动，去获取或付出相应的社会事物能量，最终实现与对应的对象交换能量。产品之间的能量传递与交换则视具体情况而定，既可以物易物，也可通过商品渠道交换。

第三种是社会价值标的。社会价值标的包括两类：一类是一方付出、释放的益利能量得到对方或社会的认同、肯定和赞誉；另一类是互动双方互相授予，或经相关社会组织授予的角色地位、权力、褒奖、赞赏、名誉、名分等价值标的。

第四种是社会智慧产品。社会智慧产品也即人文能量产品，包含文化、艺术、科学、知识、智能产品、服务以及虚拟的智慧产品。

第五种是人格品质中隐含的社会人文能量，包括情感、道德、意愿、信念、审美等。富含社会人文能量的人格品质具有很强的吸引力，能吸引互动对象的认同、欣赏、赞誉和拥戴，能吸引互动对象积极与之进行人文能量交换，如合作品质、利他品质、守序品质等。

第六种是人生态势中蕴含的社会人文能量，包括优势平衡态势、均势平衡态势和弱势平衡态势等，如合作、公平、正义、兼容、忍让、关爱等言行。富含社会人文能量的人生态势，更有利于提升能量交换的功效。

在社会事物能量等价物的六种形态中，利益、金钱货币、社会价值和社会智慧产品是经常直接用于商品交换的等价物。人格品质和人生态势虽然不直接用作商品交换的等价物，却经常是商品交换作价、定价的重要依据，是导致商品交换不等价、不平衡的主要因素，因此具有社会事物能量等价物的功能。

第五章　社会正义

第一节　社会正义概述

正义是伦理学、政治学的基本范畴。在伦理学中，通常指人们按一定道德标准所应当做的事，也指一种道德评价，即公正。"正义"一词，在中国的最早记载见于《荀子》："不学问，无正义，以富利为隆，是俗人者也。"正义观念萌于原始人的平等观，形成于私有财产出现后的社会。不同的社会或阶级的人们对"正义"有着不同的解释：古希腊哲学家柏拉图认为，人们按自己的等级做应当做的事就是正义；基督教伦理学家则认为，肉体应当归顺于灵魂就是正义。整体看来大多数的观点认为公平即是正义。

从事物的结构原理可见，事物之义在于"衡"，在于与能量交换对象平衡交换能量并构成能量平衡态势，同时保持自身内部各要素之间的能量平衡关系。

人类社会是由社会全体成员、各类团体为创建生存与发展条件，分工合作和相互竞争，按一定规则与秩序联合组构而成的命运共同体。人类社会之义也同样在于"衡"，在于全体成员及团体，遵循一定的规则与秩序，相互平衡地交换能量，构成相互平衡的关系。相互平衡则会相互适应、相互融合，体验平衡也会体验到适应、适合、适当、适宜、舒适。

正义是一个社会概念，是对群体成员众多需求及其求要意愿的抽象与概括。正义是文明之源，是人格社会化的动力和归宿；社会正义是社会共性的本元，是人类社会的核心本质。

一、人之正义

人之义就是人权，即人们践行求要基本需求的权利。人们的基本需求和基本权利就是求要与互动对象的能量平衡关系、求要自身的安全生

存适度发展，一切具体需求都是践行基本需求的条件，都是基本需求的衍生和演绎。

人之正义即人的正义感、正义性，一方面指人的基本需求，即最正当最合理的需要与欲望；一方面指人的求要行动，即最应该最值得去做的事。人们最正当、最合理的需求和最应该、最值得去做的事，是创建与互动对象的能量平衡关系、创建安全生存和适度发展的条件。

概括地说，人之义、人之正义，就是对利、适、强、序、智、乐、爱、健的需求和求要。利即利益，是指能够获取可以满足需要、益利生存的能量体。适即适应、适合、适宜，是指能够获得适宜的生存与发展环境，能够适应社会、适应社会互动对象。强即强壮、强大、优强、优势，是指使自己不断强大，建立与互动对象的优势。序即由遵守社会规范和规则而建立的秩序、机制，是指能够有序地进行能量交换的各种社会互动。智即智慧，是指能够通过学习和实践获得智慧、培养智慧、提升智慧。乐即美化、快乐、愉悦，是指能够通过审美和休闲使心身放松、快乐、愉悦地生活。爱即情感有爱，如爱情、性爱、亲爱、友爱、博爱，是指在社会生活、家庭生活中能够爱喜欢的人、能够被喜欢的人爱。健即心身健康与安全，是指人身安全和心身健康有保障，险害可除、病患可疗。

人与人之间相互支持，配合他人实现需求，乐意成全他人，其思其行是益利自我、益利他人的善念、善意、善行，这就是正义感、正义性。人与人之间相互排斥，相互设计障碍，阻碍他人实现需求，对他人幸灾乐祸，强夺他人利益，其思其行就是损害他人的恶念、恶意、恶行，就是反正义的邪恶言行。

各个人求要"义"的角度、路径、方式各具特色，这也是人的个性之本义。

二、团体正义

团体（群体、团队）之"义"，俗称为"聚义""合义"，是对众人某类需求及其求要方式的聚合。认同某类需求及其求要方式的一群人，按一定的次序和规则聚集在一起，相互支持、相互配合，在帮助他人实现需求的同时实现自己的需求，这便是团体产生的原理。人们在不同的时间和空间，分别以同类需求和求要方式加入同类团体，或聚集为一个群体，这便是一个人求要多种社会角色、多种社会归属、多个生活面向的根源。虽然说，团体因众人需求及其求要方式相同而产生，但是一个团体并不能代表全体成员的全部需求，而只能代表全体成员一部分的需求和求要方式。

团体正义，是指全体成员认定和选择的同类需求和求要方式，是个人需求的概括。也可以将团体正义理解或解读为全体成员共同的需求、共同的使命、共同的求要方式。现代社会也有人将团体正义称为团体（企业）的核心价值或核心价值观，用以标志全体成员对共同需求的共同求要意愿。

团体正义对利、适、强、序、智、乐、爱、健，这些共同需求的合作求要方式，有一个很重要的特点，就是分工合作、各司其职，既互相依赖又互相制约，既互相配合又互相监督。目的是降低成本，减少损耗，提高效率。团体正义和个人正义都是社会正义的重要组成元素。

三、 社会正义

社会正义，主要指一个国家（民族、人文地区、大团体）的大义、正义。社会民众的需求即民心所向是社会正义之根本。社会正义是国家内部各个成员和团体、企业对利、适、强、序、智、乐、爱、健的需求及其践行意志、求要方式，汇集而成的共同需求和共同意志。只反映和体现一方、少数人的正义，那不是社会正义；能够反映和体现各方、多数人的正义，这才是社会正义。

正义尤其是社会正义是社会价值的依据和内核。因此，社会正义内含巨大的社会正能量，为内部各个成员的个体需求和团体、企业的需求供给取之不尽的能量，是一个国家的核心价值，是一个国家、民族、团体的旗帜、凝聚力、号召力、规范力，是法、理、德的本元和依据，是民族和国家团结稳定的根本依托。社会正义在形态特征上是大众的诉求、理想，是共同关心、关注的社会热点，在内容特性上就是人民群众求要各自利益、求要环境适宜、求要生活舒适、求要相互关系平衡协调、求要社会稳定有序。社会正义主导社会意识与社会态势。无社会正义则无国性、无民族性。社会正义还是团体智慧、政党智慧以及国家智

慧的源泉。

当代社会普遍认为社会正义即社会公平、社会公正，也即国家需求、国家利益。社会正义不但是国家的法源，也是国家法律法制的追求与归宿。

社会正义的本义主要由四大元素构成：

（一） 社会需求

社会需求主要指一个国家、民族对下属团体、下属成员、百姓大众的需求，以及对外部互动对象的需求。内含传统、常态需求和新生、新创需求。社会需求主要分三个层级：上层为国家需求、国家利益；中层为团体需求、团体利益，企业需求、企业利益；基层为民众需求、民众利益。民众需求即人们对他人、对国家、对归属团体的需求，可称之为百姓大众的需求，或大多数人的需求，包括物质需求和精神文化需求。

国家和团体的社会需求主要包括六个面向：①定义并主持社会正义，核心是通过践行社会正义，凝聚和引导民心。②对内部成员和团体组织的需求，核心是准确解释、演绎社会正义，规范社会秩序，维护社会平衡协调和稳定。③对外部互动对象的需求，核心是与对方高效地交换能量，吸纳对方能量以增强自我，输出能量以满足对方。④对环境的需求，核心是创造和利用各种有利条件，高效获取资源，同时保持与环境的能量平衡。⑤丰富社会物质财富与精神财富，保证和提升社会供给，以便更好地满足广大民众需求。依据广大民众的各类需求，建立和创新对应的供给渠道、供给方式、供给平台，改善和提升社会资源与财富的分配效能，改善和提升广大民众取舍交换物质与精神能量标的的效能。⑥抵御外界负能量侵扰和损害，维护国家、民族的安全与稳定，同时防止内部分化解构。

（二） 践行社会需求的意志

在国家层面，践行社会需求的意志可称之为国家意志、团体意志、民众意志。国家意志经常由执政的政党、强势集团主导。因此，国家意志经常都是执政党、强势集团意志的体现。国家意志的核心是如何定义、践行、维护社会正义，如何为百姓大众解决困难、谋取利益，如何维护国家的安全与稳定。

（三） 国家和集团的保障措施与手段

国家和集团的保障措施与手段包括政体、法律、制度、道德、规范、方针、政策及其组织机构等，也包括各种保障措施与手段发挥性能的程序、规则和所构建的公共秩序。目的是惩恶扶善，维护公平，维护公序，维护公民正当权益。无规无序绝非社会正义。

（四） 社会成员的正义言行

社会成员的正义言行，主要指社会成员自觉遵守和维护利、适、强、序、智、乐、爱、健的善意言行、文明言行。

社会成员的正义言行要坚守从众、从序、从善的"三从原则"。要求个人利益服从公众利益；个人行为服从法规公序，见义勇为；个人的取得和付出都要善意、公益，不能损人损公，要善意作为。

在社会形态上，社会正义可以分为三个层次：外层是指社会大众遵守与维护公正、公平、平等、尊严的意愿和行为；中间层是指表达社会公平、公正、平等的制度和机制；内层是指占支配地位的社会强势集团的需求与求要意志、统治力，这是正义的核心要素，正义的定义、主张和解释。否则，整个社会表面人人平等，实则没个核心，没人自觉践行正义，没人主持正义，没有法律保障，没有强制手段来维护正义，也就不可能有真正意义上的社会正义。

简而言之，社会正义就是参与社会互动交换能量的相关各方，互相需求、互相创造机会、互相给予、互相维护、互相成就对方，而不是相反。通俗地讲，正义就是我为你，你为我；我为团体，团体为我。社会正义就是我为人人，人人为我；大家为团体，团体为大家；百姓为国家，国家为百姓。

社会正义将社会互动各方的需求、求要动机、求要目标、求要过程、求要结果紧密地连接在一条利益能量的供需线上，构建成了一条完整的因果关系链。这是一条能满足各方需求的利益（产品）生产链、配送链，是一条能吸引百姓大众共建共享的利益链、价值链。也因此，社会正义成了一切社会互动的首要依据、动力和归宿。智慧化的社会治

理、社会管理的本质，就是通过战略规划、制度、方针、政策、法规等方式，以义示人、以义聚人、以义导人，以义规范人；以利、适、强、序、智、乐、爱、健之义顺民意、安民心、理民行，实现社会安全稳定、和谐文明、民富国强。

由此可见，社会正义内含社会需求，社会需求蕴含于社会正义。

对某一正义内含的认知和坚信的意念、理念、观念与情感，我们称之为正义感、正义观。正义感、正义观是个人世界观、人生观、价值观的依据和核心内容。正义感很强的人，在为自己着想、着力的同时，经常会主动为别人、为群体着想、着力。正义感很弱的人，只为自己着想、着力，不会主动为别人、为群体着想、着力。

对个人而言，坚守社会正义是获取利益、创造人生价值的前提条件和保障。个人舍弃社会正义，必然会受到社会正义的排斥、抛弃；个人破坏社会正义就是非正义行为，必然会受到社会正义的惩罚。

第二节　社会正义的界域局限性

生产方式、生活方式的差异和文明文化差异，导致社会正义的差异与局限性。不同的国家、不同的民族、不同的信仰、不同的利益集团，他们的生产、生活方式和文明文化程度都存在着很大的差异，他们对社会正义都有不同的定义、理解和解释。各自对社会正义的定义是各自评判正邪、对错、好坏、是非的标准与依据。因此，社会正义具有各自的适用界域，具有界域局限性。

在不同国家、民族、信仰之间的社会互动和利益交换中，用对方不认同的正义观去度量、要求对方；或将己方的正义观强加于对方，用己方正义观、价值观去打压、否定对方的正义观、价值观。这本身就是一种侵犯、剥夺对方正当权益的非正义行为。民族、国家之间的利益交换与价值交换，应该以各方认同的正义观为准则，或照顾对方的正义观来开展。据此原理，各集团、民族、宗教、党派、国家之间的互动交往，应当十分重视相互学习、相互尊重、相互兼容、相互适应。应当商订出体现各方正义共识的契约，作为互动交往交换的共同准则和依据。不应当强力以某一方的正义观作为各方共同的行为准则和依据。

第三节　社会正义的解释与演绎

对社会正义的认知理解和解释运用，是人生非常重要的课题。社会正义是人们构建世界观、社会观、人生观、价值观的重要依据。以社会正义作为做人做事的标准、原则、标杆和参照系，是国家与民族对每个人的基本要求。这也正是社会正义的根本性能。有很多人言行未动德理先行，做人做事首先要掌握的并非任务、技能或办法，而是占理占义、合理合义！掌握充足的理由、根据，先占领正义制高点、道德制高点，创造受社会法律、规则保护和支持的有利态势，顺势而为，才会有自由、有尊严，才会心想事成。在社会正义的德理之下，仁、善、爱、利、功、美、好、顺、尊、贵等人生价值标的才会有正解，才会有正面的属性，才会有正面的能量，才会有好与坏、正确与错误的界定。

一个国家内部的各种管理机构、工作机构、事业团体、企业团体及其管理者、决策者，都在一定程度上拥有社会正义的定义权、解释权或裁决权。因此，他们经常会被民众认为是社会正义的代表，是国家、政府（集团）公信力的代表和象征。

当社会正义遭到外来势力破坏，或内部逆抗势力曲解篡改，而丧失原义、原标准时，这个国家或这个社会团体就会丧失统一的标准，丧失公信力，就会发生管理混乱、思想混乱、行为混乱、秩序混乱。

每个成员将自身的思维和言行融入社会正义，并自觉维护它，就将得到社会及其团体组织的认同、肯定、信任。挑战、曲解、逆抗或忽视社会正义，将受到社会及其团体组织的否定、批判或惩罚，个人的人生价值也会扭曲。

个人的创新思路、创造行为，必须以社会正义为依托、为参照系，脱离或背叛社会正义的创新创造，将冒丧失理由、丧失道德的风险，代价极高且成功概率极低。

对社会正义的解释与演绎，是通过概念、情感、信念和观念的转化性能来实现的。主要指人们在文化概念上，在心理和生活的情感、意念、理念、信念、观念上，将正义尤其是社会正义，转化为道理、道德、爱国主义、人权、党派纲领、社会核心价值，转化为民主追求的核心目标。

一、 正义向道理和理由转化

（一） 道理

道理是事物之间总的因果条件关系和运变规则，是事物之间相互作用、发展变化路线与轨迹的标识。大道理表达群类事物如系统、体系、群体之间的关系和规则，小道理表达个体事物之间的关系和规则。

在社会关系中，正义是一切关系和规则的本质。因此，求要和维护正义即道理。我们可以把求要和维护社会正义，践行社会需求的意愿、路径、方式和规律简称为"道"；将求要和维护的根据、因果关系和程序规则的可行性简称为"理"，然后二者统称为"道理"。讲道理、守正义既是社会的核心需求，也是人们的核心品德。正义感是一个人充满正能量的德性。守正义、讲道理是德性的标志。道理的使命是要将社会正义与个人德性相互联通。当道理成为指导人们思维言行的方法论时，正义就转变成了理由。

讲道理源于念想说服他人，讲道理的目的也是要说服他人。但是，讲道理的首要功能往往是先说服自己，让自己有充足的信心去说服他人。各人对道理及正义的理解是有差异的，但一切的根本，还是取决于道理的正义含量。

中国人信奉"有理走遍天下，无理寸步难行"。强词夺理、强权定理、诡辩讲歪理，有些也能暂时压制矛盾，暂时改变力量对比，但不能长期或根本解决问题；长期或根本解决问题还得依靠坚守社会正义的道理。

（二） 理由

理由是道理的具体化或由来，是思维言行的具体根据和标准，是做每项具体事情所采用的具体道理。采信了某一道理作根据就拥有了某一理由；采信了某一正义观点就确立了某一标准。所谓某一正义观点，是指表述正义和维护正义的法规、章程、制度等的条文观点。为正义而奋斗、为正义而战，是激励人们自觉付出、自觉牺牲的最大理由。

理由有双层结构：一层是公开、公示的，一层是隐藏、暗示的。人们在作决定、实施应对前，都需要找一个依傍着正义、大道理（公理）的理由，以此证明自身需求、动机或态度的合理合义。

评判、调解双方或多方矛盾、纠纷，实质上就是以正义公理，如法律、政策、规则、标准，去置换、代替、否定或改正矛盾各方当下固执的理由。

二、 社会正义通过信念向爱国主义转化

践行社会正义的路径、方式即为"道"。社会正义是"道"承载的本质内容，"道"则是社会正义的载体、形式，合称为"道义"。自觉践行和维护社会正义的心理思维活动即为道德、道德品质性能。

社会正义通过信念向爱国主义转化，是因为社会正义是国家的立国之本，国家则是社会正义的化身、载体。因此，人们把自觉践行和守护社会正义视为对国家的忠诚，视为自觉无私的爱国主义精神，志愿为自己国家的繁荣富强、稳定安全贡献个人的全部能量甚至生命。

三、 社会正义道德化

社会正义道德化，是指全社会都将社会正义奉为评判一切好坏对错、是非曲直、善恶益损的终极标准。同时将自觉践行和守护社会正义奉为至高无上的人格修为典范，使之成为人人不可逆违的行为规范。符合社会正义要求的就是对的、正确的、好的、善的、益利的、高尚的、道德的；违逆社会正义要求的就是坏的、错的、恶的、损害的、低贱的、不道德的。自觉践行和守护社会正义，就是有道德，就属品德高尚。舍弃或破坏社会正义，就是没道德，就属品德低劣。

四、 社会正义价值化

社会正义价值化，是指将自觉践行和守护社会正义的过程与成果功效，奉为社会的核心价值和人生核心价值。以社会正义激励社会各类群体、企业、百姓大众为之倾情倾力；以社会正义规范或指引社会各类群体、企业、百姓大众创造价值的思行标准和方式；以社会正义评判和度量社会各类群体、企业、百姓大众创造价值的品质优劣、性能善恶。

五、 社会正义党派纲领化

对社会正义的观点和主张不同，是形成和建立不同政党、不同派别的依据，是现代社会党派群立的根本原因。宣示己方对社会正义的观点和主张，吸引社会大众的认同和拥护，争取对社会资源、社会态势的掌控权和主导权，是一切社会政党的核心使命。不同的政党、不同的派别，对社会正义的理解和解释有明显差异，各个政党、派别之间并不完全认同他方的观点和主张。因此，不同的政党和派别，其治国理政的思路、主张、政策、谋略都很不相同。

政党或党派本是特定阶级、阶层的政治中坚分子，为谋取或巩固国家政治权益而组成的政治组织。政党因聚集了本阶级、阶层的中坚力量，而成为本阶级、阶层正义的全权代表者，进而成为国家、社会的强势集团。社会正义党派纲领化，是指任何政治党派都喜欢争当社会正义的代表，都在以践行与守护社会正义作为自身的纲领和旗帜，用以号召、凝聚和统领广大民众。

解释、演绎和守护社会正义是政党最核心的纲领职能。具体可分为三大任务：一是宣示、弘扬、守护社会正义；二是使社会正义系统化，同时具体化，上与科学理论和政治信仰相结合，下与大众百姓的切身需求与意愿相融通；三是让本政党的主张、纲领代表社会正义，引导百姓大众认同和拥护，使之成为凝聚、号召、统领大众百姓的旗帜和手段。

社会正义党派纲领化，还意指一些党派有意以纲领方式定义和演绎社会正义，以诱导广大群众的正义感和正义观，进而引导社会政治态势向有利于己的方向发展。

社会正义党派纲领化，有助于提升和巩固社会正义的政治地位，有助于推动社会正义道理化、道德化，有助于强化广大民众和团体组织践行和守护社会正义的自觉性。

在党派竞争、民主主义的社会历史时期，在多"义"争"正"、多"义"争"名"的社会态势中，谋得国家政权的强势党派的纲领及其实现方式就会成为名正言顺的社会正义、道理、理由。

六、 社会正义人权化

社会正义人权化，是指将谋求社会正义信奉为公民最基本的权利，并从道德、制度、法律多方面予以确定和保障，使每个公民都能获得谋求社会正义的权利和自由。社会正义人权化是社会正义民主化的依据。

七、 社会正义民主化

民主的原意应该是指由人民（民众）来主张正义，以人民主张的正义来定义和解释社会正义。社会正义民主化是指通过民主渠道、民主方式来宣示和主张自定义的社会正义。这就使得民主很容易脱离原义，成为一些党派推行自定义的社会正义，实施社会治理的路径和手段。现代的民主概念应该包括两层含义：第一层是指主导社会正义的强势集团内部，各党各派均可发表各自对社会正义的观点和主张；第二层是社会各阶层民众均可发表各自对社会正义的观点和主张。第一层含义既定义了民主概念，也必然要在社会正义上写上本党派的定义，使之正名为全社会公认的社会正义，并且主导第二层含义。在第一层含义主导下，第二层含义经常被利用，成为社会强势集团推行自定义社会正义的手段。

民主也有界域局限性。民主的前提和界域是在自身归属的国家、团体内主张正义。跨越域界去主张、定义他国、他团体的正义，其本身就是以己国正义侵犯、剥夺他国人民权益的非正义行为。

第四节　邪念邪意

从利益能量交换角度上说，正义是指通过平等、等价的方式与社会、与他人进行能量的平衡交换，建立相互之间的能量平衡关系。

人们在社会活动中的念想，通常是指将某种正义作为自身能量取舍的选择念想，是对某种正义的惦记、想念。一念一想就是一个需求选项，确定一个选项就形成一个意念，叫意念思维。所以说，选择的确定或切换只是一念之差。

正义的反面是邪念、邪意、邪恶。私心杂念是指不顾他人利益，只顾自身利益的念想。邪念、邪意将私心杂念推向正义的反面，是念想损

人利己，念想不通过利他的付出而谋利；念想不劳而获，少劳多获，虚劳实获，以权职代劳而取利，以优势代劳而取利；念想通过不平等、不平衡、不等价的方式与社会、与他人进行利益能量交换。简而言之，邪念、邪意是念想着怎样损人利己，怎样牟取不义之利。邪念、邪意导致邪恶言行，终将害人害己。

第五节　诡辩

诡辩也是一种智慧化思维方式，是善于运用虚假论据达到充分释疑、论证效果的答辩方式、论证方式、表述方式。诡辩也就是通常说的讲歪理。既要离开正义追求私利，又要通过讲道理博取民众认同，把不守正义、有害公益的谋求私欲私利的言行表述得令人信服、深孚众望。这样的讲道理就是诡辩。可见，诡辩是对正义和道理的歪曲、曲解；是故意为非正义辩护，明知无理而辩之；是对私欲邪念的包装，是要给私欲邪念披上正义的外衣。在表面上，诡辩也是讲道理，其实是在用逻辑方式讲述不合逻辑、无因果关系的"道理"。诡辩的依据是虚假的"根据"。诡辩的标准是"理由"充足且不明显违反逻辑。诡辩的目标是深孚众望，抢占道理和道德的制高点。

诡辩的方法很多，统称为诡辩术。诡辩术善于通过虚构假想敌、虚构威胁、虚构事实、虚构证据来制造道理和理由。诡辩术还善于偷换概念，转移大众视线，诱导民心，诱导舆论，混沌态势。

对正义、社会正义的认知和体验，有社会阶层不同的差异，有信仰不同的差异，有社会制度不同的差异。以不同的正义标准向不同的群体对象解释自己的特定言行；以双重正义标准与他人沟通交流，就使得自己的辩解游离于正理与歪理之间、游离于正义与邪恶之间、游离于讲理与诡辩之间。如果假借和利用不同的正义标准为损人利己的言行辩解，轻者是奇谈怪论，重者就是名副其实的诡辩。

道理是思行正义者、公益者的逻辑。诡辩是思行邪恶者、损公谋私者的逻辑。因为很多人都难免要或多或少、或明或暗地离开正义而谋私，既然有谋私需求，就必然要学习和运用诡辩术。这就是诡辩术盛行的根本原因。诡辩术盛行的后果，就是使社会事物、社会现象、社会矛盾真假难辨、善恶难分、正邪混乱、是非颠倒，给人们对社会事物多面品质、多重性能的认知评判增添难度。

施行诡辩，要么有暗度陈仓、不可告人的阴谋与目的，要么有强抢硬夺他人权益的邪恶野心。识别对方是践行正义讲道理，还是实施阴谋邪恶行诡辩，只需分析探究一下对方的动机与目的即可真相大白。

第六章 社会互动

人与人之间、人与社会环境之间是一组关系，一组既相互吸引又相互排斥、既相互合作又相互竞争、既相互益利又相互损害的关系。社会互动是指人们在一定的社会环境中，根据自身需求，按一定的标准、方式和规则，与互动对象进行互相作用、互为条件的能量交换活动。社会互动使相关的思维对象转换成社会互动对象。社会互动对象主要包括家庭及其成员；生活圈中的亲友和他人、团体及其成员；国家、民族、组织机构、科学文化、社会意识及其社会人文环境。社会互动交换的能量主要包括物质利益、价值、履行社会角色使命与职能的管理和服务、文化知识、智慧产品及其掌控的资源与条件。在现代社会活动中，用于交换的能量通常是以等价物形态存在的。这样的等价物能量体主要有四种：金钱财富、社会价值、管理和服务、社会智慧产品。除等价物能量体外，人们也与密切相关的其他事物能量体交换能量。

社会互动包括认知互动对象、评判互动对象、适应互动对象和改变互动对象四个环节的活动。社会互动的本质是通过能量平衡交换建立和维持能量平衡关系，能量平衡交换是与互动对象进行以利益、价值、智慧、管理和服务为核心的能量交换；能量平衡关系包括优势平衡态势、均势平衡态势、弱势平衡态势。社会互动是一个相互作用的过程，这个过程由双向认知、双向评判、双向适应、双向改变这四个环节组构而成。社会互动的目的是与互动对象建立适应双方需求的能量交换渠道与方式、平衡交换能量并建立能量平衡关系，为更好地生存与发展创造条件。

从个人的需求出发，参与社会互动的过程也就是按自我需求，有目的地认知互动对象、评判互动对象、适应互动对象、改变互动对象的过程。

第一节　认知互动对象

在社会互动中认知互动对象，主要是指认知与能量交换相关的物品、事件、人、团体、社会规范规则、社会文化、社会态势等社会事物。其中认知与己紧密相关的微观事物比认知间接的宏观事物更重要；认知互动对象（人）的社会背景、角色地位、需求与态度尤其重要。通俗地讲，认知即是看问题。看不出问题的人，不可能解决问题，评判、适应环境对象也总会盲目、被动；看得出问题的人，才有可能解决问题，才能准确评判互动对象，主动适应互动对象、有效改变互动对象。

人们认知互动对象有主动与被动之分。智慧化思维的认知是主动的，有选择、有动机的，要为后面的评判、适应和改变建立基础与条件。一个完整的主动认知流程，可以包括四个环节：

一是选择性认知，即选择与需求相关的认知范围、认知面向和认知标的。放弃对与需求无关的信息和标的的认知。

二是选择适用且简易高效的认知渠道和方式。体验认知、概念认知、思辨认知都是认知互动对象的有效方式。应根据自身需求和互动对象的特点作出选择。

三是适配认知样本，整合认知所需的资源条件和工具手段。

四是实施认知活动，即进行信息感触、样本映照识别、信息归属、理解、存储、记忆等认知思维活动。

主动认知的内容可分为五类：第一类是互动对象的能量性质与含量，包括正能量的性质与含量，负能量的性质与含量，以及正负能量产生与释放机理；第二类是各互动对象之间的关系、态势及其演变规律；第三类是互动对象的需求；第四类是互动对象态势与自我需求的关系，以评估实现自我需求的概率；第五类是影响能量交换的因素。主动认知习得的五类内容，从进取思路看，主要是与需求紧密相关的利益点、价值点、结合点、转化性、可能性、现实性；从防御思路看，主要是与需求紧密相关的问题、困难、难题、损害点、风险性及其应对解决的渠道方式等。

从认知的难易度考量，可将五类认知习得内容归为三个层级：

第一个层级是互动对象的表象特征，包括：①可供交换的能量特征；②互动对象归属；③互动对象的功能作用；④互动对象的常态、常点；⑤对于自我需求，互动对象当下的益利点和损害点。

第二个层级是互动对象的本质，包括：①品质；②性质，包括常性和超常性，益利性和损害性；③互动对象的利益性、价值性及其等价物；④互动对象之间的关系、联系，尤其是直接的因果条件关系；⑤互动对象运变的趋势。

第三个层级是自我与互动对象进行能量交换的可行性，包括：①对象与自我需求的关系、联系；②互动对象的需求，互动对象运变的原因与动机；③双方力量对比的当下态势，各方的角色、地位、权重；④能量交换条件的具备程度；⑤双方能量交换的结合点、切入点；⑥转折拐点；⑦创新点、改变点。

考核认知互动对象是否正确的主要指标是，认知内容与结论是否符合真相和真理，能否识别互动对象能量的属性与功能，是否理解了其与自我需求的相关性。

第二节　评判互动对象

评判互动对象是指在认知的基础上，依据一定的标准、程序、规则和情感态度对互动对象作出评价和判断。评判是对互动对象进行定位排序的依据，是与互动对象进行能量交换的依据。在评判的依据中，标准、程序、规则应该是客观而稳定不变的，情感态度则是主观而动态易变的。在对人与相关事件的评判中，情感态度经常起关键性作用。制约情感态度的因素主要是当下需求取向、情感的喜厌爱恨、思维定式与观念。改变任一因素都可能改变评判结论。

根据采用的评判依据不同，可将对互动对象的评判分为品性评判、真理评判、法规评判和道德评判四类。品性评判是对互动对象某些方面的品质性能的真假、善恶、美丑、优劣及其程度作出评判。真理评判是对互动对象产生和变化的原因、原理和趋势的真实性、可靠性、可行性作出评判。法规评判是依据法律法规对互动对象的言行表现和结果的合法性、正当性、损害性及其量度作出评判。道德评判是依据社会正义和道德规范对互动对象言行表现与结果的益利性或损害性及其正义性、合理性作出评判。

依据评判者的情感态度取向不同，可将对互动对象的评判分为肯定评判和否定评判两类。肯定评判是对互动对象的品质、性能和功效，或人事对象的言行作出正面的认定。否定评判是对互动对象的品质、性能和功效，或人事对象的言行作出负面的认定。对同一互动对象的评判，经常会作出既肯定某一些方面，同时又否定另一些方面的评判。

依据评判者的情感态度属性不同，又可将对互动对象的评判分为属性型评判、程度型评判和交换型评判三类。属性型评判是对互动对象的品质、性能和功效进行定性评判，如真假、美丑、善恶、优劣、益损定性；对象需求与态度的正义性、合理性定性。程度型评判是对互动对象的品质、性能和功效进行定量评判、程度评判，如高低、快慢、深浅、轻重、长短、多少等。交换型评判是以利于能量交换为原则，赞美、表扬对方或责怪、批评对方，目的是吸引对方乐意进行能量交换，或排挤、拒绝与对方进行能量交换。

很多时候，评判互动对象言行表达的过程也同时是一个认知和审美过程，既可以引导人们在不同的角度和层面上更深刻地认知互动对象，又可以从不同的角度和层面鉴审和欣赏互动对象的美质、美态，在评判过程中同时享受到乐趣和愉悦。

评判互动对象最经常犯的错误是，以主观情感取代客观标准，对喜爱对象的评判容易"爱屋及乌"，一好百好地全面肯定；对厌恶对象的评判容易"恶其余胥"，一丑百丑地全面否定。

考核评判互动对象是否正确的主要指标是，结论是否符合事实，能否获得对方和公众的认同。

第三节　适应互动对象

适应包括适合、适宜、适当、适时、适度、舒适，既是思行活动过程，也是心理体验。适应主要是指松紧有度、留有空余、可容可让、运转如意、融离自如、舒适安逸的思行态势和心理体验。适应的根本是适

应需求，首先是适应自己的需求，然后是适应互动对象的需求。不适应自己需求的事不该去做，不适应互动对象需求的事无法做好。

适应互动对象也即适应社会环境，主要是指一个人进入一个新的环境之后，在理解认知和评判认同互动对象的前提下，逐步适应新环境或新互动对象现有的能量结构、能量交换方式，适应现有的规范、规则和程序的社会互动过程。如适应新环境或新互动对象现有的思维方式、角色定位方式、生产方式、工作方式、消费方式、人际沟通方式、生活方式等。

适应一个新互动对象的必要条件，一看你与这个互动对象有无相同或相通的语言、文字、专业知识技能等文化元素，语言不通、文字不同、专业知识技能不合就很难适应。二看你与互动对象有没有可供相互利用、相互被需求的价值，有就容易适应，没有就很难适应。你的利用价值，就是能让对方从你身上获取新能量、新价值的品质性能，这也是对方新能量新价值的来源之一；对方的利用价值，就是能让你从对方身上获取新能量、新价值的品质性能，这是你发挥优势、施展才华与之交换能量的切入点。三看你与互动对象的个性兼容性如何，只有相互兼容才能相互适应，互不兼容则互不适应。

适应互动对象一般要经过切入、磨合、融合三个阶段：

第一个阶段是试探性的切入阶段。初来乍到，人们都按已有的认知判断，首先展开试探式的互动，投石问路，观察互动对象的反应和评价。然后逐步按互动对象的需求意图，有选择地表现自我的个性，拓展双方的共性。这一阶段的主要特点是试探、谨慎、观察、试错。

第二阶段是磨合阶段。这是一个互相渗透、出现矛盾、产生摩擦、互相改变和各自调整的困难时期，也是适应互动对象的第一个危险期。

经过第一阶段，你与互动对象的个性和共性都摆在了阳光下，互动对象想尽快尽量地将你改造，培养成他们希望的样子，决策者更希望你能按其意愿和规则行事。而新进来的你则想对互动对象施加更多的影响，使互动对象接受你的个性和工作方式，变成你希望的样子。这是能力和人格品质的相互较量，是自我需求与对象需求的角力，是两种文化模式差异的较量。尽管双方并无敌意，矛盾和摩擦也必然难免。摩擦的态势和结局要看谁占主导优势，谁能改变对方更多一些。如果双方都不能更多地改变对方又不愿更多地改变自己，就会出现双向排斥的态势。如果你能更多地改变自己，认同互动对象的现有模式，能在现有规范规则约束下适度地表现自己的智慧特长，互动对象就会赏识你、认同你、接受你。如果互动对象能表现出更多、更大的开放性和兼容性，接纳、认同你的长处，兼容你的短处，你就会认定这个互动对象（环境）很适合你的发展，可以在这里构建你的事业平台。这时就会出现双向吸引、互相兼容的态势，让你与互动对象顺利地完成磨合阶段。

第三阶段是融合阶段。经过切入阶段和磨合阶段，你与这个互动对象已能逐步融合在一起，这是相互学习、相互认同的结果，这是不同思维方式的融合、不同文化的融合，是情融意合。在这个阶段，你的个性已经融入这个环境的文化中去，已有的规范规则已不再是对你的约束，而是成了你充分表现自我、实现自我所必需的条件；你的思想感情、理念意志和愿景已能寄托于这个环境，你会产生一种自信、安全而又充实的心理体验。在这个阶段，很多人都会体验和享受到安全、自尊、成功与愉悦。人们会自觉地维护这个团体（环境）的安全、荣誉和尊严。到了这种高度融合的境界，人们甚至付出鲜血和生命也在所不惜。榜样、模范和英雄人物绝大多数都是这样产生的。融合是适应的标志，而融合的标志性事件是能够自主运用互动对象的资源与条件，建立起自我实现的利益链、价值链、事业平台；能够与互动对象平衡交换能量并构建起能量平衡关系，和谐相处；能够体验到成功、舒适与满足。

由于人的需要总是有限度的、求要平衡的，而欲望总是无限度的、求要打破平衡的。欲望经常都在引导需要、改变需要。因此，人们总是不情愿平衡态势保持太久，即使这种态势是美好的；总想寻求打破平衡，创造一种更有利于自我发展的优强态势，总想获得更多、实现更多。这样一来，人们与互动对象的融合阶段虽然会如同"蜜月"般甜蜜，但也很可能会如同"蜜月"般短暂。

个人与互动对象的适应环节，会经历切入、磨合、融合三个阶段。男女双方结婚组建一个新家庭时，也同样会遵循切入、磨合、融合三阶段适应规律，体验适应对方、适应新的生活环境的全过程。在新家庭以其中一方的原有家庭文化占主导态势的情形下，更是如此。许多配偶正是因为在热恋或新婚的激情过后，很难与新的家庭成员顺利磨合，很难

与新的家庭文化达成融合，从而产生家庭矛盾甚至冲突。几经艰辛还是无法调解和好，只能痛苦地选择分离。

古人云："物以类聚，人以群分""酒逢知己千杯少，话不投机半句多"。磨合期稍不留神就会产生矛盾，再一个稍不留神就可能各奔前程。人生几乎每时每刻都在与互动对象进行社会互动。因此每个人都经常需要与新的互动对象相互磨合，磨合好了就融合、结合，磨合失败就离解。

为什么会这样呢？根本原因在哪里呢？心理学原理给出的答案是：由思维定式主导的行为方式让人难以改变自己去适应新的规则，而由过度自信主导的欲望又总是要求别人改变来适应你的模式。如果你认同这种解释，实现了自知之明，你就会主动改变自己去适应对方，让难磨合与难融合的难题迎刃而解。

考核适应互动对象是否成功的主要指标有四：①自我需求与他人需求、团队需求是否相融通；②能否与他人关系融洽、合作共事；③能否利用现有资源、规则和条件，构建自己的利益链、价值链并从中获利；④能否为他人获利提供帮助，能否为团队和他人创造价值，并得到认同。

第四节　改变互动对象

改变互动对象是社会互动的高级形态。改变互动对象是指在适应互动对象，取得一定的角色地位和态势主导权之后，逐步改变互动对象的社会互动过程。改变互动对象，是要通过调整和创新，调适与互动对象的能量交换方式、能量平衡关系，以更好的结构、态势和方式，推动互动对象更新与进步，为相关各方创造新的财富与价值。

以人事互动对象为例，改变互动对象有多种类型。从依据上分主要有以下类型：按自我需求和意愿运作改变、按互动对象的需求和意愿运作改变、按上级领导意图运作改变、按社会大局的需求运作改变、按团体发展需求运作改变、按团体成员的意愿运作改变、按先进的技术标准和模式运作改变、按服务对象（顾客）的需求运作改变、按竞争和博弈对手的运变态势运作改变。从内容上分主要有以下类型：改变互动对象的结构要素、改变互动对象的需求、改变互动对象的生产（工作）方式、改变互动对象运作的标准和模式、改变互动对象与竞争对象的竞争方式、改变互动对象与合作对象的合作方式、改变互动规则等。从方式上可分为调适、重组、创新创造三大类。

改变互动对象的欲望人人皆有，而且从一出生就开始形成并随着参与社会互动的升级不断发展和增强。从微观角度看，绝大多数人都在主导着一定的互动对象，都能体验到改变互动对象或大或小的成就感。

改变一个具体的社会环境或互动对象的运作过程，一般可以分为五个阶段：一是承上运作阶段，二是独立运作阶段，三是改革创新阶段，四是建立新常态阶段，五是维持延续阶段。

一、 承上运作阶段

一个人取得了一个具体的人文环境的主导权，他要做的是在继承已有的运作模式，在稳定人心，维持这个团体及其业务继续有效运作的同时，依据自己的认知和评价，施展自己的智慧，影响和主导自我与这个团体、这个互动对象的合作过程，合作成功就会很快转入下一个阶段。

二、 独立运作阶段

与互动对象达成基本融合、合作成功后，个人的主导地位和主导作用已被认同、确认。主导者就要根据这个团体拥有的各种条件、资源以及团体的发展趋势，制订出体现自己智慧和办事方式的发展规划，并付诸实施。独立运作阶段主要有三项任务：一是适配资源，改进规范规则，改进工作方式，提高工作效率。二是注入自己的个性智慧，形成有个性风格的工作模式。三是处理好各种矛盾，平衡协调各种关系，协助解决互动对象的困难与难题，树立自己的威信和形象。

三、 改革创新阶段

受观念和个性的制约，很多人在完成独立运作阶段的三项任务后，就会满足于现状，走向保守，不愿再开展大的改革创新。

对一个具体的企业、团体来说，改革创新一般需要三个内部条件：一是管理制度、管理模式明显阻碍了员工积极性的发挥，阻碍了生产

（业务）的向前发展，制约了企业效益的进一步提高；二是人才、技术、资金、市场需求等资源都支持改革创新；三是组织者有足够的智慧和领导能力，能提供正确的领导和决策。

对于一个组织者来说，改革创新的过程是对自我极限的挑战。他要面对许多自己从未经历过，又很难预见的困难，要面对自身综合素质和组织能力的考验，要面对高昂的改革成本和代价的考验，要面对人心向背或市场评价的考验，还要面对新技术、新产品、新模式的适用性考验。

改革创新阶段的主要任务：一是善于发现和运用团体现有问题和矛盾中涌现出来的超常性超常点，激发和形成改革创新的欲望和动机；二是要有针对性地建立预案，对改革创新有明晰的愿景、有可行的规划、有配套的措施；三是激发团体成员的改革创新意识，激励团体成员改变思维方式，积极自觉地投身于改革创新活动；四是要大胆地组织实施改革创新方案，排除干扰改革创新的障碍；五是认真地解决改革创新中遇到的新问题，保证改革创新的顺利进行；六是做好改革创新成果的巩固、分享和转化工作，增强团体成员改革创新的获得感和成就感，及时把成果转化为实现下一步改革创新目标的有利条件和手段；七是建立新制度、新标准、新规则，让改革创新的成果转化为可供全体成员共享的利益与价值。

改革创新的成功会让整个社会环境（团队、组织）获得一次大的提升和进步，也会使组织者以及参与改革创新的每一个成员获得一次大的提升和进步，从中体验到人生价值的升华。

改革创新时期是英雄人物和风流人物辈出的时期，英雄创造时势和时势创造英雄相映成辉，社会环境也因此获得持续的改善和进步。

四、　建立新常态阶段

改革创新是对原规则、原平衡态势的突破和解构，使得社会环境或互动对象失去了原有的标准和规则，进入建立新常态阶段。所谓建立新常态，是指根据改革创新后出现的新特点、新需求，建立能够维护改革创新成果，促进更好发展的新标准、新规则、新秩序，使得改革创新后的社会环境或互动对象形成更高层级的新的平衡协调态势。建立新常态阶段的主要任务是，坚守和维护改革创新成果，使之常态化。

五、 维持延续阶段

经过改革创新并建立新常态之后，会进入一个受守成思维主导，寻求稳定的维持延续阶段。这个阶段很难再有真正意义上的改革创新。强调的是程序、规划和制度的贯彻执行，追求的是守护成果、稳定发展，享受的是现有的成果和态势释放的红利，反对的是对现有标准和模式的改变。

考核改变互动对象是否成功，主要看是否创建成了新的利益链、价值链；有多少成果、利益可供互动对象分享；能否为互动对象实现需求目标提供更有利的条件。

总体来说，认知、评判、适应、改变互动对象这四个社会互动的环节，在每个人的一生中都会因地域环境和社会角色转换而重复实践无数次。由于每个人拥有的资源条件和智慧的差异很大，很多人努力一辈子也很难获得改变有重要社会意义的互动对象的机会，很难有重大的创新改革和提升，但这并不影响他们人生价值的取向和实现方式。因为每个人的价值判断标准存在很大的差异，每个人对参与社会互动的成功感受和价值体验也存在很大的不同。一些人认为升官才算成功，官越大人生价值越大；一些人认为赚到钱才算成功，赚钱越多人生价值越大；有些人认为学历高才算成功，学历、职称越高人生价值越大；有些人认为出名才算成功，社会名气越大人生价值越大；有些人认为家庭和睦、儿女有出息才算成功，家庭越兴旺发达人生价值越大。

在认知、评判、适应、改变互动对象的社会互动过程中，容易犯错而自损的节点主要有：①在认知环节上"自以为是"，把片面当全面，把表象当本质。②在评判环节上"感情用事"甚至"爱屋及乌"，以情感态度取代客观标准、程序与规则，使评判失真、失公正。③在适应环节上"以兼代融"，把不适不合的责任归因于对方；只看重表面观点态度的兼容，不重视心理思维方式的融合；在未建立起自我实现的利益链、价值链时就图求改变互动对象。④在改变环节上"唯我独尊"，不顾互动对象的需求，不顾环境与条件的许可，强硬推行和贯彻自己的需求与意愿。

每个人参与社会互动都有相似的任务和相似的环节、阶段，却会形成各不相同又各得其所的心理体验，真是"各行其智，慧享人生"。这可能就是社会这个大世界给每个社会成员的恩赐吧！

第二篇　需求智慧

关于人的需求，美国著名社会心理学家亚伯拉罕·马斯洛于1943年提出了需要层次理论，其基本内容是将人的需要从低到高依次分为生理需要、安全需要、社交需要、尊重需要和自我实现需要。马斯洛认为，人类具有一些先天需要，人的需要越是低级的需要越基本，越与动物相似；越是高级的需要越为人类所特有。马斯洛认为，基本需要的东西通常大部分都是无意识的。马斯洛还认为，并非所有的行为都是由基本需要决定的，甚至可以说并非所有的行为都是有动机的。除动机以外，行为还有许多决定因素。在马斯洛的需要层次理论中，需要概念与需求概念没有明显的区别，可以互相代称，需要也就是需求。

笔者在马斯洛的需要层次理论基础上，从智慧学角度提出了关于人的需求原理的观点和见解。

笔者认为，人的需求由需要、欲望适配组构而成，是人与能量交换对象互为条件，相互作用、相互平衡、相互适应规律在心理思维中的反映。人的需要是念想求要能量平衡的心理思维过程。因为能量平衡是人的生存之必要条件，所以，需要的使命是通过求要与互动对象建立能量平衡关系，求得和维持生存。人的欲望是念想求要打破旧平衡、建立新平衡，形成能量对比优势的心理思维过程。因为建立与互动对象的能量对比优势是人的发展之必要条件，所以，欲望的使命是通过不断地打破旧平衡、建立新平衡，形成能量对比优势而求要不断地发展，不断提升生存的质量和品位。需求智慧是对需要与欲望进行整合适配，构建既能满足当下能量平衡需要，又能创新突破、求要优强态势的能量交换方式的智慧形态。需求智慧的精髓是使自己的需求与互动对象的需求互为条件，吸能与赋能连接融通，使互动对象成为自己的需求，同时使自己成为互动对象的需求，在支持配合互动对象实现需求的同时实现自己的需求，从而实现生存与发展。

第七章　人的需要思维

万物平衡自成定律。人的生存与发展是人与能量交换对象平衡交换能量，构成能量平衡关系的结果；人的生理和心理内部也因此而建立和维持着能量平衡关系。需要思维的使命就是感知自身内部能量平衡态势的变化，感知自身与外部能量交换对象的能量平衡态势的变化，在感知能量平衡结构失衡后，求要复衡或重构平衡。本书所述需要思维感知和求要的能量平衡，是指处于能量交换的双方，能量对比关系的平衡协调，包括优势平衡、均势平衡和弱势平衡。

第一节　需要产生的原理

人的需要是心理思维因自我内部或自我与能量交换对象之间，能量对比失衡信息的刺激，而产生的缺乏感、盈过感、不适感和求要念想的心理现象，是人对自身能量平衡运变态势不适的心理体验。当自我内部（身体与心理）或自我与能量交换对象之间的各种能量处于平衡关系时，人的心理体验是舒适的。当自我内部或自我与能量交换对象之间的某种能量失衡时即引起心理不适，心理不适即引起对能量平衡的求要。人们将能量失衡引起的心理缺乏感、盈过感、不适感称为"需"。缺乏感、盈过感、不适感是指对用于维持平衡态势的能量之欠缺、损耗或过盈、过度时的感应感觉等心理体验。将心理缺乏感、盈过感、不适感引起的追求能量平衡的心理求要感称为"要"。"要"就是求要感、使命感，是指对能够导致平衡态势的能量产生求要的心理念想体验。"需"反映的是能量对比失衡态势，"要"反映的是人的求要意识（意念）。需要规定人们缺少或盈过什么就感觉到什么，感觉到缺少或盈过什么就求要什么。需要就是求要补缺与减盈。这就是人的"需要"。需要的本义是因能量失衡而求衡、因不适而求适的心理倾向与念想。

人体内部各系统之间，或人体与外界能量交换对象之间的能量平衡

关系一旦出现变化，人的生理机能和心理机能便会自动发出一种提示信息，大脑（心理思维感应系统）感受到这信息时，人的需要便因此被激发而产生。与需要同时产生的心理现象还有情感。因能量平衡关系变化而产生的需要与情感，是人最原始、最基本的心理反应性能，是人最原始、最基本的智慧形态。

最原始、原生的需要是对处于交换最前端的一种能量在整体平衡关系中失衡与复衡情势变化的反映。引起交换最前端的那一种能量在整体关系中失衡变化有两个原因：一是能量缺欠，二是能量盈过。能量的缺欠与盈过都同样会产生心理不适感和求要感，同样会生发需要。能量缺欠必须首先从外部交换对象中获取相应的能量，不能达成时，才会转从内部调剂适配；同理，能量盈过必须首先向外部交换对象释放，不能达成时，才会转向内部储存或向内部元素释放。向内部元素释放盈余能量，必然干扰和打破内部各元素之间的能量平衡，引起内耗和内部矛盾。

只有失衡最严重的那一种能量，才会排列到交换的最前端成为第一需要。一旦实现平衡，心理产生舒适感，需要就会得到满足。满足了的需要就会自然消退。所以，处于交换最前端的能量（第一需要）是动态轮换的。这就是需要此消彼长、单列滚动的特性。但是，这种能量交换方式，使人只能在安全而适宜的环境中，践行求要平衡的能量交换，不能有效应对能量交换对象和环境突发的风险危害，严重地局限了人的生存安全与生存质量。

于是，人类经过长期演变进化，生成了需要的多列并行性能，使得需要可以多个同时出现、同时求要。需要的多列并行性能使人的生存空间超常拓展，生存安全与质量得以有效保证。至此，在一个人身上，既可以一个一个需要逐个出现、逐个求要；也可以多个需要同时出现、同时求要，人们因此而能够一心多用。

但是，多列并行的能量交换方式，又使人很容易因外界干扰而不能兼顾多项需要，经常会造成顾此失彼，厚此薄彼。人们因此又经常要求自己专注于一个需要，一心一意行事。可是，人们如果习惯于一心一意行事，又回到了单列滚动的能量交换方式上，智慧潜能必然又会被压抑，活动效率必然又会大大降低。这就是人们面对各种能量体（利益、好处）的诱惑时犹豫不决、难以取舍的最深层原因。

人的需要表达的是一组关系，一组反映能量平衡态势运变的因果关系。需要的产生，就是一组能量因果关系在脑海中弹出、显现。"需"者因也，"因"者失衡也，失衡而生"需"；"要"者除"因"也，因"需"而"要"也，"要"而除"因"。如肚子饿了要吃食物、要让肚子饱，困倦了要休息睡觉，病了要医治、吃药，这些需要都是一组因果关系。肚子饿是一种能量失衡状态，先前吃下的食物被消化了是原因；觉察、体验到肚子饿了就生成了"需"，或"需"就在脑海中弹出、显现；吃食物是手段（也是阶段性结果），是解决、消除原因的条件，求要食物就是"要"之冲动在脑海中弹出、显现。严格地讲，肚子饿只是"需"，不是需要；吃食物只是"要"，也不是需要；肚子饿了要吃食物才是"需要"，明确地表达了一组能量因果关系。

需要有两方面的本质特征：一方面，需要是心理思维对自身与能量交换对象之间，能量平衡关系失衡信息刺激的反应和体验；另一方面，需要是对能够使失衡的能量平衡关系复衡，或能够构建新的能量平衡关系的能量体的求要念想。

需要的使命有二：一是自我实现，即实现与外界事物的能量平衡交换，建立与交换对象的能量平衡态势。二是实现自我调节、自我修复。在能量增减过度，平衡态势被打破而失衡后，一方面努力调节盈缺增减，趋安避危，恢复平衡；另一方面通过唤醒、激活自身的防卫本性和复衡功能，努力进行自我修复以达成复衡。所谓自我修复，就是不借助外力，只靠自我调适而修复适应环境的功能。

在实际生活和社会活动中，人们为了思维和表达的简洁，已经普遍地习惯地把对可以导致能量平衡态势结果的能量体的求要，统一称为"需要"，而把前半段对原因即"需"的感觉体验省略掉了，或单独直接称之为原因，给予另行对待。例如说：一个人有学习的需要、安全的需要、工作的需要、有爱的需要等，就省略掉了产生学习求要之缺乏知识的原因，省略掉了产生安全求要之有危险、风险存在的原因等。

人的需要产生的根本目的，是及时提示大脑心理思维活动，应该及时通过对应的能量交换活动，恢复或建立自身内部或自身与外界事物之间的能量平衡关系，以免因失衡过久、过度而造成实质性损害。

需要标志一个人与环境与他人相互融合、相互适应、相互平衡协调的态势。需要是一个人生存动力、生存智慧的源泉。

特别要强调的是，智慧化的需要思维应该主动防范或及时解决如下三个问题：

第一个是能量错配问题。即求要的能量体的品质性能与缺乏的能量不适合、不相符。这很容易导致两类问题：一类是"喝水止饿，营养不够"的问题；一类是"有病用错药，药到病不除，或药到病更重"的问题。

第二个是不愿减除盈过能量的问题。人们往往受思维定式的影响，只顾从外获取能量，缺乏能量止盈意识，不重视能量止盈。结果容易因能量盈过冗余导致内部能量平衡结构失衡。为了平衡，人们就必须不断地提高标准、提高层级，去创建新的能量平衡结构，从而导致严重的身体不适和心理不适。胖子不节食、不减肥就是典型案例。

第三个是能量释放找错对象的问题。能量释放包括盈过能量释放的对象不是正常的适当的能量交换对象，而是对不适当、不对应的对象释放能量，这不是平衡交换能量，还会对承接对象造成意外损害。

第二节　需要的特性

人的需要是客观的，是客观规律在心理思维中的反映。在能量平衡规律支配下，人的需要便会形成特性：在此消彼长、单列滚动的特性之外，还有现实必需性、调适性、适度平衡性、目的性、条件性、衍生性、动力性、益利性和损害性等。

一、现实必需性

需要是客观现实必需的。现实、当下因消耗、释放能量，而缺失能量造成失衡，必须求要补充以复衡；现实、当下因获取的能量过度过盈造成失衡，必须求要缩减以复衡。不是必需的就不是现实需要，而是主观欲望。如一个人饥饿时必然产生能量平衡缺乏感，从而产生进食需要；在进食过量时也会产生能量平衡缺乏感，从而产生不再进食的需要。如果在饥饿时有意压制进食需要而想唱歌，想唱歌就不是客观现实必需的，而是主观欲望。这样的事实也证明欲望可以调节当下的需要。

二、 调适性和适度平衡性

调适性是指人的需要可根据自我身心、自我与互动对象能量平衡关系的变异而自动调适，剔除过时的需要，生发适时的需要。调适，既是需要求要的目的，又是满足需要的条件。需要求要的适度平衡包括持衡、去衡和复衡三个过程。需要引起的能量交换，要求付出和获得能量的持衡、去衡和复衡过程都要适度平衡，尤其是去衡运作不要过度、过分。否则就会得不偿失，对自己和交换对象都会造成伤害。如一个人饥饿时为获取一点食品而大打出手，就会得不偿失，损人害己。

适度平衡性是维持人们正常生活的根本。适度平衡不是说不允许打破平衡，而是说打破平衡也是有序、有限度的，打破平衡后也必须尽快建立和维持新的平衡，使新的能量交换运作保持新的适度平衡性。否则，打破平衡就会失去意义。

三、 目的性和条件性

需要是互为目的、互为条件的因果系统。人们交换能量时，一定会产生目的取向和条件取向两个因果对应的需要。一个取向可以是另一个取向的原因和条件（含授予、释放、成本、代价、手段等），另一个取向可以是一个取向的目的和结果。对目的取向的能量交换而言，条件就是付出、授予的原因，目的就是获得、受纳的结果；对条件取向的能量交换而言，目的就是要付出、授予的结果，条件就是要获得、受纳的原因。当需要用作条件时，是指对付出的需要；当需要用作目的时，是指对获得的需要。

不能互为目的或互为条件的关系就不会组构成一个需要系统。如一个人产生结识某个人的需要（因为他对自我与社会的平衡相关），就会将某种对应的公关付出作为条件，达到结识这个人的目的。又如，当下需要获得一个好处，就需要否定或放弃另一个好处，这叫机会成本。在实际生活中，人们总爱把作为前提条件的另一极需要当作不需要来表述。如需要肯定 A 人或 A 事，就不需要肯定 B 人或 B 事。其实，不肯定 B 人正是肯定 A 人的条件。

目的性和条件性还包括目的和条件连环转化、连续推进的系统性。如一个班组需要成为优秀团队，就必须把服从组织指挥的需要、遵守制度规则的需要、团结协调的需要、吃苦耐劳的需要、技能熟练的需要、按时按质按量完成任务的需要等依序列为实现优秀团队的条件或手段，让这个团队在逐步实现条件性需要或手段性需要之后，最终实现成为优秀团队的目的需要。

实现目的的条件，包括必要条件、充分条件、充要条件。必要条件有静待性、被动性、协同性等特性。充分条件或充要条件则有主动进取性、灵活变换性、独为性等特性。

四、 衍生性

需要是欲望、需求之源。一个基本需要可以向下连环衍生，产生多级互为目的或条件的需要，构成一个需要系统。如对智慧的需要，就会衍生出认知、记忆、办法、选择、执行等互为条件的需要。衍生的需要从不同角度、以不同方式为基本需要服务。

五、 动力性

需要是一切心理活动的动因、理由和根据。需要的动力性是当下动力与时段动力交集融合、有序发力的智能动力系统。这让人在同一时段或同一当下能够一心多用，同时满足多种需要。如某时段的获取智慧的需要驱使人在这个时段把主要时间和精力集中于学习；当下的获取食品的需要驱使人在当下解决吃饭问题；学习与吃饭并不矛盾，可同时或交替进行。

六、 益利性和损害性

任何需要（目的或条件）都会与其他需要、其他人的需要、社会的需要相互作用，都会相互释放益利功能或损害功能，支持帮助或阻碍破坏对方实现构建的条件或目的。在社会交往与实践中，需要的益利性和损害性，是最受人们重视的认知对象和运作对象。运作的功效不但能决定自己的成败，也同样能制衡他人的成败。

需要所表达的因果规律是物质决定意识、客观决定主观、环境决定思维。需要是人适应环境，求取与环境的平衡协调规律的反映。需要提示人们，要想别人接受你，你就得被别人需要、能满足别人的需要。认同和接受别人就得认同和接受别人的需要。一个人的社会价值，就是拥有能满足别人需要与欲望的品质性能。因此，通过付出去帮助别人获取利益，又依赖别人的付出和帮助来获取自己利益，都是人们的需要。

需要是人们的社会共性、社会正义、德性之源，是驱使人适应社会、融入社会的动力源。需要激励人们坚守正义，信守公理公序，与他人平等相处，互惠互利，平衡谋利。需要驱使人适应和利用自然环境条件，来实现自己的目标。

第三节　需要的结构

根据人的需要原理，我们认为，人的需要是为实现自身生存与发展，同能量交换对象建立能量平衡态势的因果条件结构；实现自身适宜生存与适度发展的因果条件就是人的需要，因果条件结构就是人的需要结构。概括这些因果条件及其关系，我们发现，人的需要结构是一种三级因果条件结构，即三级需要结构：

第一级需要叫原生需要，即生存与发展的需要，也就是在能量平衡态势中适宜生存、适度发展的需要。人们的原生需要，主要表现为对利、适、强、序的需要。

第二级需要叫基本需要，是由原生需要直接产生的最基本、最直接的需要。

第三级需要叫具体需要，是指由基本需要衍生的各种具体需要。

二级基本需要是满足一级原生需要的原因条件，三级具体需要是满足二级基本需要的原因条件；二级基本需要是三级具体需要的目的，一级原生需要是二级基本需要的目的。

人的需要结构如图 7 - 1 所示：

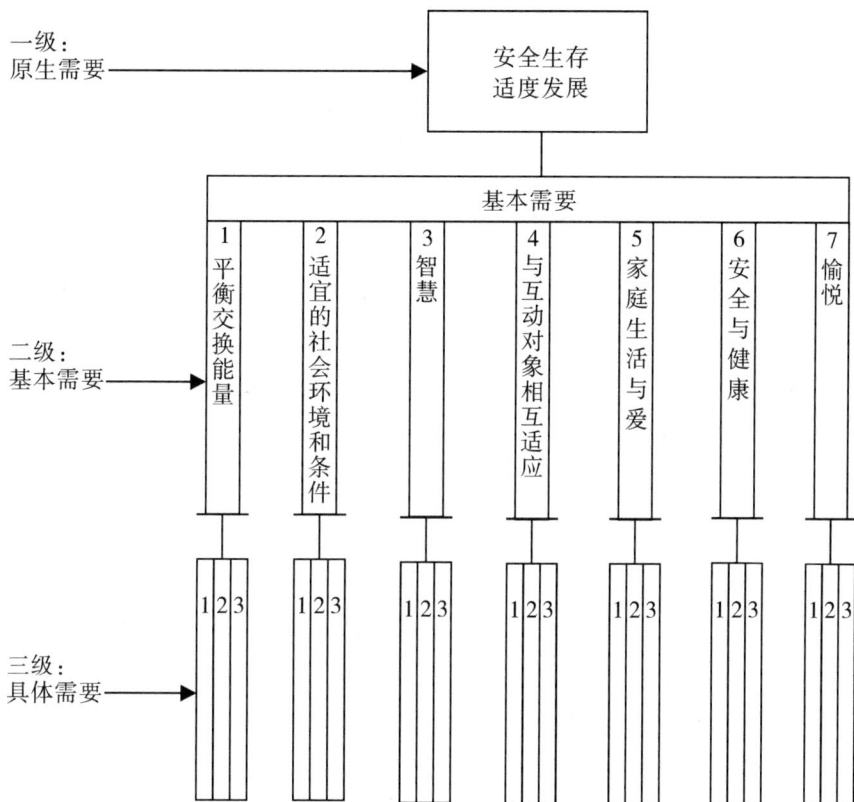

图 7 - 1　人的三级需要结构图

一、　人的原生需要

在能量平衡态势中安全生存、适度发展的原生需要，包括去衡、复衡、持衡；去衡又包括弃衡、失衡、破衡，是对平衡的否定；复衡即恢复平衡，包括恢复弱势平衡、均势平衡或优势平衡，还包括突破平衡箱体后尽快建立新的平衡；持衡即守衡、维持平衡，包括维持弱势平衡、均势平衡或优势平衡；复衡和持衡都是对不平衡的否定。原生需要的直接目的是使能量运变保持在平衡箱体内围绕平衡中线循规守序地运行，达成自我身心、自我与社会互动对象的能量平衡态势。原生需要以实现自身安全生存与适度发展为终极目标。

二、 人的基本需要

依据性能作用面向的区别，我们可将人们的基本需要概括为七大类：需要平衡交换能量；需要适宜的社会环境和条件；需要智慧；需要与互动对象相互适应；需要家庭生活与爱；需要安全与健康；需要愉悦。

（一） 需要平衡交换能量

智慧学讲的能量是指可供人类吸纳、转化、运用、取舍交换的事物能量，包括人的体能和心理能量；包括能量标的、能量载体、工具、手段、环境条件；包括能量体的品质、性能和功效。能量体的品质又包括事物结构、系统本身和组成事物结构、系统的元素。人们对事物能量的需要是指对必需能量品质的需要，如食品、饮品、衣服、生产工具、学习工具、文化知识、智慧等。必需能量品质可分为物质品质和精神文化品质两大类。

人们对能量平衡交换的需要，内含利益、适合、平衡和秩序等标的与标准，主要是指对利益能量体、利益资源体、一般等价物、交换平台、交换手段、交换规则、交换方式、能量平衡态势等的需要。付出与获取、交流沟通、分享与分担、生产与消费、流通与销售以及构建能量吗平衡态势等，都是能量平衡交换的方式和过程。能量平衡交换的需要衍生各种具体需要。

平衡交换能量主要是指需要选择适合自我特点的交换对象和时机，选择可控的平衡交换方式、践行能量的平衡交换、构建能量的平衡态势。

能量交换必须注意三个方面：

第一是交换形式。形式是方式、模式的表现形态。因此，交换形式也即交换方式、模式。在商品经济社会，很大一部分物质品质和文化品质的能量交换都是以商品交换形式这种简易高效的交换模式进行的。商品交换形式也就成了人们最直观、最熟悉的一种能量交换形式。能量交换除商品交换形式外还有很多非商品交换的能量交换形式，如"以物易物"的能量交换形式；又如知识、智能、情感、意志、信念、审美

等智慧能量的学习、修养、交流等交换形式；还有能量移植与传承、赠予与受赠、扶养与感恩、权利与义务、人格的社会归属与独立等能量交换形式。上述交换形式又有直接交换和间接交换、当时交换和易时交换、等价交换和不等价交换之分。不可否认，多种交换形式之间是相互交集融通的，人们在任一时段的能量交换形式都没有绝对纯一的，只有相对主要和次要的。在实际生产生活中，能量平衡交换方式具体表现为生产方式、工作方式、生活方式、社交方式、利益取舍方式等。可见选择求要合适的能量平衡交换方式，也就是选择求要合适、适宜的生产方式、工作方式、利益取舍方式、生活方式和社交方式。虽然这是人的首要需要，但会随着智慧的增长，尤其是世界观的改变、社会环境条件的变化、安全与健康状况的变化，而发生变化、提升。

第二是如何看待商品交换的一般等价物，也即金钱货币的重要性。金钱货币对一切商品都具有直接交换的功能。在实际交换中金钱货币作为一般的等价物和交换手段，其交换功能是超越使用价值特殊性限制的。由于金钱货币是价值和社会财富的一般代表，谁占有了金钱货币，就等于占有了价值和财富。占有超过"必需能量"上限（超额）的价值和财富，就相当于实现了自我与社会能量平衡关系的优势平衡态势。因此，人们追求超额财富、金钱是有客观依据和规律可循的。问题的关键是如何获取、体验和运作，发挥超额财富与金钱对自我、对他人、对社会的益利功能。

第三是能量转换。能量转换也是一种能量交换方式，一种替代结转方式，可分为能量被动转换与能量主动转换。能量被动转换是指未经交换双方协商，而由能量交换中介方依规律定理或交换规定规则，将一种能量按等量比例换算结转为另一种能量。能量主动转换是指由交换双方沟通协商，而将一种能量转换为另一种能量。能量主动转换须由意念催动，是智慧化思维。不论是能量被动转换还是能量主动转换，目的都是达成或保持能量平衡态势。需要思维的能量转换智慧（内含成果转换）可以衍生出人格能量（成果）转换智慧、智能能量（成果）转换智慧、悟性能量（成果）转换智慧，使能量（成果）转换成为人的智慧化思维的一项重要特性。

（二） 需要适宜的社会环境和条件

对适宜的社会环境和条件的需要，是指对能提供和保障人们能量平衡交换的自然环境、人文环境和社会治理环境的需要。包括可供平衡交换的能量资源、交换场所、交换方式、交换规则、交换工具、政府监管与服务等。适宜，主要指简易、便利、有序、公平、适度，让人体验到顺畅、合适、舒适。在日常生活和社会活动中，适宜的社会环境和条件，可以理解为适宜的生活环境和条件，适宜的工作事业环境和条件，适宜的社会生活环境和条件，适宜的学习环境和条件，适宜的利益能量交换规则与公共秩序等。

求要适宜的社会环境和条件，集中表现在人们努力构建属于个人势力范围的人生态势场、努力构建人生的平衡态势的活动上。适宜的社会环境和条件，有助于人们高效地学习社会文化知识；有助于人们拓展认知世界的四维空间；有助于人格的社会化发展；有助于人们的社会定位、社会归属，利于人们选择和履行社会角色的使命与职能，建立个性化的事业、职业平台，创造人生价值；还有助于人们民主、自由地参与社会生活。

（三） 需要智慧

对智慧的需要包括对学习智慧、培养智慧、提升智慧、运用智慧的需要。个人的智慧主要指一个人的心理思维品质性能及其系统结构的性能、心理思维品质性能外化运用的程序、方式，以及运用的功效等。在一定的客观条件下，智慧是人们生存和发展各种能力及其功效的统称。

人类要实现生存与发展的原生需要，就必须有效地与互动对象交换能量。而有效地与互动对象交换能量，必须先解决四个问题：一是对能量体（利益标的或益利点）、环境条件、难题障碍与风险危害的认知问题；二是制造和运用工具手段排解难题险害问题；三是与他人分工合作、沟通交流、相处，建构规范有序的微观社会环境问题；四是平衡交换能量（利益分配）的方式、平台、规范、规则的构建与管控问题。这些问题的解决离不开相关智慧品质的性能作用。可见智慧是实现生存和发展的必要条件。

人们需要智慧，还因为智慧能够认知、调适、提升自我，能够使自我在社会互动平衡交换能量的过程中，更好地创造人生价值。

（四）　需要与互动对象相互适应

在社会分工日益细化的当今社会，人人都需要别人的合作与帮助；人人都需要与别人合作，帮助别人。离开了互动对象和社会的帮助与合作，谁都将一事无成。与互动对象相互适应的需要，其实质是在为实现自我需要创造条件，同时为实现互动对象的需求创造条件。

与互动对象相互适应，必须了解对方的需要和欲望诉求，了解对方缺少什么、拥有什么、自己能为对方提供些什么、对方能为自己提供什么，确定双方合作的结合点；必须通过调节自我的需要与欲望，使自己的需要和欲望融入对方尤其是团体的需求中。在践行和实现对方尤其是团体需求中实现自己的需要和欲望，同时在践行和实现自我需要和欲望中，为践行和实现对方的需求创造条件，防止与对方产生利益冲突和需求冲突。

可见，与互动对象相互适应，是要达成与互动对象相互需要、相互尊重。内含两项基本需要：第一项是需要互动对象成为实现自我需要的条件，也即需要互动对象（别人）成为自己的需要。第二项是被需要，即需要自己成为互动对象（尤其是自己喜欢和尊重的他人、团体）的需要，成为有助于对方践行和实现需求的条件。这两项基本需要决定了人生价值的两个方面：一是获取方面，是运用互动对象创造的有利条件，创造和实现自我人生价值；二是奉献付出方面，是支持和帮助自己喜欢、尊重、归属的互动对象，创造和实现对方的人生价值。被需要包括被爱、被利用，是一个人对他人有吸引力、能够益利他人的人生价值体现。

在日常生活和社会活动中，得不到别人的关爱和帮助是一件让人很难受的事；同样，无法关爱和帮助自己喜欢、尊重的人，或自己喜欢、尊重的人不需要你的关爱和帮助，也是一件让人很难受的事。这两件让人很难受的事，同样证明自我的需要没有与互动对象的需要真正联结融通，没有与互动对象相互适应。

（五） 需要家庭生活与爱

家庭是不可或缺、不可替代的休养生息、享用和分享所得利益（能量）的场所和平台，是自主性、独立性最强的个人生活空间。稳定的、有性有爱的家庭生活是人生的必需。本书另设有家庭生活面向专题，阐述个人与家庭的关系。

（六） 需要安全与健康

安全与健康是人们生存与发展最基础的必要条件。如果安全与健康没有保障，生存就受到威胁，生命就可能丧失，人生的其他需要就无从谈起。本书另设有安全与健康面向专题，阐述安全与健康问题。

（七） 需要愉悦

人们需要愉悦，是因为在繁重、紧张的社会互动和利益交换活动后，需要休养生息、放松心情、切换角色使命、养精蓄锐补充心理能量。愉悦是一种欢乐、喜悦、身心放松的心理状态。愉悦心态有双重属性、双重能量源：愉悦既是一种心理体验，又是一种应对态度；愉悦心态，一方面是对自我需要实现满足后达致的生理平衡、心理平衡、身心平衡产生的心理舒适体验。这种由内生能量源导致的愉悦体验，属于人格的情感品质，这叫知足而乐、知足常乐。另一方面，愉悦心态又是对思维对象展现的美感美质、奇妙变化、美妙态势审美认知后，产生的应对态度。这种由外界能量源导致的愉悦体验，属于人格的审美应对品质，这叫知美而乐、知美常乐。愉悦是反映和体验自我身心平衡，心理满足状态的标志性人格品质。愉悦的本质是身心平衡、心理满足、快乐生活。求要愉悦，实质上就是求要平衡和满足的心理体验。因此，愉悦心态成为人们的基本需要。

三、 人的具体需要

具体需要分两类：一类是某种基本需要衍生的专属需要，如智慧需要衍生的学习思维、知识内化思维、办法思维、人格情感思维等品质性能；另一类是几种基本需要共同衍生育化的具有通用品质或性能的需要，如肯与否、进与退、舍与得、生产与消费、受用与补偿、稳定与改变等。各种具体需要都是满足和实现上一级基本需要的条件或手段。

人的需要的结构也应该适时更新、适时调整，以适应社会的进步。否则，一个需要结构长时间不变，就会养成落后的生活方式和固执难改的观念。

第八章　人的欲望思维

第一节　人的欲望产生原理

为了解决需要多列并行产生的难题，使需要能经常得到满足，人类的需要思维与情感思维融合又进化衍生了欲望。需要与情感是欲望的源泉与诱因。人的欲望是一种心理念想、思维诉求，一种以需要为基础又超越需要，求要更多利益、更快速度、更好品质、更高效率和更高目标的心理念想、盼望、期待与诉求。欲望是在念想改变现状，改变对自己不利的能量交换态势，念想要解决能量交换遇到的难题和障碍，建立优势平衡，保证需要能经常、尽快得以满足。

欲望产生于对现行能量平衡态势及其交换方式不满意，或产生于对所得能量不满足，或产生于对过去不满意，或产生于对现状不满意，或产生于对某思维对象特别喜爱的情感念想，或产生于对未来的憧憬念想。欲望的核心使命是为心理思维提供内驱力和进取指向，主要表现在五个方面：一是对某些与生存发展相关的事物或元素产生喜爱情感、进取兴趣和践行意愿。二是打破和改变由需要建立的平衡态势，在新的高度建立新的平衡。三是多取少予，付出更少取得更多。四是提前预备需要的能量，供需要发生时随意取用。提前预备的能量包括标的、等价物、工具、手段和条件等。五是凝聚满足、满意元素，引导情态舒畅愉悦，构建美好、快乐、幸福体验。

欲望的实现可以提升需要的层级，当欲望在新的高度建立的新平衡态势经由习惯与观念的固化成为新常态后，这种新平衡态势就转变成为常态的需要，将需要提升至新高层级。

人们要实现"安全生存、适度发展、自然生活"，就必然会产生各种各样的需要。人的很多需要是按隐显周期规律，时隐时现往复循环的，如"日求三餐，夜求一宿"，每天重复如此。这一规律有两点局限

性：第一，如果不能提前准备、储备相应的能量，待"需"显现，才去求要，就可能经常受到意外事件、意外因素的影响而不能遂愿。只有提前求要，提前储备能量，才能在"需"显现时，及时、足量供给，保证满足需要。第二，需要的目的是能量平衡，所以只能保证人们在社会分工和竞争中获得公平、合理、平等、平衡的机会和利益。在物质文明和精神文明高度发展的社会，单有基本的平衡是很不够的，必须有求要能量优势、强势的欲望来弥补需要的局限。需要和欲望是一对能让人飞翔的翅膀，有了这对翅膀，人们就能一边运作需要求取基本、低层级的平衡，一边运作欲望打破原平衡，构建更高层级的新平衡，从而有机会超越低层级的"安全生存、适度发展、自然生活"态势，实现中等层级的"适宜生存、高度发展、舒适生活"态势，争取实现高层级的"优质生存、自主发展、自由生活"态势。

一方面为需要追求的平衡提供服务和保证，另一方面努力追求多取少予或只取不予，打破原平衡，直至建立新高度的平衡态势，这就是欲望的本质、本性。欲望为需要提供服务主要有三大特点：第一是总爱放大需要的量和质，通过强化需要而强调欲望产生和践行的理由、根据。第二是为需要服务的主动性，总爱预先提前准备，不打无准备之仗，信奉"凡事预则立，不预则废"。根据需要的隐显周期规律，事先准备好为需要服务的条件、资源、工具、手段，如欲望为困倦之需产生的睡觉之要预先准备好床、被，为饿之需、食之要预先准备好食材、烹饪工具、碗、筷等。第三，追求高效长效，对能量的等价物、替代物情有独钟，十分偏爱，念念不忘地追求金钱、财富、名利、地位、知识、学历、技能、才能、社会形象、社会信用、社会关系等能构成核心竞争力的能量等价物或替代物。

对特定对象的喜爱，对特定异性的情欲、性欲，对资源和利益的占有欲、奉献欲，对智慧才能的表现欲，对未来的某种希望、愿望、盼望、梦想，期待、期望、要求、诉求、意图、意愿、追求、理想等都是欲望的表现形态，都包含强烈的欲望性能。

欲望使需要的实现由取舍的平衡感变成了取得的满足感和付出的珍惜感。对打破原平衡、无限取得的满足感就成了欲望实现的标志。如果幸福感源于满足，欲望强盛者就难以体验到幸福感；如果幸福感源于平衡，则欲望强盛者也能经常体验到幸福感。可见，知足常乐之心境也会"难者难，易者易"。如果一个人只满足于需要所致的"安全生存、适度发展、自然生活"的现状，对创新突破无欲无求，人生价值就会大打折扣。

在日常生活和社会活动中，人的欲望主要表现为七个方面的求要：对超额利益与价值的求要欲望；对高强性能工具手段的求要欲望；对更佳条件与平台的求要欲望；喜爱某些互动对象并求要互动对象的深度合作；对智慧能力提升与拓展的求要欲望；对创新突破的求要欲望；对不断提升个人与家庭生活品质的求要欲望。这七个方面的求要欲望还会衍生出无穷无尽的具体欲求。

第二节　欲望的特性

欲望标志着一个人改变环境、改变他人，图求自我变优变强的心理思维态势，为心理思维提供内驱力，是智慧的动力源泉。

主动性、随意性、以自我为中心、创造性、直接性、唯利是图、冲动性与理智性、局限性与超前性、有限性与无限性、对需要的取代性与诱导性都是欲望的特性。

一、 主动性

欲望是人的心理思维与外界事物交换能量、交互作用的总开关和启动器，是人应对事物信息由消极被动向积极主动转变的转向器和驱动器。欲望强，人就容易进入主动积极态势。欲望不强，人就容易进入被动消极态势。正是由于欲望的启动和驱动，人的心理思维才会主动积极地制造和创设与外界事物的各种相关性，才会使自我经常与不同的思维对象发生相互结合关系，从中得益或受害。人的一生是欲望不断制造和创设相关性、制造和创设问题与难题的一生，也是不断应对自我制造和创设的相关性，解决问题与难题的一生。

二、 随意性

随意性是一种重视当下态势，轻视过程和后果损害性考量的思维性能。主要指对外界变化作出快速、随意反应，随心所欲，不循既定程序，既包含冲动、急躁心态，又包含敏捷、激情个性。

三、　以自我为中心

以自我为中心，是一种以自我意念为中心，不顾外他，不顾定制规范的思维个性。主要表现为自认正确、自以为是、以我优先，对目的、条件和路径的选择无视规则、公序的约束，自立标准与规则，身边他人必须顺从并维护自己。

四、　创造性

创造性是欲望的核心本性。主要指喜爱扬长避短、发挥优势、图变求新、不落俗套、敢破敢立、敢想敢干敢担当的思维特性。

五、　直接性

直接性是指直奔主题，直求结果，既包含弃繁从简，追求过程的简洁、简易性，有高效能思维的一面；又包含不重视协作、协调，不重视造势、借势，不重视不利因素的转化，也有思维效能低的一面。

六、　唯利是图

唯利是图是指利益目的性和利己性特强。以自我利益为唯一目的，利他只能作条件或手段。既包含"善意取得"，又包含"恶意取得"。

七、　冲动性与理智性

欲望最根本的性能，是反映和运作当下或当前最急迫、最重要的身心需要。面对外界的无数诱惑和内心的多元需要，欲望有冲动与理智的两面性。一方面，欲望有时会急速反映感觉的感受，不加思考就作出应激应答，宣泄对立情绪或喜爱情绪。这种冲动性有时是必要的，它能使自我态势迅速拔高、示强，亮出自己的底线和坚定意志，给对方施加压力，应对简单问题往往卓有成效。在应对复杂问题或在多方竞争和博弈中，则会完全暴露自己的缺弱，弊远大于利。另一方面，欲望又总能在高级思维性能的指导下，把他人的需要与自身的需要连接起来，区分轻重缓急后，进行理智化的选择和表达。减少不切实际、不顾条件、不合时宜、不自量力的空想盲动；推动主观与客观各种平衡关系的实现。

八、 局限性与超前性

有一些关于心身能量平衡的需要是欲望难以反映表达的，只有到了严重失衡时才能反映，如身体的慢性疾病、心理的偏执思维方式，这是欲望的局限性。有一些需要被欲望无限演绎和强化，并长期保持、坚持，并非心身当下有需要，只是预测到心身未来必定需要，于是一直暗示心理思维给予关注和重视，如财富积累欲、知识积累欲、对社会地位名誉的诉求，这是欲望的超前性。欲望的超前性还体现在，欲望求要的并非现实当下需要的，而是超前准备相应的能量源、能量体，求取后存储起来，供需要时随时取用。

九、 有限性与无限性

因需要而生的欲求是一种以获得满足为终点的有限度的心理特性，可称为欲望的有限性。因智慧因素和社会因素而生的欲望，则是一种不满足于已获得的满足，想要突破现状不断创新创造的心理特性，可称为欲望无限性。欲望的有限性培育一个人的适应性和知足感。欲望的无限性既培育一个人的个性、激情和创造性，又培养一个人的贪婪意念、邪念、恶意，导致情感偏执、伤害他人、伤害社会。无限度的欲望既是抗逆性和创造性的源泉，又是自我损害、自我毁灭的祸根。每个人的欲望都是有限性和无限性的统一。

十、 对需要的取代性与诱导性

需要虽然都是利己的，但也是不损人的，是对维持自身能量平衡的求要，最终求取与交换对象的平衡。需要规定人们缺少或盈余什么就感觉到什么，感觉到缺少或盈余什么就求要什么，需要就是求要补缺与减盈。一方面，欲望受需要的制约，尤其是受能量盈过感引发的需要制约，如喜欢吃甜食的欲望，受血糖指标超标的制约而不敢吃甜食；又如喜欢旅游的欲望，因旅途安全的需要不能得到保证和满足而制约不敢成行。另一方面，欲望又会通过强化需要而诱导需要放弃平衡，追求打破

由需要建立的正常平衡态势，建立对自己更有利的能量交换方式。欲望使需要变质变形，将人与外界的能量平衡交换、等价交换变成不平衡、不等价交换，即以付出较少能量换取较多能量。

但是，在欲望的诱导下，很多人对需要产生只取不舍、只进不出的误解。片面认为需要就是求要补缺。对需要的求要也就形成了一种片面的表达和观念，只求要对缺少的能量进行增补，不求要对盈余的能量进行减除。表面上这是在强化需要，实质上这是以欲望取代需要。这就使得一些正常需要逐渐突破平衡走向失衡，逐渐失去其平衡协调和自我调适修复的核心功能。欲望走向极端就是贪婪，会摧毁人的理性和人格。但是，人的欲望可以通过运作人格的品质性能，予以压制、转换、置换或解除。

欲望强化必然成长为野心。野心没有对与错，区别在于践行动机、手段与功效的善恶益损。

欲望是人格个性和创造性之源；是驱使人们张扬人格个性，超越常态的原动力。如果说改变现状、求要突破与创新是欲望的本义，那么悟性就是对欲望的演绎。因此，欲望也是悟性的源泉，欲望强才会悟性强。欲望激励人们施展个人才能，努力破旧创新、变优变强，不断创造人生价值。欲望驱使人们创造新的更好的环境条件，去实现自己更高层级的目标。

第九章　人的需求思维

践行需要，求要平衡态势、平衡交换能量，适应并融合环境的智慧是求生存的智慧。践行欲望，求要突破创新、变优变强的智慧是求发展的智慧。需要和欲望两者既互为手段，又互为目的。

在社会互动中的需要，是要善意取得、公平取得，善意付出、公平付出。只谋取自身生存所需或法规、公德允许取得的利益能量。

在社会互动中的欲望之取与舍，则不一定善意和公平，也会谋求恶意取得，不公平取得。欲望既谋取法规、公德允许取得的利益能量，也会产生谋取法规、公德确定属于别人的利益能量的冲动与念想，谋求超常取得。

人们的需求除了激活启动心理思维活动，践行和保障生存与发展之外，还有四项很重要的功能：一是为参与社会分工合作、参与社会人际互动，提供驱动力和理由；二是为知识原理的应用、为科技成果的转化运作建立平台、目标，成为"用武之地"；三是为自我智慧的抒发释放建立一个出口和通道；四是图求按自我需求的样子改变互动对象。希望通过建立一个新需求项目吸引互动对象，并使之对这个项目产生需求依赖与需求信念，使互动对象的智慧围绕这个新需求项目动作。

本书所述需求思维求要的能量平衡及能量平衡态势，包括能量的优势平衡及优势平衡态势、能量的均势平衡及均势平衡态势、能量的弱势平衡及弱势平衡态势。

第一节　个人需求

一、　个人需求的产生

我们已经知道，在人的心理思维过程中，需要思维的根本目的是对能量平衡的求要，为后续求取生存与发展的适宜环境，建立能量平衡态

势提供驱动力。欲望思维的根本目的是通过创新创造打破原平衡，为后续求取优质生存高度发展建立新高层级的平衡提供驱动力。但是，如果需要与欲望两者不能相互补充、相互匹配、相互协调，就必然会相互干扰、相互角力，引起内耗，引起整个思维取向的混乱，造成自我心理失衡，最终使思维成效大打折扣。解决这个难题，实现需要与欲望的协调与匹配，就是需求产生的原理和使命。

需求是对需要与欲望的整合、适配和求要态度、求要意愿的统称。需求是指将需欲系统、自身条件、客观环境、社会许可度四大因素依据因果关系，整合适配成需欲求要链的心理思维品质性能。

需求的思维过程可分为四步：第一步，根据能量取向标的不同，将需要与欲望融通组合，构建成取向不同、层级不同的需欲系统。第二步，把需欲系统与自身条件（实力）、客观环境、社会许可度逐一对接，评估和判定各因素之间的相关性、因果性和匹配性。第三步，将强相关、具备因果关系、相互匹配的要素，概括、整合、配置为需欲求要链。第四步，形成比较系统、理智的求要意念意愿，并将一组一组的需欲求要链构建成求要选项库，供动机立项时选择取舍。可见，需求是系统的可行性求要思维。需求既是可以创造的，也是可以改变的。

根据需要或欲望在需欲求要链中所占的权重，可将需求分为需要型需求和欲望型需求。需要型需求也就是平衡型需求。需要型需求的能量取向偏于坚守平衡，以适合（适当、适度、适量、适时、适宜）为标准，崇尚"物竞天择、适者生存"法则；强调适胜逆汰、融通兼容、合作取胜；强调公平公正、平等互助、相互尊重、相互理解、相互支持、互不损害、和谐共赢；强调适可而止、不越界、不犯规、不过度、不犯众怒；强调维护现有制度、规范、规则、道德和公序。

欲望型需求也就是创新创造型需求。欲望型需求的能量取向偏于破旧立新，追求更好、更高、更强、更有利，崇尚"物竞天择、强者生存"法则；以自我为中心，强调己方权益优先，制度、规范、道德、规则、秩序都应首先维护己方权益；强调用实力说话，按实力分配权利和利益；强调意志自由、个性自由、打破常规、创新创造，建立和积累优势；强调优胜劣汰、竞争取胜；强调不断学习，不断吸纳新能量，不断改进、拓展、提升自我。

两种取向和标准不同的需求汇集于一个人的大脑思维中，这是矛盾的对立统一。两种需求相互补充、相互支持、互为条件，既可以使人的需求切合实际，基础稳固，与社会主流意识相融相通；又可以使自己有比别人更好更高的追求、更多的自主选择和更自由的创新创造。

需要与欲望既是人的心理思维活动的两大原动力，又是激发、启动心理思维活动的两项重要品质。需求思维整合适配需要与欲望，所要建立的是各种求要可行性很强的可能性选项，称为需求选项。为使需欲求要链的因果关系实现由可能性向现实性的转变，必须由动机思维来进行立项整合。经过动机思维的立项整合后，人的需求选项就转变成了项目或者将要付诸实施的事项预案。需求性能强化和释放必然形成需求力。需求力标志着人对利益（能量）的吸纳力、消费力、转化力和整合力。在市场经济社会，人的需求力主要表现为市场（顾客）需求、购买力。

自身需求践行与实现态势的变化，必然会引发自身情感态度的相应变化，进而形成由需求驱动的一连串、多面向的智慧化思维。自身情感态度的变化，又必然会引发互动对象需求与情感态度的变化，进而导致互动对象形成由需求驱动的一连串、多面向的智慧化思维。

需求不但是思行的内驱力，也是一切利益、价值认知和选择的依据。个人需求是人格个性的根源；个人需求与他人需求、社会需求相互交集兼容则是人格社会性的根源。在需求面前，任何事物能量体不分贵贱，能够纳入需求目标的才是适合自己的宝贝，才是好东西，才值得追求、值得交换；不能成为需求目标的就是不适合自己的，也就没有交换价值，不论别人如何认知和选择。虽然事物能量体品质的益损好坏自有社会客观标准，但对于个人而言，适合自身需求才是最终的选择依据。可见，人类社会人人都各有所爱、各有所倚、各有所取、各有所事……需求的个性才是最本质的个性。

二、 个人的基本需求

个人的基本需求由己方与互动对象的需要与欲望适配而成。所谓适配是指相互适应之后按适当的权重整合配置。首先是己方需要与互动对象需要的相互适配。其次是己方欲望与互动对象欲望的相互适配。需求

就是对双方需要与欲望兼容整合适配而成的一种思维动力结构。因此，不了解、不顾及互动对象的需求，己方的需求也难以成立，硬要成立也会无从践行而夭折。

个人需求表达的是对事物能量的取舍态度、取舍意愿和取舍方式的愿景构想。需求选项的成立是有一定条件支撑的，拥有什么样的条件，就会产生什么样的需求选项。同理，打造一定的条件就可以引导需求，建立新的需求。这样的条件主要包括新创意、新理念及其可行性，新产品、新性能、新模式及其益利性。

因为每个人所处的社会环境、社会角色、地位、年龄、智慧层级和个性不同，每个人的需求都会具有不同的社会角色特性、地域特性、文化特性、性别特性、年龄特性、智慧特性、个性特性。所以，不能以自己的需求去代替他人的需求，不能以自己的需求去代替大家的需求，也不能以别人的需求、社会的需求代替个人的需求。这里特别强调，很多父母喜欢以自己的需求与态度去代替儿女的需求与态度，硬性强求儿女照办，尽管有亲情之爱的包装，也是违逆青少年心理成长规律的不明智之举，终将严重损害儿女的人格修养；一些单位领导喜欢以自己的需求与态度去代替下属的需求与态度，硬性强求下属照办，尽管有权力威严的包装，也是对下属人格尊严和创造性的严重损害。

（一）个人基本需求与具体需求

（1）个人基本需求。在能量交换的日常生活和社会互动中，人的根本需求有两个方面：一方面是达成与互动对象相互适应、相互平衡的关系，进而建立优强的人生态势，提升生存与发展质量；另一方面是达成自我物质与精神生活的富足、舒适、愉悦与自由。为此而产生了各种基本需求。人的基本需求主要表现为对利、适、强、序、智、乐、爱、健的八大追求与求要。求要利、适、强、序、智、乐、爱、健，都是为构建和提升与能量交换对象的能量平衡关系创造条件。

人的八大基本需求与人的七大基本需要基本上是重合的，较明显的差异在于，需要中适与序合一，需求中适与序分立。这正好说明欲望是对需要的强化与拓展，需求是对需要与欲望的整合适配。

人的基本需求隐含着两个坚定的价值取向：其一是奉献型需求，即需求成为别人尤其是亲朋的需求，让自我所拥有的能量成为别人求要的能量，能得到别人的认同，能为别人的生存与发展提供帮助和服务，这既是情感融通、人际合作的必要条件，也是创造人生价值的必要条件。其二是索取型需求，即需求别人尤其是亲朋为自我的生存与发展，提供尽量多且优的帮助和服务。这是以自我为中心、利益至上、超常（超额）获利，实现自我优质生存、快速积累、快速发展的高速通道与捷径。两种价值取向的需求思维都属于合理的智慧化思维。

（2）人们对八大基本需求的演绎拓展，会衍生出许许多多的具体需求，如：①求利益（益利），趋利避害，追求以金钱为核心的利益，达成物质生活富裕；②追求社会归属，包括追求归属于正义的团体，求要合适的社会角色并愿意担当相应的使命职能；③求应该，做角色使命职能内应该做的；④求成功，做有能力、有条件做成功的；⑤追求社会名誉、地位和权势，构建优强的人生态势场和人生态势；⑥通过学习和实践追求智慧的培育、拓展与提升；⑦追求适用化，一切取舍以适用、适合自我为标准；⑧追求道理与理由，以证明自己的言行有根据、合正义；⑨追求简易化，将复杂的事情简单化，将难事易化；⑩追求程序化，将杂乱无序的事情程序化，按程序规则和公序开展社会互动；⑪求美好，做优美的，追求美感、美质、美化；⑫追求轻松舒适、愉悦快乐；⑬求喜爱，做我喜欢做的；⑭求利他、公益，做对他人、对社会有益的；⑮求价值，做有益于创造或提升人生价值的，追求包括个人价值、社会价值两个层级的人生价值；⑯求顺利，做顺势而为的；⑰求安全，做风险低、有安全保障的，追求安全、健康与长寿；⑱求创新，做别人没做过、别人想做又做不成的；⑲追求爱情与亲爱和谐的家庭生活，实现家庭美满幸福；⑳追求超脱与自由，实现自主发展。

每个人的需求都具有生活环境与条件的层级特征。处于"安全生存、适度发展、自然生活"层级的人，与处于"适宜生存、高度发展、舒适生活"层级的人，或"优质生存、自主发展、自由生活"层级的人，他们的需求的起点、目标指向、实现条件与实现方式都很不一样。正因为这样，整个社会才会多元结构、多元需求、相互兼容、丰富多彩、和谐发展。

（二） 个人需求的思维过程

（1）个人需求是可以改变、可以引导的，具体有三种情形：一是通过调节需求的量度，可导致改变能量取舍的方式，如强化谋利的欲望，就可以导致损人利己、多取少予的谋利方式等；二是调节需求目标，在多方需求同时指向同一个目标导致激烈竞争时，一方可以改变自己的需求目标退出竞争，或者运用手段打压对方，迫使对方改变需求目标；三是在悟性和价值观的指导下，通过设计新的需求目标愿景，开辟新的利益能量体及其取舍的新路径，吸引和引导思维对象改变需求目标。

需要型需求是简单常态的需求，往往是需求产生后直接进入求要过程，没有明确的阶段之分。

（2）欲望型需求是超常态的系统需求思维过程，往往分三个阶段进行：

①择定需求取向阶段。需求取向即选择能量的取舍方式，有先予后取、先取后予、取予同步、多予少取、少予多取、只予不取、只取不予等多种方式。个人需求取向的选择主要取决于价值观。在日常生活中，具体表现为一方面取决于对思维对象当下需求及其合理性的认知判断，这是因应思维对象的需求确定自己的需求取向；另一方面是根据自我的内在需要和社会角色的履职志向确定需求取向。人们通过择定需求取向，进而择定与思维对象的能量交换（互动）方式。

②适配目标建立需求体系阶段。需求取向确定后，根据自身的智慧能力、当下态势、客观环境和社会许可度等条件，适配需求的目标、择定实现需求的手段和步骤，建立需求体系和动机预案。

③需求的践行阶段。需求体系经过动机与决断思维定夺后，即进入需求的践行阶段。践行需求的主要任务是依据当下态势，运用智慧能力，整合配置资源，努力克服困难，创造条件，坚持不懈地实现目标，满足需求。

（三） 个人需求思维智慧化修养

个人需求思维智慧化修养的要点如下：

（1）个人需求的适选修养。所谓"适选"，主要是指欲望念想一定要适合自己的人格特点、实力和条件，可为可行，不适不选，不好高骛远。要使自身需求适度、可行，戒贪、戒盲、戒急，解除贪婪所致的心理包袱，适时放弃、放下那些美好但无法实现的欲望念想；适时放弃、放下那些理由充足但成本代价太大、得不偿失的欲望念想，让可控资源和智慧能力聚集于践行适合自己，且可为可行的需求选项。

（2）使个人需求与他人需求、团队需求、社会需求相融通适应，建立相互需求、相互包容、相互平衡协调的人际关系。个人需求还应使当下需求与长远需求相融通，并使当下需求的实现成为长远需求的条件。

（3）使需求动机化，将需求规划设计成项目、产业链、利益链。然后以产业链、利益链去选择合作对象，去整合资源、创造条件，构成践行的可行性。

（4）学会需求止损。当发现需求与标的对象的运变趋势相背离，或与社会（市场）运变趋势相背离时，唯一正确的选择就是及时止损，及时退出、撤销、终止需求项目，另建与运变趋势相向的新需求。

（5）需求使命化修养。不论是吸能型需求还是赋能型需求，一旦被观念认定为应该、必须实现，都会升华转化为角色使命感和履职意愿，倾情倾力去设计和践行。因此，要强化世界观、人生观、价值观的培养和调适，引导需求思维自觉将适选的需求转化为角色使命和职责。

解决上述问题的需求思维，其过程本身就是智慧化思维。

第二节　社会需求

对应个人的需求，由众多个人构成的社会环境、家庭、社会团体、民族、国家也有需求，可概括为社会需求。社会需求也包括社会需要和社会欲望两部分，是需要和欲望的整合适配。个人需求反映的是个人具体的求要意念和意愿，社会需求反映的是公众共同的需求利益和求要意愿，很多时候都不一定能反映每个人的具体需求。社会需求只有代表公众共同的根本的利益和意愿，才能为社会成员所认同和拥护。个人需求

只有融入社会需求，才能得到社会的许可、支持和保护。社会需求是社会正义的标志。

一、 社会需要

社会需要是指由社会成员的需要聚集导致的，社会能量的生产创造、社会能量的供给分配、社会能量的流通交换等社会意识和社会态势。社会需要主要表现为社会生产力、生产方式和生产关系，包括动员和组织社会成员进行社会能量（财富）的生产创造活动、社会能量（财富）的供给分配活动、社会能量（财富）的流通交换活动、社会治理运作体制、社会法规和规范、社会公共秩序、社会文化与道德、生产技能与技术的培训等方面。社会需要是社会意识对社会能量（财富）的缺乏感和求要意志的表现。

二、 社会期望

社会期望即社会欲望，是指由社会成员的欲望聚集导致的社会共同的愿望、愿景、理想、信念和价值观等社会意识和社会态势。社会期望经常反哺社会成员，支持和引导社会成员的愿望、理想和信念；凝聚社会成员的意愿意志，自觉践行社会的共同理想。

三、 社会需求

社会需求是对社会需要和社会期望的整合适配构建的社会规划和社会行动纲领。社会需求的本质是社会正义，是社会成员物质需求和精神需求的集中体现。

社会需求由三个层级的需求构成，即国家对下属各级机构、团体组织和全体社会成员的需求；各级团体组织对下属成员的需求；人民大众和下级团体组织对所属的上一级和国家政府的需求。这三个层级的需求构成社会需求完整的能量供给链与求要链。

社会需求内含四部分内容：一是国家（团体）对下属各级团体组织、全体社会成员的给予，这是国家、政府、团体组织产生吸引力、凝聚力、动员力、领导力的依据；二是社会成员对国家和所属团体的物质与精神能量供给的需求；三是国家制定和颁布的法规、政策，这是社会运转、社会治理、社会活动的准则、规范和规则，是社会秩序的依据；四是国家、政府、大团体对下属团体组织和成员，履行角色使命和职能的要求，这是社会财富创造与生产、社会进步与发展、国家富强与人民富裕的根本依据。在社会活动中，社会需求主要包括以下八点：

（1）社会成员对国家和所属团体能量（物质与精神能量）供给的需求。

（2）社会成员对国家和所属团体能量分配和交换方式、交换规则公平性公正性的需求。

（3）社会成员对国家和所属团体能量交换平台与机会（职业和事业）的需求。

（4）国家的方针政策、社会经济发展规划、社会文化发展规划、法律法令、号召令、动员令等；团体的发展战略与规划、生产（工作）计划、企业文化、生产（技术）标准与规范、管理与运营的规章制度等。

（5）国家和团体对所属社会成员履行角色使命职能、言行忠诚与正义的需求。

（6）国家和团体对所属社会成员自觉生产和创造社会财富的需求。

（7）国家和团体对所属社会成员遵守法律制度、方针政策、规范规则和公共秩序的需求。

（8）维护国家、民族安全与稳定的需求。

在日常的工作和生活中，社会需求经常表现为：成员对归属的家庭和团体的诉求，团体和家庭对成员的要求，下级对上级的请示与诉求，上级的指示与要求，领导者的指示与要求，规章制度的要求，道德公理的要求，顾客需求等。

个人需求与社会需求的关系，是相互依存、相互适应、相互制约的对立统一关系。个人需求是社会需求的根据，社会需求蕴含个人需求，是对社会成员众多个人需求的概括和反映；个人需求对社会需求有高度的依赖性，脱离社会需求，个人需求就无从实现。个人需求和社会需求互为条件，既有相互适应、相互促进实现的一面，又有相互制约、相互限制实现的一面。在需求的目标、实现需求的方式和规则上，个人需求

和社会需求要相互吸引、相互适应、相互兼容，不能相互排斥、相互逆抗，否则社会将发生动乱与分裂。个人需求与社会需求相互交汇融通，必然生成人格社会性。

个人需求与他人需求、社会需求的关系，在本质上就是相互被需求、相互被利用的关系。被需求包括被需要、被关爱、被期望、被要求、被改变等。只有每个人的需求都蕴含被他人需求、被社会需求，才能获得他人和社会的肯定和认同，创造出人生价值；只有社会的每一项需求都蕴含被社会成员需求，才能拥有社会正义，被社会成员广泛接受和拥护，才能为全体社会成员创造能量，供给财富和福利。

第三篇　人格智慧

人的心理思维品质即思想品质，在与能量交换对象的社会互动中，进化、分化为四大类：第一类是需求品质，适用并支配人们需要与欲望的调适和整合；第二类是人格品质，适用于通过言行实践渠道转化和释放内生能量，主导和支配人们的各种社会生产活动、人际交往活动、生活活动；第三类是智能品质，适用并支配人们以文化知识为工具、平台，学习社会文化科学知识，吸纳并内化外源智慧能量，构建自我的智能智慧体系；第四类是悟性品质，适用并支配人们的启悟思维、悟通思维和创新创造思维活动。

人格品质以肢体、感官、技能和意愿操作实物工具，向思维对象抒发释放体能、道德、情感和意志等人格能量为主要使命。人格品质及其性能是心理反应常性在社会互动中，被个性化和社会化培育、改造的结果。人格品质及其性能的产生、成长和运作导致人格智慧的产生与成长。

人格智慧与需求智慧、智能智慧、悟性智慧各司其职、相互配合，使一个人能够自主高效地一边学习、一边工作、一边创造、一边生活。

人格生成气场、势场。人格智能、悟性融合可生成势、气势，形成人生优强态势，使人在社会互动中表现出威慑他人的势能、势力。

人格智慧是人们在应对思维对象的社会互动中，

依据人生态势变化和角色变化，调适自身需求与态度，使自身适应于社会环境的智慧。人格智慧通过心理思维的意念意愿，指挥肢体直接动作或操作工具，心身合一地排解难题障碍，践行和实现需求目标。人格智慧以人格的各种品质性能，去支配和主导人的社会活动与日常生活，以实际行动实现有效生存、优质生存。

在人的四大智慧板块中，人格智慧处于核心地位，是实现能量交换，保证安全生存和正常发展的决定性的心理思维能量。人格智慧将需求智慧引向与社会对接、与群体对接的社会互动，引向可行的能量交换活动。人格智慧具有强大的能量转化性能，并通过能量转化自建持续不息的心理思维自励源，让人的精神充满活力。主要表现在：①将某些需求（需要与欲望）转化为情感态度，进而转化为行为意愿；②将某些需求转化为角色使命与职能，自觉履行；③将某些欲望转化为志愿与信念，让未来充满希望，富含吸引力；④将习得知识转化为智能与技能，让智慧能力持续提升；⑤为某些言行赋予美乐元素，让生活美化、快乐。

人格智慧是智能智慧、悟性智慧的基础和归宿。有了完整成熟的人格结构，在智能智慧和悟性智慧都很低弱的条件下，人们仍然能够与社会环境相适应、相融合，仍然能够顺利进行能量交换，并与交换对象保持能量平衡关系。没有完整成熟的人格结构，或者人格畸形发展，可能导致智能智慧和悟性智慧的畸形发展；可能导致智能智慧和悟性智慧运作的事倍功半，甚至事与愿违；可能导致人们虽然拥有高水平的智能智慧或者悟性智慧，也仍然会与社会环境不相适应、不相融合。因此，人格是一种经常超越职业角色地位、经常超越智能智慧和悟性智慧的智慧能量。

人格智慧开辟人际交往的社会互动通道，通过参与社会分工与合作，开展社会互动的方式，取舍和交换利益能量。因此，人格智慧主导人们的社会活动方式、工作方式、学习方式、家庭生活方式、个人思维方式。有什么性质的人格品质结构，就会形成相对应的人际交往格调、工作风格、学习风格、家庭生活格局和思维逻辑。

第十章　人格概述

"人格"一词在各学科和社会生活中有多种含义。道德上的人格，指一个人的品德和操守；法律上的人格，指享有法律地位的人；文学上的人格，指人物心理的独特性和典型性。在心理学中，人格的含义通常与个性的含义一致，作同义概念使用，指一个人的心理特质和特征。笔者从智慧学、人的智慧化思维角度，在参考诸学科观点的基础上，提出关于人格概念及其原理的个人观点与见解。

笔者认为，每个人都是由两个样子合成的，都会表现出两个模样：一个是自然人样，即在他人眼中显现的三维空间的立体样子，也即生理身体的形态模样，高矮胖瘦各不同，这是由生理遗传基因演化导致的生理特征；另一个是社会人样，即在他人心目中显现的社会属性的精神样子，也即人的心性神态风貌和思行方式，精神能力各不同，这是由心理遗传基因演化导致的心理特征。自然人生发出的能量称为"力"、体力，社会人生发出的能量称为"势能"、精神力。智慧学把一个人在他人心目中显现的社会属性的精神样子称为"人格"。

从智慧化思维角度探究，人格与个性不能等同。因为人格的培养与发展，既有个性化的需求，也有社会化的需求。人格品质既内含与他人相区别的个性，也内含与他人相适应、相融合的社会共性，是个性和社会共性的统一。人格的个性化思维与社会化思维都同样可以达成智慧化思维。

人格既是对人的心性的社会定义，又是对人在以思维对象交换能量的社会互动过程中，形成的互动特性、互动方式、互动格调的统称。人格的精神力在心理思维内部凝结成心性、心境、态度、胸怀、气度、情感力、道德力、意志力、信念力、技能技力、美化力、吸引力、竞争力、决断力等品质属性，在人的思行外部表现为格局、格调、方式、风格等品格。

第一节　人格思维的使命

人格是人的心理遗传基因、天赋资质开发培育的结果，是人们在融入社会、适应环境、求取生存与发展的社会互动中，凝聚构建的关于做人做事方式与格调的心理思维品质体系。

人格标志着一个人的生活方式、作为取向和作为方式，是一个人的精神支柱、智慧之本。人格使一个人能够自立于社会，并有效地参与社会互动，成为一个正常、合格的社会人，承担起社会人的角色使命、角色义务和职能。人格思维的核心使命是能量转化，即体能和心理思维能量转化为践行生存与发展的人格智慧能力，具体表现为七项使命：

一、　认知环境与互动对象

认知环境与互动对象是生存与发展的首要前提。人格思维要通过体感学习和体验认知，认知环境和互动对象的特征、本质及其运动变化的态势特点，建立既符合客观真相又符合主观个性需求的认知观点和应对观念。

受经验和挫折体验的指导，人格思维还会重视对互动对象之间、自身与各互动对象之间关系的认知。要想真正达成真理性的认知，还得有赖于文化与科学知识和悟性的指导。

二、　培养自我

在能量（利益）交换的社会互动实践中培养自我，努力构建与环境及对象有效互动、有效交换能量的主观条件，一直是人格思维的重要使命。

培养自我包括建立完整、协调的人格心性与风格结构，充实和丰富人格内涵，构建态度体系、互动样本体系、人格品质体系、技能体系、动机与决策体系、人生态势场及人生态势。

培养自我的过程是一个不断改变自我、不断提升自我的过程。培养自我的目的，就是使自我能够更好地创造生存与发展的条件，更好地创造生活、享受生活。

三、 构建趋利避害的情感态度

情感态度是人格的核心元素之一。人的爱恨情感在本质上就是趋利避害的念想与言行体验。喜爱就是喜欢、维护对自我生存发展有益利的对象，乐于与之合作、亲近、相处；怨恨就是厌恶、违逆对自我生存发展有损害的对象，敢于与之对抗、疏远、离解。趋利避害才能适应环境，才能保证生存与发展。

四、 强化生存意愿

意愿也是人格的核心元素之一。人的意愿在本质上是生存的意愿，是适应环境、适度取舍、平衡交换能量、构建能量平衡关系的意愿。一个人如果不能勇敢、勤恳地为获取生存所需的利益和条件而工作，生存的质量和安全性就不会有保障。

五、 强化发展信念

发展信念也是人格的核心元素之一。发展的本义应该是提升和拓宽生存的条件。能否克服难题践行发展，关键在于信念是否明确而坚定。

六、 恪守正义

正义，尤其是社会正义，是人们参与社会活动、担任社会角色、履行角色职能的核心标准。恪守正义、维护正义，将受到社会的认同、关爱和保护；背离正义或逆抗正义，将受到社会的否定、谴责和惩罚；曲解正义、玩弄正义，也终将受到社会的批判和否定。

七、 破旧立新

人们生存与发展的过程，也是不断破旧立新，不断打破旧平衡建立新平衡的过程。不破不立，不但难有发展，生存都不会有保障。如果在悟性的指引下破旧立新，生存与发展就会事半功倍。

第二节　人格思维的性能

一个人的人格以适应社会环境、平衡应对互动对象、构建生存与发展条件为宗旨，蕴含着保证基本生存与发展所需的各种基本性能，主要体现为八大性能：

一是能量转化、转换性能。主要包括三个方面：首先是依据自身的需求，将不对应、不适当的利益能量标的，改变、转化为适合自身需求的能量标的。如将食材加工成食品，将棉纱加工成布料，再将布料加工成衣服。其次是依据需求的践行要求，将可控的资源改变、转化为合格的条件、工具或手段。如将物品转换为金钱货币，再将金钱货币转化为资本投资于商业项目。再次是设计、运作资源，促使环境条件和态势向更有利于自身生存发展的方向转化。如设计、制定和实施一个项目商业计划书。

二是决定人生的社会归属。即根据环境、条件和角色的改变，及时切换自我的社会归属，使自我经常能够明确地归属于某一社会团体组织或部落群体，为人生定位建立前提。

三是决定人生定位。这是指在人生各个具体时段、各个具体环境中，尤其是在当下进入某个社会角色时，就必须首先明确自己的人生定位，才能明确利益需求的取舍方向，才能将智慧能量往需求取舍方向上释放。否则就会迷茫、困惑、盲目、被动。

四是体验认知。即通过感官体感和心理的体会验证，接受、识别、理解、取舍、内化思维对象的能量信息，知晓真相，判明相互关系和原因，为正确适度的应对提供依据。体验认知的成果会衍生转化为印象、判断、经验、观念和态度，并通过语言和情感表达出来。

五是美化心身。爱美之心，人皆有之。人格的美化性能，是指在仪表形态和言行表达的形式上，既按个人心身特点又依社会共识装扮自己，以便凸显自己美的优势、特质，获取互动对象的认同或赞赏，为更好地开展能量交换的社会互动创造更有利的条件。

六是调适关系。人格的调适性能，是指经常自觉地反省、检讨自我与环境、与互动对象的不协调、不平衡。适时进行自我调适，建立和保持自我与环境、与互动对象的平衡协调关系。

七是实践操作。采取实际行动、勤于实践、热爱劳动、精于操作是人格思维的立足点和归宿。勤于把认知成果、可控资源条件和人际关系运用于实践活动。通过实践操作实现需求目标，获取利益和人生价值，是人格思维、人格智慧的重要特征。

八是反作用于生理生命。正常情势下，人格精神品性受身体的安全健康状态制约，身体安健则精神饱满，身体患病则精神萎靡。但是，人格精神品性经常会对身体的安全健康状态产生强大的反作用力。精神振奋、饱满时，会提升身体的抗病力、免疫力，会提高医药疗效；精神不振、意志消沉、悲观自怨、烦躁不安时，则会大大降低身体的抗病力、免疫力，降低医药疗效；当身染重病或身居险境时，如果精神不振、悲观消沉，则会使疾病更重、险害更甚。

每个人的人格发展变化既具有社会化趋势，又具有个性化趋势。因此，人格是个性化和社会化相结合的产物。

根据人格结构的主导性能不同，可以将人格划分为不同的类型。一是依据益利对象的不同，可将人格划分为利己型人格、利他型人格、互利型人格；二是依据获取的能量类型不同，可将人格划分为利益型人格和价值型人格；三是依据人格属性的不同，可将人格划分为个性型人格和社会型人格；四是依据人生态势的整体平衡状况，可将人格划分为强势人格、均势人格和弱势人格；五是依据人格性能的益损取向不同，可将人格划分为善意人格和恶意人格；六是依据人格作为的主动性差异，可将人格划分为积极主动型人格和消极被动型人格。

上述各种不同类型的人格，经常相互兼容、相互交合和相互转化。如果一个人世界观偏执，价值观浅薄，欲望又杂乱无序，在这种态势下，不同类型而且相互矛盾对立的人格品质性能就会汇集于一身，使人表现出自相矛盾、反复无常、善恶不分、无所适从的人格格调，让人的思维和言行脱离正能量智慧的轨道。

第三节　人格思维的特点

人格思维（人格智慧）的主要特点是：感性、直接行动与务实求利。感性是指主要凭感官感受和体验就迅速作出判断、选择、决断。直接行动是指人格的应对处置都是直接以语言、情感和形体的言行举动进行，是直接的交流、直接的能量交换。务实求利，是指人格的应对处置是直接讲现实，不问过去也不问将来；只讲实话、做实事、求实利；信奉闲话少说，无利不起早。务虚应对不是人格的本性，而是智力、办法、悟性等思维性能对人格思维的改造和改变。

人格思维的感性化特点，主要表现在作出判断、选择、决断的依据上，往往是不问缘由、不问后果的感性意念，如：我喜欢、我讨厌、我爱、我恨、我愿意、我相信、我知道、我明白、应该如此、我不怕、我想这样、我就要这样……意动即行。

人格思维的上述特点使人真诚、直接、务实、可信可靠，在应对和处置简单直接的对象和难题时，能够做到敏捷、快速、高效。但在应对和处置抽象、复杂、系统的对象和难题时，则极容易被假象误导而上当受骗。

人格由很多能量元素和品质构成。如果人格能量元素和品质缺省或结构不合理，就必然造成"人格短板"、人格缺失、人格错配、人格紊乱甚至人格分裂，既严重影响人的精神状态，又严重影响智慧性能的凝聚和发挥，使人不能融入社会、不能与他人合作共事，最终无法实现人生价值目标。

为了弥补人格短板和人格缺失，人格的智慧化思维便产生了一种人格代偿思维。人格代偿思维主要指强化某种人格品质及其性能，用于替代缺失的人格品质，或弥补低弱的人格品质性能。通俗地讲就是增强替代面性能，弥补结构面的缺失。如在技能品质缺失或低弱时，以美化品质替代技能品质，使美化品质的性能更加强大，技能品质缺失的负效应就得到了代偿。又如合作品质缺失或低弱时，以技能品质替代合作品质，使竞争品质的性能更加强大，合作品质缺失的负效应就得到了代偿。再如决断品质缺失或低弱时，以合作品质替代决断品质，使合作品质中的从众意识更加强化，决断品质缺失的负效应就得到了代偿。

代偿思维的结果，往往凸显和张扬了人格的特长和优势，使人的需求目标同样能够实现。代偿思维弥补了人格的短板和弱势，但并不能从根本上改变人格的结构矛盾，遇到不利于人格特长和优势发挥的环境和条件时，就会举步维艰、事倍功半。

代偿思维还有一个很突出的功效，是让人在某些人格品质缺失的态势下，更加努力学习文化知识，拓展智能智慧的思维性能，提升整体的智慧水平。例如，学历高、博学多才、擅长规划设计，就可以弥补工作经验少、缺失劳动技能的人格品质，使人格品质结构的短板和弱势能够真正得到弥补与代偿，使人格的结构性矛盾得到较好的解决。

第十一章　人格内涵

人格内涵是各种人格品质的共有能量源，是构成各种人格品质的共有元素，每一种人格品质都是由多种人格内涵元素依据当下需求与态度组构而成的。人格内涵使各种人格品质结构可调、性能可控。构成人格内涵的心理思维元素，主要包括人格属性、人格意识、人格态度、人格互动样本、体验认知、经验与技能、观念与信念这七个元素系统。这些人格内涵元素，在自身所处的环境条件和角色改变时，依据当下需求指向，调适其在人格结构中的权重占比，使人格品质结构发生适应性转变，建立由优势性能主导的人格品质结构，支持主体适应新环境、新角色。

第一节　人格的三维属性

人格作为一个人独立应对各种能量平衡关系运变，自主进行能量平衡交换的心理思维系统，必然以自身的多元需求为动力；必然从多个角度、多个层级与社会资源、互动对象对接；必然从多条路径、采用多种方式践行能量的平衡交换。这就使一个人的人格结构形成了三维立体的依属关系，从而造就了人格三维的属性：一维是人格的社会性与个性；二维是人格的益利性与损害性；三维是人格的常性和超常性。

必须强调，人格属性是可变的，可以通过修养而调适、改变、拓展和提升。

一、人格的社会性与个性

人从一出生开始，就因应文明社会利益能量交换方式的需求，通过逐渐拓展的社会活动，将动物的个体自利本性改造升级为适应文明社会的人格个性；将动物的群体利他本性改造升级为与文明社会相融通的人格社会性。文明社会能量交换方式对个人人格的作用，主要表现为社会生产、社会财富、社会制度、社会法律规范、社会道德标准以及团体使命、团体利益、团体规章规则对个人思维言行的供给、保护、激励和约束。

人格的社会性与个性，是人格社会化和人格个性化培育与修养的结果。作为自然人，每个人的本性都有欲望的无限性和理智的有限性。无限的欲望要在群居生活的社会互动中，与社会碰撞、磨合、试错改错，让社会鉴别优劣，留优汰劣，将无限的欲望精选成有限的欲望。得到社会认可、默许的有限欲望是人格提升与发展的动力。有限的理智也要在社会互动中不断拓展、不断升华，才能取得社会的认同、接纳和帮助，才能在与社会与他人相容相通和谐共处中不断得到强化。人格的社会性和个性就是这样经由社会互动而塑造出来。

人格社会化和个性化修养是辩证统一的关系，社会化修养获得社会性，个性化修养获得个性。社会性是个性的约束，个性是社会性的解脱，两者既相互独立又相互作用，既相互制约又相互依存、相互融通。因此，人格不可能完全社会化，不可能让人丧失自我；人格也不可能完全个性化，不可能让人丧失社会，离开社会，自生自灭。

人格社会化和个性化经常会转化为智慧成果的分享过程。也就是说，分享社会的智慧成果或他人的智慧成果，是人格社会化或人格个性化的常态路径。人格的社会化和个性化，很容易使人被社会智慧成果或他人智慧成果体制化、格式化，形成人际上的归属关系。

在社会互动中，人格的社会性和个性使人经常表现出两面性，如与群体的结合性和分离性、顺从性和逆抗性；与他人的合作性和对立性，评判互动对象时的认同性与否定性；对角色使命的担当性和卸责性等。

（一） 人格社会化与社会性

人格社会化，是指人们在社会互动中，将个人需求融入社会需求，养成与社会规范、社会道德、社会秩序相适应的人格思维方式和言行表达方式的过程。在这个过程中，社会（团体）的各种规范、规则不断地被学习、内化，成为个人分辨真假、善恶、美丑、益损的价值标准和人格特征。一方面，每个人都要自觉地学习和锻炼，自觉地向团体靠拢，融入团体、融入社会，以团体和社会的标准和要求作为互动样本来改造自我；使人在社会互动中，自觉以社会、以他人、以公共利益为中心，以社会、团体或他人要求的标准和方式来指导做人做事。另一方面，社会、政府、团体也责无旁贷地要对每个成员进行系统的教育、培训、引导和管理，力求把每个成员都培养成称职的、合格的社会人。

家庭、学校、企业、单位等团体组织和社会正义、社会秩序、社会道德等社会文化，都是深刻影响人格社会化进程和结果的重要因素。

人格的社会化导致人格的社会性，人格的社会性通常也被称为"德性""道德品质"，是个人需求融入社会需求的必然结果。人格社会化培育和养成的人格社会性，使人们很容易对社会、对政府、对团体产生归属需求，很容易被团体、政府、他人"体制化""格式化"，很容易在社会感召下，否定、放弃自己的个性认知和观念，从而制约个性的自由发展。

人格社会化也是创造人生社会价值的必经之路。在社会化的过程中，人们经常会主动将个人的需求、个人的思维品质特征、个人的智慧成果传送给社会及团体，并努力争取社会及团体的认同和接纳。这就使得人格的个性和社会性更加融通，在为社会贡献个人智慧和劳动的同时，更好地创造并获得更多的利益和社会价值。

人格社会化的最高境界是忠守正义、崇尚理由。

1. 忠守正义

忠守正义即忠诚正义与维护正义。人格的忠义性是指人们拥立正义、践行正义、守护正义的态度和意愿，包括人的公义心、良心、义性、义气、履行承诺、信服道理、舍身护义等品性。忠守正义的最高境界是自觉地践行和维护社会正义。人格的忠义性、忠义意识是人生定位的根本依据。离开忠义，人就会迷恋和贪婪私利，就会因为找不准人生定位而迷茫、盲目、是非难辨，最终会与群体离心离德，走向孤立。

人格的忠义性具有明显的个性差异，人格社会化程度不同对正义的理解和解释就会有很大的差别，所忠之正义也会各有不同。人的忠义性决定道理的逻辑性和表达方式。在群龙无首的群体中，没有强势集团定义的正义，很容易出现各说各的正义、各讲各的理、各走各的道，各执己见、相互不认同的无序局面。

人格忠义性对思维言行有强大的功能。忠义性给人一个旗帜鲜明的社会定位和社会归属指引，驱使人们在社会阵营、社会是非的争论中选边站队，表明观点和立场，择定个人的社会意识取向、政治立场以及政治归属，为加入一个社会政治党派和阵营提供选择依据。

强化和提升人格的忠义性，主要有两条渠道：第一条渠道是个人要强化人格社会化修养，自觉地从别人的角度和群体的角度看待事物、事情的因果联系，从别人的需求和群体需求出发，理解和解释正义、讲述道理；倾听别人对正义和需求的理解和解释，合理、适度地表达个人的见解，使自己更加融入群体，使个人的忠义性更加公义化、社会化；在群体生活中自觉克服固执己见、强词夺理、狡辩诡辩等思维陋习，自觉拥立、践行群体正义和社会正义。第二条渠道是群体领导者或强势集团，要鲜明地界定正义，坚定主张社会正义或团体正义，让下属成员充分理解、明确、接受对正义主张的解释。同时要制定制度和章程，引导和约束下属成员解释正义和履行正义的言行，奖励褒扬忠义言行，及时批判和惩处不义言行。

2. 崇尚理由

正义是理由的源泉。正义通过道理向理由转化，也即当道理成为指导人们动机思维的方法论时就转变成了理由。

人们在作决定、执行计划前，都需要找一个依傍正义、道理的理由，以此证明自身需求、动机或态度的正当合义。此时的讲理，就是举义、忠义，目的是要给当下的取舍言行一个根据、一个名义，占领道德和舆论的制高点。理足则名正，名正则言顺，名正言顺则可凝聚人心，整肃队伍，激励士气。

在日常工作和生活中，调解员开展矛盾与纠纷的调解工作，实质上就是以正义、道理去置换、代替、否定矛盾双方当下所采信的理由。

（二）人格个性与个性化

1. 人格个性

人格个性产生于个人需求及其践行方式的差异性，是指个人在交换

能量的社会互动过程中，努力形成、保持和发展自我独特的个体思行的差异性特点。个性使自我从社会的众多成员中区别出来、独立起来，成为一个独特而又立体的社会人。人格的个性使得一个社会群体乃至整个社会千人千面、丰富多彩、千姿百态，同时也充满矛盾，充满争夺和危机。

普通心理学认为，个性主要包括兴趣、能力、气质、性格四大特征：兴趣，主要标志着人的需求取向、态度取向，及其切换意念和专注的心理态势。能力，主要标志着人格品质中蕴含的能量、性能及其质量类属。气质，主要标志着人格品质中蕴含的高品质能量的量度和释放表达的欲望，包括程度、幅度、强度等；表达欲望的量度与高品质能量的量度成正比；气质形态又与高品质能量的量度成正比，量度高强气质就强盛，量度低弱气质就低弱。性格，主要标志着一个人的表达方式、作为方式和格调。

智慧学认为，个性即智慧个性、个性智慧，是指个人的智慧特性和特点，包括需求、人格、智能、悟性思维在品质、性质、功能上的特性和特点。人格个性是指各个人的人格思维特性和特点，包括情感、道德、意愿、志愿、观念、信念、动机、决断、审美等人格思维过程中表现出来的特性和特点。需求的个性是最本质的个性，人格个性是需求个性的演化。

2. 人格的个性化

（1）人格的个性化，集中表现在四个方面：

一是社会需求的个性化。主要指将社会、团体、众人的需求转化为自我的需求，充分发挥自我的智慧能量，借助社会、团体、众人提供的智慧、条件和氛围，实现个人的取舍目标。

二是社会智慧成果的个性化。主要指将社会共同的智慧成果尤其是文化科学知识，通过学习理解，内化成个人的智慧品质和性能。

三是社会角色的个性化和公权个性化。

四是社会财富的个性化。主要指充分发挥个人智慧，超额占有社会的公共利益、公共财富、公共资源，并将其转化为私有财产、转化为个人生存发展的条件和手段。社会财富（资源）的个性化是私欲膨胀、损公肥私的起点。

（2）社会角色的个性化。

每一个具体的社会团体组织，都有众多职能不同的角色职位。任何一个人，每进入一个具体的社会团体组织，都会在众多成员中占有一席之地，占有一个具体的职位。如在学校有学生及班干部、教师及员工、校长等；在工作单位有员工、管理人员、领导者等；在家庭有儿女、夫妻、父母等；在晚会上有观众、演员、主持人等。每一个具体的角色职位都有具体的或约定或规定的使命（权利与义务）、职能（职权与职责）。当一个人接受角色职位安排，进入履行职能的状态时，这个人就进入、扮演了这个角色。由于每个人都经常活动在不同的具体环境、团体中，所以每个人都身兼多种不同的社会角色，而且经常进行不同角色的转换。虽然每个角色职能都有一定的准则和规则，但由于人与人之间智慧与个性等的不同，在理解同一个角色职能的含义及其履行的方式方法上就会有很大的差异，角色活动的过程与结果也迥然不同，并留下很鲜明的个性标志。例如，同样身为儿女，有的人对父母敬重孝顺，有的人则对父母冷漠无情；同为产品推销员，有的人业绩很好，有的人则业绩很差；同为一个单位的业务骨干，有的人办事雷厉风行、干脆利落，有的人则前怕狼后怕虎，优柔寡断。这些都是社会角色的个性化表现。

（3）公权的个性化。

公权的个性化是人格个性化最高层次的表现形态。一个人一旦担任了一个正式组织团体的某个领导职位，就会被授予与职位相应的权力（职权）而成为掌权人。

权力，原本是与领导职位共生共存的静态的潜在的力量，是一种潜力。只有当掌权人将自己的能力、情感、意志、办法等智慧品质性能融入用权过程，权力才被激活，然后按掌权人的智慧个性发挥作用。这就是公权个性化或叫权力人格化。公权个性化使得同一职位上的权力因掌权人的智慧个性不同而产生因人而异的作用、效果和风格。

公权不能没有个性化。否则，权力就还是静态的潜在的力量，就不能产生应有的作用，就不能整合和调配资源去实施有效的组织指挥。不能或不敢将自己的个性融入权力的掌权人，是无能、无担当的"庸官"。

公权的个性化要适度，不能过度。适度是指适应职位职能需求；过度是指超出职位职能需求，突破社会法规、准则限制。一旦过度，权力的社会性就会被解除，权力就会被掌权人视为自己个人的能力、个人的资源，随意用以牟取私利，甚至欺压百姓。公权过度个性化，会使掌权人走向腐败、走向堕落，最后被赶下台。从公权的个性化性质这个铁律的角度上看，只要存在社会的团体组织，只要存在有权力的职位，就避免不了会产生以权谋私的掌权人。权力具有的社会性和人格个性这两重属性，使权力成为一把双刃剑，既可益民利民，又可伤人害己。

公权的适度个性化，造就了许多功丰业伟的英雄和伟人，造就了许多深受人民群众拥戴的各级各类领导人。

保证公权的个性化并使之控制在一个适当的程度范围内，是制定一切公权监察、监督制度和法规的原理所在。

二、　人格的益利性与损害性

人格的益利性和损害性也即是人格善性与恶性。人格的益利性主要表现为人的善性、善念、善意、善行；人格的损害性主要表现为人的恶性、恶念、恶意、恶行。在社会互动中，人格的益利性和损害性使人的态度分为正面态度与负面态度两极；使人的能量取舍分为善意取得、善意付出和恶意取得、恶意付出两极；使人的言行表现出善性正义与恶性邪恶两极。

在与思维对象的互动中，益利他人还是损害他人，经常成为人格思维的选项。在社会正义占主导地位的社会环境中，人们习惯于遵守社会制度、社会规则、社会道德的规范，习惯于选择充分发挥人格的益利性，通过利他来实现利我；倾向于思行从善，发挥人格的益利性，抑制人格的损害性，实现与社会、与他人的融通平衡。在社会正义失去主导地位的社会环境中，人们失去了社会的统一规范，出于抗争、宣示个人主张与自我保护意识，就会倾向于思行从恶，发挥人格的损害性去排斥、打击他人，实现自我需求目标。

人格的益利性使人拥有社会正能量，成为他人的需求和亲近、合作对象。人格的损害性使人拥有社会负能量，成为他人的排斥、拒避对象。

人格智慧水平比较低的人，选择释放人格损害性的主要原因是应对对方的负面情感态度，要通过强力对抗，实实在在地损害对方，这叫动机邪恶、手段恶劣。人格智慧水平比较高的人，选择释放人格损害性的主要原因是需求驱动，要以释放人格损害性为手段实现自身的需求目标，这叫动机不良、不择手段。

三、 人格的常性与超常性

（一） 人格的常性

人性的基本形态是人格的常性。人格的常性即人格的适应性，它标志着人们与互动对象处于一种相互适应、融合的平衡态势。实现与互动对象相互适应、融合的必要条件是"六相通"，即语言文化相通、认知相通、需求相通、情感相通、技能相通、方式相通。人格常性引导人们自觉学习并掌握相关的语言文化和技能技术，自觉根据互动对象的需求调适自己，使自己需求平衡、取舍有度、适应融通、舒适从容。人格常性使人不求运变，保持稳定一贯的思维方式、思维习惯，甚至连观念、态度的改变、切换都依常规进行。人格常性也会引导人走向保守、固化，不愿改变现状。认知人格的常性、常态，既有利于与他合作共事和谐相处，也有利于对他施行有效的管理和引导。

（二） 人格的超常性

人性中总有一种打破平衡、超越常态、创新创造的本性，这就是人格的超常性。人格的超常性也即人格的逆抗性、创造性，它表明人们与互动对象处于一种相互排斥、逆抗、不相适应的破衡、失衡态势。人格的超常性主要有两种表现方式：一是与互动对象相互排斥、厌烦、逆反，难以忍让兼容，念想损害对方；二是另辟蹊径，通过改变互动对象或创新创造，打破旧平衡建立新平衡。超常性使人在人格特征上产生很多超常点。人的超常点是相对于他人的优势点、强势点、特长点、竞争力。人格的超常性、超常点标志着人们处于一种不稳定的、打破现状的变化状态。在人格超常性的驱使下，人们总想谋求改变现状、改变互动对象、打破平衡，谋求获取更大的利益能量，谋求创造更大的人生

价值。

超常性和超常点是人格智慧提升的动力。在人格智慧化思维过程中，超常性使人不断追求运变，驱使人们超越常态、打破原平衡后，又会在常性的引导下暂停改变，转而构建新常态，以强化、巩固和享用超常性创造的成果。在新平衡、新常态构建完成后，超常性又会驱使人们再次启动新一轮的逆抗性、创造性思维活动。如此循环往复，使人格智慧不断地得到升级。

人格的超常性主要表现为一系列超常的人格品质及其性能：好奇好学、爱提问、爱质疑；爱否定对方、为难对方、损害对方；别出心裁，爱发明创造、爱标新立异；不守规则、勇于挑战、勇于竞争、勇于进取。

人格的超常性还表现在对其他思维对象的超常性和超常点特别敏感和重视。认知和整合其他思维对象的超常性和超常点，才能发现和把握新的利益点、价值点，找到新的结合性和新的结合点，借势借力为我所用。捕捉其他思维对象的超常性和超常点正是自我超常性和悟性启动的表现。

第二节　人格意识

一、　人格意识概述

从生物学角度来看，在有机体对环境的适应活动中，由发达的中枢神经系统产生的主观性反映，可称为意识，也可称为心理能动性。

智慧学讲的人格意识，是指人的心理活动对思维对象能量信息的觉察、关注和求要的冲动与念想。意识也即意念，是由需求与情感围绕能量平衡关系变化而产生的对能量交换的求要冲动与念想，包括念想需求的具体目标、念想实现需求目标的条件、工具、手段、路径、方式、谋略；念想通过实际行动和操作实现需求目标。意识形态是对主观需求愿景的念想求要态势，是一种将思维求要念想付诸实施行动的心理准备状态，是构成理念、信念、观念的主观要素中的一项心理思维元素。

在智慧学看来，人格意识是心理思维的能量单位。这种标志心理求要倾向与念想的能量单位，正是组成思维活动过程的能量单元、能量构件。意识的核心内义是精神活力——使心理基因保持激活、醒动、增力状态的自激力。心理活动产生意识，意识是心理能动性向心理驱动力进化而积聚的能量单元。如果说需求和情感是心理思维活动的一级动力源，那么意识即是心理思维活动的二级动力源；意识积聚的能量，一旦被激活，便会将需求和情感的求要念想与践行操作联结起来，驱动心理活动进化升级为思维活动。心理活动的主要标志是想要什么的念想，思维活动的主要标志是求要什么的念想。心理活动与思维活动的分水岭，就是需求和情感融合生发的实现愿景的求要意识与动机。只有构想愿景的念想，属于智慧含量低的心理活动；既有构想愿景的念想，又有实现愿景的求要意识与动机，则属于智慧含量高的思维活动。

一个意识就是思维的一个能量单元。一个完整的践行需求的思维活动过程，是由一连串的求要意识有序链接而构成的。同时，意识使得思维活动围绕念想倾向择定的求要标的，建立起好奇心、兴趣与爱好。

意识力就是一个人的精神力、活力，如学习、求知、逐利、适应、勤奋、务实、变通、创新等意识会产生强大的精神力与活力，推动人的生存与发展。可以认为，精神意识是人格的灵魂内核。

意识对人的心理思维活动是一种自悟能力，认人觉醒、觉悟；具有内视、自省、自我感悟的性能，能够扫描、检测到自身心理思维活动某些环节能量平衡关系的变化及其求要念想的变化；对外能够体验、领悟到互动对象输出能量的性质、层级、作用指向，领悟到互动对象的需求与态度。

人格意识及其精神状态，准确地标志着一个人会对什么样的信息感觉敏捷，会对什么事情体验深刻，会对什么能量标的生发求要念想，会对什么对象更感兴趣。因此，意识又是一种心态，一种将求要念想付诸实施行动的心理准备状态。可以说，一切有智慧含量的思维活动都是由意识单元有序组构而成的，都从意识开始并由意识驱动的。

意识的成长成熟可分意向、意想、意动三个递进阶段，意向是指心理对与需求相关的某些标的对象产生情感关注与兴趣，形成需求指向；意想是指对意向关注的标的对象产生联通对接的念想；意动是指对念想的标的对象产生对接，求要交换能量的冲动，意动是意识成熟的标志，

表示意识已成长为应对态度和操行意愿的动力源。可见，意识强盛、明确、有序，对人的思维与智慧益利巨大；相反，意识低弱、不明确、混乱无序，对人的思维与智慧损害巨大。高级意识主要有四种：注入愿景与谋略，会成长为战略意识、全局意识；注入践行思路，会成长为超前意识；注入仁爱情感与价值观，会成长为奉献意识；注入悟性，会成长为自觉意识。

正因为人格意识是念想强化或改变的起点，是心理活动向思维活动的转折点，所以心理引导工作者就经常将人格意识列为施行人格培育与心理引导的原始点和结合点。

依据心理思维对象的隐显不同，可将意识分为潜意识与显意识。潜意识主要指心理念想对象未显现或感觉渠道未开、人处于休眠时段、没有形成定指念想的心理活动。在智慧学看来，人的潜意识有些来源于忧虑、恐惧余念，有些来源于欲望余念，有些来源于创新愿景余念，是显意识心理思维余念的回应。在无意识（无定指念想）心态下的语言和情感表达——自言自语，均不代表本人后续的应对态度，在日常生活中，每个人都会出现无意识的语言和情感表达。必须明确，无意识的情感表达是一种智慧含量极其微弱的心理活动，是思维活动的准备阶段。

显意识主要指面对心理思维对象或感觉渠道开启、人处于清醒时段的心理体验与念想活动，标志着人们面对思维对象的信息刺激，形成了明确的应对态度指向。意识念想的强化会形成执念，而执念则是意愿、志愿、理念、信念、观念的核心元素。显意识是进入思维活动的标志。

二、　人格意识的种类

依据对思维对象的益损指向不同，可将人格意识分为善念意识和恶念意识两个极向。人格意识是心理思维求要冲动、求要倾向、求要念想的标志，有多少求要冲动、多少求要念想就有多少意识。因此，人格意识有无数种类，不可穷尽。这里只列举相对常见的 50 种人格意识。

（一）归属意识

人格的归属意识是由人格的社会属性产生的一种基本意识，是指每个人都会时刻、动态地根据环境和条件的改变，根据角色的切换，暗示自己要及时切换归属，归属于某种与角色相对应的语言文化、规范规则、宗教信仰、团体、体制、生活方式、思维方式。在日常的社会生活中，归属也即归类、归属于某一类型。

人的归属意识主要包括四个层面：一是人格的角色归属，即归属于某种角色、情感、义德、信念。二是文化归属，即归属于某种语言文字、认知、理论、观念。三是行为方式和生活方式归属，即归属于某种社会互动方式、能量交换标准、规则、程序。四是对各种互动对象各个层面的社会归属进行判断与评价，为选择自我归属建立参照系。

在能量交换的社会互动中，归属意识驱动人们随环境和条件的变化，适时选择和确定自己各个层面的社会归属；准确认知互动对象各个层面的社会归属；对各个互动对象的思维品质、思维方式、智慧特点进行准确而又简明的分类和归类。明确合作阵营与竞争阵营，划清敌友界限，坚定立场，明确站队。

归属不明确不适当，就不能进行社会角色定位，不能构建适合自己的利益链和事业平台，就会丧失谋利和实现人生价值的基础。

（二）角色定位意识

角色定位就是定立足点、定出发点的方向与层级。通俗地讲就是定事业、定职业、定地位、定工作方式、定生活方式。人的社会角色是社会分工与合作的结果，不同的角色有不同的分工和职能。人们在社会互动过程中经常都要转换角色转换职能。因此经常需要重新进行角色定位，以便准确地进行职能切换。角色定位意识有三层含义：一是适应环境与条件的变化；二是适合自己的需求与能力；三是能够有效地进行能量交换。角色定位不准不适，就不能扬长避短，就难以谋利，难以实现人生价值。

角色定位意识的功能主要有：可以引导需求的改变；可以创建新的需求；可以创建新的认知角度；可以更新观念；可以制定新的解决难题的思路与方案。

角色定位意识薄弱，就容易在环境条件和角色改变时，自我感觉迷惑、迷茫，不知所求、不知所措，只能依赖他人的引导和指示。

角色定位意识还会在角色履职过程中衍生出使命意识、担当意识、

负责意识、权威意识等。

在社会互动中，角色定位意识驱动人们根据自身需求、环境条件和角色的变化，适时明确自身的社会定位。同时准确认知各个互动对象的社会角色定位，并据此准确认知各个互动对象的出发点、需求动机和目标，为制订高效而又适当的应对方案建立认知前提。

（三）产权意识

产权即财产所有权，包括财产的占有权、支配权、使用权、收益权和处置权。

产权意识是指遇到利益、可享用物品、金钱财富等能量标的或等价物时，即产生享用、占有、支配该标的及相关物的心理倾向与念想。

产权意识提示人们必须对所获取的利益能量体界定产权，明确并维护自己的私有财产；产权意识超强也会驱动人们唯利是图、贪婪、侵吞别人财产或公共财产。

（四）掌控意识

掌控即掌握控制，主要指掌控人事、资源、财产、环境条件及其态势。掌控意识是指人们的心理活动，总有一种掌控他人、掌控资源、掌控财产、掌控环境条件、掌控人际关系态势的倾向和念想。

掌控意识驱动人们积极参与竞争，争夺资源、财产、人事、环境条件及其态势的控制权和主导权。

（五）样本意识

样本即思维样本，是对标准、标样、准则、规范、模范等品质性能的统称。

样本意识是指人们在社会认知和为人处世过程中，总有以样本为依据认知、评判、应对和取舍思维对象的心理倾向与念想。

样本意识驱动人们以样本为标杆培育自己，以样本为标准度量思维对象，应对思维对象。同时以更高层级为导向更新样本，构建和充实更先进的思维样本系统，淘汰落后的思维样本。

（六） 学习意识

学习是每一个人认知思维对象、适应环境、融入社会，求要生存与发展的首要技能。学习意识是人格的基本意识。

人格的学习意识有两层含义：一是指人的本性中自有尽快尽早学会人际交往和获取能量的方式与技能的冲动与念想；二是指人们对那些更适用更高效的工具、方式和技能，很容易产生学习的冲动与念想。

人格学习意识主要包括：①体感式的感官接触意识、模仿效学意识；②体验式的理解意识、内化意识；③思考研究意识、概念演绎意识等。

（七） 专注意识

专注，指将情感态度和意愿集中于一个思维对象或专题，全神贯注不转移的心态境界。当兴趣偏爱一个思维对象，爱到情真意切、沉迷依恋时就进入专注心境，专注是唤醒、启动悟性与灵感，激发创造性思维的前提条件。如果不能将情感态度和意愿集中专注于当前最应该应对的思维对象，就无法有效地开展工作。

情感态度与担当意愿融合，便生成专注意识。专注意识是指人们在应对某一与需求强相关的思维对象时，具有将情感态度和意愿聚合集中的心理倾向与念想。专注意识驱动人们紧盯当前职责任务，自觉排除外界的干扰、诱惑，自觉放弃心里的其他欲望和杂念，以最佳心理状态、集中精力办正事。专注意识能够强化相对应的技能学习与训练，使人养成专业、特长类智慧。

（八） 悟通意识

悟通，指专注于一个难题类思维对象时，通过思考、辨识、想象、联结、通达等思维形式，开启悟性思维性能，使心理思维进入感悟、领悟、顿悟状态。首先将难题的原因、条件、损害性能的特性、发展趋势、对态势场的危害等因素对接联通，得出符合真相的认知判断。然后围绕自我需求目标，对应难题的因果规律，建立消解或转化难题的损害性能的通道与程序，形成可行的解决方案。

悟通意识就是指人们在面对难题类思维对象时，具有通过专注发挥悟性思维性能，快速找到攻克难题障碍的路径和解决方案的心理倾向与念想。悟通意识驱动人们在面对难题类思维对象时，主动启动自己的悟性思维性能，自信自强、勤动脑多思考，化解自己面临的难题，不依靠外力外因。

（九）　简化意识

简化是相对复杂性而言的，是指在不改变思维对象的性质和功能的前提下，将复杂的问题、事项简易化。中国人信奉"大道至简"，相信简易的才是科学的。简化是要依序而行、删繁就简，不能简单舍弃必要的要素、程序和步骤。本来就简单的问题、事项依序办理即可，不在简化之列。

简化意识是指人们在日常生活和社会活动中，总有将复杂的问题、事项简易化的心理倾向与念想。简化意识驱动人们追求简明扼要、简易操作，追求有序和高效，避免将简单的问题、事项复杂化。

（十）　试错改错意识

试错心理，指在对问题、难题的来龙去脉和因果关系不清楚或一知半解的情况下，通过试探性的言行，以犯错受挫折、受惩罚为代价，探讨解决问题、难题的正确路径和方式。改错心理则是指人们知错认错、闻错即改、放弃错误、采信正确的心理状态。

试错改错意识，是指人们通过试错言行发现错误，然后承担错责、改正错误的心理倾向与念想。

试错改错意识驱动人们勇于试错、勇于探索，重视总结经验教训，勇于改正错误。

（十一）　定义意识

定义，是对于一种事物的本质特征或一个概念的内涵和外延的确切而简要的说明。一般指能清楚规定某一名称或术语的概念，或是透过列出一个事件或者物件的基本属性来描述或规范指代术语或概念的意义。

定义意识是指人们在社会互动和人际交往中，总是有一种试图主导对一个人、一件事、一件物、一个术语，作唯一正确描述或说明的爱好和念想。

定义意识驱动人们喜欢运用综合、概括、归纳方法去定性判断一个思维对象，喜欢简洁明了地评判和定义思维对象。

（十二）　倾听意识

倾听是指听者虚心、耐心、专注地听取诉说者的诉说陈述。

倾听意识是指人们在人际沟通交流过程中，具有真诚专注地听取对方对专题事项的诉说与陈述的心理倾向与念想。倾听的目的，是要细致、全面地了解诉说者对专题事项的看法、观点和应对态度，以便有针对性地帮其答疑解惑，排忧解难。

倾听成立的要点：要克服以自我为中心的意识，不要总是谈论自己感兴趣的事项；克服自以为是的思维方式，不要总想抢占沟通交谈的主导地位；尊重对方，不要打断对方的诉说，要让对方把话说完；不要急忙下结论，不要急于评价对方的观点，不要急切地表达你的建议，更不要因为见解和理念不同而与对方争论；要理解诉说者的诉求与顾虑，引导对方放松心态，对你产生信任感，尽情诉说；平和地引导对方一起探讨产生问题的原因，一起探讨解决问题的途径。

在日常工作和生活中，我们经常会遇到一些诉说者，虽然满口牢骚怪话，甚至怒气难消。但他们往往只求倾诉发泄，说完就了事，并非寻求解答。听者只要耐心倾听就行，不需要明确解答。

（十三）　采信意识

采信意识是指在人际沟通交流过程中，依据明确的标准和原则，采纳并相信对方的陈述和提供的事实、证据等信息材料的心理倾向与念想。

采信意识驱动人们尊重他人、尊重真相，珍惜互信合作的友好局面，巩固和发展相互理解、相互信任的人际关系。人们在人际关系上遇到的难题障碍，从根本上讲都是由于互不信任导致的。如果人们能够解决互相信任问题，那么人际合作和利益交换活动都将会简易而高效。

（十四）　认同肯定意识

认同肯定，是指对对方的言行中符合真相、真理的观点和行为，或符合本人认知样本的观点和行为，予以认同并肯定其正确性。

认同肯定意识，是指人们在社会互动中，具有认同并肯定互动对象的观点与行为正确性的心理倾向和念想。

认同肯定意识驱动人们，有选择地采纳吸收社会互动对象的正能量，不断地调适和更新认知样本，更好地融入并适应社会环境。

（十五）　怀疑意识

怀疑意识是指人们在社会互动中，具有怀疑互动对象的观点、动机、行为正确性与善意的心理倾向与念想。

怀疑意识驱动人们遇人遇事谨慎应对，多问几个为什么，不要轻易相信别人的说辞理由。怀疑意识有时可以使人保持清醒的头脑，冷静应对；有时则会使人谨小慎微，顾虑重重，难以选择与决断。怀疑意识过强过频，又会让他人无所适从，难以交友、难以交心、难以互信合作。

（十六）　拒绝意识

拒绝主要是指不接受互动对象发出的关于联通、结合或合作的邀请与诉求。

在能量交换的社会互动中，拒绝他人的请求是一项经常性的选择。拒绝对方的请求有时是因为对方的请求过分、过当；有时是为了坚持自己原有的选择；有时是为了接受另一个互动对象的请求。

拒绝意识是指人们在社会互动中，对那些与自己的需求和态度不符合，或与社会正义、社会规范不符合的邀请和诉求，具有予以拒绝、不予采信、不予接受的心理倾向与念想。

拒绝意识驱动人们自立自主坚持己见，有选择地与他人交往与合作。

（十七）　否定批判意识

否定是指对某人或某件事或某一言行不认同、不赞成。

批判是指对某人的某言行或某件事情，进行否定性的评论、批示、判断。

不经分析思考，随意否定或批判一个人、一件事，经常都给不出理由和根据。被否定与批判的人或事不一定是假恶劣丑，也不一定是恶意恶行的损害言行；可能只是因为当下的心态、情态失衡、失悦而已。

严肃认真的否定批判是有目的的，要么是为了证明自己的正确，要么是为了论证对方的错误。

否定批判意识是指人们在社会互动中，具有一种喜欢以自己的认知或思维样本衡量对方，进而否定和批判对方的心理倾向和念想。

否定批判意识驱动人们有选择地否认和指责互动对象的观点、见解、态度，为拒绝对方制造理由或造势。

（十八） 忠义意识

在社会生活中，正义、社会正义是指大多数人的共同需求、共同权益和意愿。义气义性是指个人需求与多数人的共同需求相一致的人格属性。

个人的忠义意识也可称为道德意识，是指人们在能量交换的社会互动中，自觉遵从和维护大多数人的共同需求、共同意愿，自觉遵从和维护社会规则秩序的心理思维倾向与念想。

忠义意识驱动人们将个人需求、意愿和信念融入团队、融入社会，自觉与他人合作、与团队合作，共建共享生存与发展的资源、条件和利益。

忠义意识、忠义人格强盛的人，还会志愿加入与自己信念相融通的党派、团体、部落或圈子，认同和拥立其主张的社会正义，自觉按其路径、规则和方式，积极参与其组织活动，以求提升人生价值。

正义是悟性之源，忠义是启悟得悟之道。忠小义者容易得小悟，忠大义者容易得大悟。得小悟者可事顺人和、享利适适、知足常乐；得大悟者志存高远、运筹帷幄，可成大事立大业。

（十九） 理由意识

理由意识是指人们在表达与践行一种需求、事项之前，总会产生寻

找依据、建立逻辑和理由的倾向与念想。凡事摆理由讲道理，目的是证明自己正确与善意，说服并诱导他人予以认同与合作。

（二十） 谋利意识

利益即益利标的，是指有益利功效和意义，能满足需求的事物品质及其性能，是对生存与发展必需能量体的统称。在现代市场经济社会，利益主要表现为金钱、财富、好处、有利条件、平台、工具、渠道等利益等价物、替代物。其中，金钱财富是最重要的利益标的，也是人格思维最基本的诉求。最基本的利益标的是指可供人们直接享用的能量体，广义概念的利益还包括抽象的价值、地位、荣誉、态势等标的。

谋即谋取，想方设法地求要、争取。

谋利意识是指人们在能量交换的社会互动和日常生活的各个层面，产生的求要、谋取利益的心理倾向、冲动和念想。

唯利是图既是人格个性化的体现，也是人的心理思维动力源之一。

谋利意识驱动人们专心修养和强化谋利思维。强盛而又富含智慧的谋利思维主要有三个重点：一是一切以利益优先。在构建需求目标选项中、在从事各项社会活动中强调利益优先，以谋取利益为资源配置和力量投送的优先面向。二是利益植入，在各类践行需求的求要过程中，植入利益诉求，使谋利意图蕴含于其他诉求之中，图求在实现其他价值目标或态势目标的过程中，同时获得实在的利益。三是创造谋利条件，一方面是重视整合和调配可控资源，有计划地为谋取利益，创造更好更多的条件；另一方面是想方设法，利用隐蔽方式将他人的间接的资源利益转化为谋取自身利益的条件与平台。

（二十一） 贪婪意识

这里讲的贪婪是指人们对财物贪得无厌，贪心且不满足。

贪婪意识就是指人们对某些利益标的、财物产生无限求要且不知满足的心理倾向和念想。

贪婪意识驱动人们无视社会道德规范、规则和法规，无限度地索取和求要某些利益标的。贪婪意识人皆有之，只是强弱隐显不同而已。贪婪意识作为损害他人与公共利益的低劣的人格素养，历来是人生毁灭的开始，是人生自灭之源，应该受到优良人格品质的压制与社会的否定。

（二十二） 赌博意识

赌博的经济学含义是指，对一个事件、诉求之不确定的结果，以金钱或具有价值的东西作注码赌输赢，图求赢取更多的金钱或价值标的的行为。

赌博意识也可称为博彩意识，从智慧化思维角度看是一种以小博大的动机意念，是通过赌博方式牟取暴利的心理倾向与念想。赌博意识人皆有之，只是强弱隐显不同而已。赌博意识驱动人们为了牟取暴利，投机取巧，敢想、敢干、敢冒险。

（二十三） 舍弃意识

舍弃，是指对既得或应得利益、有利资源、有利条件的主动放弃或让送，在利益交换的社会互动中，舍弃往往是守成和获取的机会成本、代价或条件。

舍弃意识是指人们在社会互动和日常生活中，有以舍弃换取获得的心理倾向和念想。有舍有得，以舍换得，有得必有舍，不舍不得是人们必备的基本心态与信念。

（二十四） 奉献意识

奉献是指对特定对象心甘情愿、不图回报地给予和付出，无条件地益利对方。奉献是创造和提升人生价值的必由路径。

奉献意识是指人们在社会互动和日常生活中，对特定对象（个人、群体）抱有乐意奉献的心理倾向和念想。奉献意识是人们最基本最重要的心理素养，驱动人们在利益平衡交换之外另建一条不计回报的只为尽义务、享愉悦的能量交换之路径。

（二十五） 结构意识

结构的本义是指组成整体的各部分元素的搭配和安排。可以从两个面向来理解：一是构建结构，即将具有同属共性的诸事物元素，依据一定的权重、秩序和规则组合成一个事物结构（系统）；二是分解结构，

即将一个事物结构（系统）分解成若干性能不同的事物结构。

在践行需求的能量交换活动中，不论是构建结构还是分解结构，目的都是构建自己可控的利益链，以便从中谋利。

结构意识就是指人们在践行需求的能量交换活动中，总是念想着通过构建结构或分解结构，建立自己可控的利益链。结构意识驱动人们从结构元素的共性或个性两个维度，去认知思维对象的性质和功能，依据需求做好构建结构或分解结构的规划与设计。

（二十六）　破坏意识

破坏是指有意阻碍或化解对方的谋利行为，损害或解除对方的权益。

破坏意识是指人们在能量交换的社会互动中产生的损害、打击对方的心理倾向和念想。

破坏意识驱动人们一旦条件具备、时机成熟，就会对特定对象释放损害能量，实行破坏言行。破坏意识驱动人们通过损害与打击特定对象，为自己谋取利益创造条件。

（二十七）　转化意识

转化即转变、改变，主要有两层含义：一是指转变、改变事物的性能作用及其指向，将思维对象的现有性能作用及其指向，转变到更适合、更高效或更能益利自我的面向、渠道或位置上；二是指转变、改变事物的品质、本质，将一种事物转变为另一种事物。

转化意识是指人们在社会互动中，产生的依据需求转化思维对象的品质或性能的心理倾向和念想。

转化意识驱动人们首先以变应变，根据环境和条件的改变，将现有可控资源、成果、工具等品质性能结构作适应性改变，或分解、或重组、或改进，将品质性能转化到新的工作面向、渠道或位置上；其次是通过改变需求指向、转变思维方式、转变践行渠道等，努力将不利的环境和条件转化为有利的环境和条件。

（二十八） 替代意识

替代意识是指人们在执行计划方案过程中，遇到意料之外的险害难题时，产生寻求替代路径，制定替代措施的心理冲动、倾向与念想。

人们在能量交换的社会互动中，经常会遇到"计划跟不上变化"，事态发展出乎预料的难题，让人束手无策、难以应对。从主观方面找原因会发现主要是由原计划方案目标单一、思路单一、措施单一造成的。为防患于未然，人们十分重视在人格思维中强化替代意识，在制定目标、实施计划、制订难题解决方案时，加强目标替代、路径替代、程序替代、工具手段替代、资源条件替代等替代方案的研究探讨，把替代预案列为决策的必要条件。

替代意识的主要性能是激励人们居安思危，在制订执行方案时，围绕需求目标，多角度多层级地研判形势，区别有利因素与不利因素，认知互动环境与互动对象动态变化的各种可能性，认知难题产生的节点和特点，有针对性地制订应对预案，从而保证主方案实施的顺利与高效。

（二十九） 合作意识

合作与竞争是人们参与能量交换的社会互动，与他人与社会有效进行能量交换的两条相辅相成、缺一不可的路径。适而合作、逆而竞争是人际关系的定律。

合作是指个人与个人、群体与群体之间为实现各自需求目标，相互适应、相互依存、相互配合的一种联合行动方式。合作的前提是双方需求相容、互为条件，合作的本质是相互适应、相互益利。

合作意识是指人们在能量交换的社会互动中，产生与他人相互适应、相互配合、分工合作、联合行动的心理倾向、冲动与念想。合作也就是双方（多方）智慧与资源条件的融通组合。融通组合的结果是增力增效，更加适应环境、互惠互利。合作的增力增效主要有三种模式：一是以我为主导，围绕我方目标，对方自觉配合的增力增效模式；二是以对方为主导，围绕对方目标，我方自觉配合的增力增效模式；三是围绕共同目标的增力增效模式。

合作意识驱动人们弱化个性，强化社会共性，尊重他人，主动寻求

他人的帮助和配合，同时主动帮助和配合他人。

合作意识可以衍生谅解意识、忍让意识、兼容意识、配合意识、奉献意识、劳动意识、礼敬意识、团结意识等。

（三十）　竞争意识

竞争是指个人与个人、群体与群体之间为实现各自需求目标，相互排斥、相互抗争、相互损害的行为方式。竞争的前提是双方需求的利益标的同一，但利益资源和条件资源有限。竞争的本质是运作对抗性、相互损害、争夺位序与优势。

竞争意识是指人们在能量交换的社会互动中，产生的排斥对方、损害对方、争强好胜、占位夺势、抢夺利益资源和条件的心理倾向、冲动和念想。竞争意识驱动人们强化个性，培育和发挥自己的优势，利用条件和规则压制对方、战胜对方，谋取更多的利益。

竞争意识可以衍生攀比意识、斗争意识、计较意识、对抗意识、逆反意识、报复意识、损害意识等。

（三十一）　条件意识

条件是导致结果的原因，是实现需求目标必须构建的基础。不具备条件，任何目标都不可能实现。依据性能差异，可将条件划分为充分条件、必要条件和充要条件三类。充分条件可导致一因一果或一因多果；必要条件可导致多因一果或多因多果；充要条件就是因果互为条件。

条件意识是指人们在能量交换的社会互动中，产生围绕需求目标构建条件的心理倾向和念想。条件意识驱动人们在践行需求、制定和实现目标的过程中，重视条件、尊重条件，努力寻求、积累、构建和利用条件。反对或改正不顾条件盲干的愚蠢思维与行为。

条件意识很容易使人养成一种偏好（习惯）：对可控的物品和资源总是念想将其列为条件选项留存下来，以备急需，从而导致留存的条件选项太多，真到了有目标要践行时却患上条件选择障碍综合征，面对诸多条件选项却束手无策。

条件意识在悟性的指导下会升华为条件整合意识。条件整合意识，是指以需求目标（工作目标）为中心，分别按必要条件或充分条件或充要条件的标准，对诸多条件（资源）选项与目标配对进行对照筛选，将符合的条件编成一个组合，构成条件功能包；将不符合的条件选项剔除。条件整合意识就是专为目标适配条件而建立的人格意念品质。

条件整合意识的使命就是牢记条件选项的独特性能，时刻关注目标与条件选项的相关性、结合性，随时准备将条件选项与目标适配。

（三十二） 平衡意识

智慧学讲的平衡是指互动双方或多方的能量平衡、态势平衡。

平衡意识是指人们在社会互动和能量交换活动中，心里总是倾向和念想着，达成个人与互动对象或团队的平衡协调，念想建造一种既互惠互利又平衡协调的人生态势。

平衡意识念想的愿景，首先是优势平衡态势，其次是均势平衡态势，再次是弱势平衡态势。处于弱势平衡态势或均势平衡态势的人，在一定条件下都会念想打破现有平衡态势，重新建造对自我更有利的优势平衡态势。

平衡意识驱动人们坚守平衡态势，对恶意破坏平衡的言行予以反制、打击、纠正，尽快恢复平衡态势。对善意或创新破坏平衡的言行予以认同支持，尽快构建新的平衡态势。

（三十三） 担当意识

担当即承担角色使命的权利与义务，承担角色职位职能的职权与职责，是充当和进入社会角色必备的心理条件。担当是一种基本的人格品质，是情感、道德、意志、能力四大人格品质的有机统一。

担当意识是指人们在担任社会角色时生发的认真履行使命、履行职能，勇于承担后果的心理倾向和念想。

担当意识最重要的性能在于驱动人们勤于劳作、乐于奉献、勇于战胜困难与挫折，尽力完成角色赋予的使命与职能。

（三十四） 争功诿过意识

争功诿过指争功于己、诿过于人，即把功劳归于自己，把过错推诿给别人。争功诿过既是人的本性之一，也是与担当对立的低劣的人格

品质。

争功诿过意识是指人们在从事社会合作的活动中，把功劳争归于自己，把过错和责任推诿给合作伙伴或外部因素的心理倾向和念想。

争功诿过意识驱动人们在与他人合作过程中，不顾事实真相，故意损害合作者，以恶意竞争伎俩剥夺合作者权益，谋求上级赏识或奖赏，这是一种恶意的严重破坏团队团结和合作基础的人格意识，应该受到社会的否定与批判。

（三十五）　劳动意识

劳作活动是人的天性，是生存与发展的必需。劳动意识是指人们面对自己或他人的需求，在客观条件许可时，总会产生亲自动手付出体力和技能通过劳动创建成果、践行需求的心理冲动与念想；在客观条件恶劣时，尽力动手付出体力和技能通过劳动抵御损害，争取或创造生存与发展的条件。劳动意识是人格思维的主要内驱力之一，是学习技能、运用工具排解难题，践行需求实现目标不可或缺的必要条件。劳动意识薄弱的人会滋生不劳而获、懒惰、依赖他人、索取或偷窃他人成果、逃避并推卸责任等负面人格。

（三十六）　享受意识

享受指智慧成果享用、享受。成果享受是实现需求目标的最后环节。没有享受就没有生活、没有能量的内化与补充，也不会产生满足感、幸福感的心理体验。没有享受就没有需求目标的最后实现。

享受意识是指人们面对劳动成果或能满足需求的标的时，总会产生体感体验类的享用、受用的心理冲动与念想。享受意识包括分享意识，主要有两种倾向和念想：一是满足自己对物质能量的需求；二是求要愉悦、美好的心理体验，满足对精神能量的需求。

享受意识不可或缺，但不可过度，应适度适量、适可而止。

（三十七）　愉悦意识

愉悦是一种身心放松的欢乐、喜悦的心理体验，属于人格的情感品质。

愉悦意识是指人们在个人生活、家庭生活和社会生活中，生发的愉悦自己、愉悦家庭、愉悦人际互动氛围的心理倾向与念想。

愉悦意识驱动人们在日常生活中，重视寻求快乐，制造和体验放松与喜悦，以此消除疲倦、紧张、焦虑、悲伤等心理疾病与不适，优化心态心境和人际环境，提升生活质量。

（三十八） 美化意识

美化是指运用适当的资源、手段和方式，打扮、装饰或点缀某外表形象或环境，使其较之前显得美观、美好与舒适。

美化意识是指人们在日常生活和社交活动中，产生的美化自身仪表与形象，美化互动对象与环境、欣赏互动对象与环境之美的心理倾向和念想。

爱美之心人皆有之，美化意识驱动人们重视卫生整洁，讲究装饰打扮，讲究仪式美感，讲究环境美观和心理的舒适体验。

（三十九） 安全与健康意识

安全与健康是人生存与发展不可或缺的必要条件和基本保障。安全与健康是每个人最基本的需要。

安全与健康意识是指人们在从事任何社会活动时产生的以安全健康优先的心理倾向与念想。

安全与健康意识驱动人们在从事一切社会活动时，重视安全与健康，认真采取预防措施，避免或消除损害安全与健康的隐患和险害，在保证安全与健康的基础上提高工作效率；重视养生保健和防疫，身患疾病时及时医治。

（四十） 感恩意识

感恩意识是指人们对养育、关爱、帮助、救助过自己的人和团体，具有铭记、礼敬、关爱、感谢、回馈、反哺、报答的心理冲动与念想。

对父母长辈持续、具体的感恩言行，又称为孝顺、孝敬。适度的感恩意识是人们成长进步的动力。当感恩意识升华为感恩信念，就会激励人们以实际行动努力创造感恩的方式，用优异的成就实现感恩对象的宿

愿，这是一种更有社会价值的感恩方式。过度的感恩意识则会让人常怀愧念，过于看重感恩对象的评价，将感恩当作包袱，束缚自己的言行，总是负重前行，难以超脱。

（四十一）　尊严意识

尊严是指个人的基本权利和人格个性受到互动对象的尊重。

尊严意识有两层含义：一是指人们在履行社会角色使命与职能的社会互动中，总是期望与念想互动对象尊重自己的基本权利和人格个性；二是指人们在自己的基本权利和人格受到他人贬毁、打压、损害时，会产生坚决予以反击，维护自身基本权利与人格个性的心理冲动与意念。

尊严是人格的基本诉求和底线，挑战与损害他人的尊严，是最容易受到对方记恨和报复的不义之举。

（四十二）　自我意识

自我意识是指对自我的个性、言行表现方式、观念和人生态势，具有反思、改错与调适的心理倾向和念想。自我意识是经常更新、提升自我，调适与互动对象关系、与社会环境关系的动力源。在实际生活中，人们最难得建立和拥有的就是自我意识，尤其是对缺点错误的自我意识，很多人不论何时何处，都不愿采信更不愿接受别人的善意批评，不愿承认更不愿改正自己的缺点与错误，导致难以进步、难以超越自我、难有大成。所以，"人贵有自知之明"才会成为至理名言，鞭策百世贤良俊杰。

（四十三）　家庭意识

家庭意识是指人们以家庭为休养生息、安身立命、实现人生价值的最佳环境与场所的心理念想。人们时刻铭记于心念念不忘的，就是家庭成员的状况、家庭的需求得失贫富贵贱。很多人都会为家庭尽情奉献、倾心经营、尽力守护。

适度的家庭意识是人之必需，是集体意识、民族意识、国家意识的基础前提，是激励人们不断进取、勇于担当的动力源。过度的家庭意识则会局限人们的发展和提升空间，限制人们的社会奉献意识，甚至强化人们的私心杂念，诱导人们以职谋利、以权谋私、假公济私，甚至走向违法犯罪。

（四十四）　集体意识

集体（团队）是人们进行能量交换与社会互动的具体场所、平台和依托，是人的社会归属的载体与媒介。

集体意识是指人们在社会生活中，具有一种自觉践行集体需求，贯彻集体意志，维护集体权益与形象的稳定的心理倾向与念想。

集体意识是构建道德品质的重要元素，是推动人们融入团队、融入社会、适应环境的内驱力之一。

在人们的社会活动中，集体意识经常进化和升华为民族意识、国家意识。

（四十五）　规则意识

规则是指社会组织机构、社会活动的组织者制定的，供组织成员、活动参与者一起遵守的条例、制度、章程、程序和规定，也包括群体里大家共同制定、共同约定、共同遵守的公约、章程和规定。凡事都有规则制衡，有规则才能保障人们有序有效地从事相关的社会活动。

规则意识是指人们在能量交换的社会互动中，自觉执行规则的心理倾向和念想，规则意识驱动人们依规守序地参与社会的合作与竞争。

（四十六）　礼敬意识

礼敬是指人们在社会交往活动中，以符合礼仪的举动表示对互动对象的尊重。礼仪则是指人们在社会交往活动中，为了相互尊重，而在仪容、仪表、仪态、仪式、言谈举止等方面约定俗成的、共同认可的规范。礼仪是对礼节、礼貌、仪态和仪式的统称。礼敬是一种社会美德，是社会文明和谐的催化剂。

礼敬意识是指人们在社会交往活动中，具有以礼仪举动尊重他人的心理倾向和念想。礼敬意识不是人的本性，而是人们在社会交往实践中受别人教育、提示、引导，又通过自己的修正而形成的。礼敬意识有助于人们提高社会融入度、提高参与社会交往活动的功效。

（四十七）　逆反意识

逆反是人们普遍存在的一种心理现象，是指人们对面临的事物及其信息刺激的心理逆向抵触反应，逆反反应有违对方的意愿，或与多数人的常态反应相反，容易导致对方或多数人的反感和不适。

逆反意识，也称逆反心理，是指人们在人际交往活动中，具有否定、批评、批判、反对、违抗、拒绝对方的心理倾向和念想。

逆反意识人皆有之，所不同的是有善意与恶意的区别。善意的逆反意识，是对对方言行表达中隐含的错误、缺陷和欠适欠当的内容，诚恳、公开地提出批评、批判、反对和拒绝，并不顾及对方和大多数人的反感和不适。善意的逆反反应，如果情感真诚、态度诚恳，礼敬对方且方式适当，就不会导致对方的反感。恶意的逆反意识则是对对方的言行表达，不论正确与错误，一概公开表示反对、否定、逆抗和拒绝，更不顾及对方和大多数人的反感和不适。恶意的逆反反应，很容易导致双方互相排斥与对抗，不利于人际关系的融洽，不利于互动环境的文明与协调。

（四十八）　创新意识

人格的创新意识是指，根据心理体验和实践经验提示而生发的改变常态、改变现状、改变工具手段与方式、改变不利于生存与发展的人生态势，构建新工具、新手段、新方式、新态势的心理冲动与念想。

创新意识是人格的基本意识，是悟性创造思维的基础。人格的创新意识经常驱动人们持续不断地破旧立新，持续不断地获得进步与发展。

（四十九）　恐惧意识

恐惧意识是指人们面对强势的互动对象或危机险害时，会产生担忧、恐惧、敬畏、防范、躲避的心理倾向与念想。

恐惧意识容易引人悲观、胆怯、退却、畏惧、恐慌。恐惧意识一旦与进取意识、竞争博弈意识结合，就会生发忧患意识，激发人们的勇气和斗志。

（五十） 报复意识

报复意识是指人们对阻碍或损害自己的人和团体，具有记仇、排斥、打击、拆台、损毁、嫁祸、设计陷害、制裁、剥夺权益，甚至灭绝的心理冲动与念想。

报复意识强的人，容易怀疑他人的善意和义举，容易被恶念恶意干扰或控制自己的思维，容易在言行中释放恶意能量，损害对方、损害团体、损害社会。

除上面列举的 50 种人格意识，未列举的人格意识还有很多。可以说，各个人生面向，各个社会互动与能量交换环节，都有相对应的人格意识与精神作为思维的动力和指引。

第三节　人格态度

人的心理思维情感和意念取向，是为应对思维对象的变化而主动准备的一种心理态势，我们称之为"心态""情态"或"心理指向"。心态的抒发表达，我们称之为"态度"，即人格态度。

人格态度是由情感发动和主导的各种人格能量的集成，是人格能量有情感和意念取向的释放表达方式。人格态度指向是情感指向的标志。长期、稳定的人格态度主要表现为稳定的情感和志愿，代表一个人稳定的思维习惯、思维方式和思维格调，标志着一个人稳定的作为取向和生活方式。当下的动态的人格态度主要表现为情绪和意愿，是应对当下思维对象的心态、反应取向和反应程度。

态度表达是人格智慧抒发的重要方式，它把人格品质围绕需求释放能量的指向和意图展现得淋漓尽致。

一、 人格态度的属性

人格态度是一组两极对应、相互排斥的取向选择。一极是正面态度，正面态度将导引人格品质抒发释放正面能量，发挥正面益利性能，产生正面功效；另一极是负面态度，负面态度将导引人格品质抒发释放负面能量，发挥负面损害性能，产生负面功效。所谓端正态度，就是指

将负面态度取向转移到正面态度取向上来，同时抑制负面能量损害性能的抒发释放。调适心态、端正态度是日常生活中最基本的人格品质性能。

代表正面态度的人格品质主要有：积极、主动、守法、守序、喜欢、快乐、热情、亲近、仁爱、善良、合作、担当、负责、坚持、独立自主、贡献、善意取得、善意付出等。正面态度的取向基点是喜爱与善待。

代表负面态度的人格品质主要有：消极、被动、逆反、破坏、冷漠、憎恨、厌恼、拆台、伤害、透过、卸责、索取、自暴自弃、恶意取得、恶意付出等。负面态度的取向基点是厌恼与怨恨。

正面态度、正面品质、正面性能是喜爱基点在应对思维中的延展和演绎，当喜爱某人某物某事，便会被吸引而表现出亲近、热情、善待、合作、维护等正面态度，在大多数情况下，正面态度都会对自己和思维对象产生益利功效，但有时候也会事与愿违，对自己和思维对象产生损害功效。负面态度、负面品质、负面性能则是厌恼基点在应对思维中的延展和演绎，当厌恼某人某物某事，便会因排斥而表现出疏远、冷漠、分离、竞争、逆反等负面态度，在大多数情况下，负面态度都会对思维对象产生损害功效，对自己产生益利功效；但有时候也会事与愿违，对思维对象产生益利功效，对自己产生损害功效。

在日常生活中，人们选择表达什么性质和选项的人格态度，受很多当下动态因素的制约。这些动态因素主要包括：需求取向尤其是欲望取向；可控的条件与手段；对方的态度；己方成员（合作方）的态度；自身所处的角色地位、拥有的财富、拥有的文化知识；人际关系的和谐度；心理态势舒适感；安全与身体健康状况。

表 11－1 列举了 50 组 100 种常见的人格态度选项。这 100 种人格态度足以说明人们在日常的生活和人际互动中，态度选择的多样性和复杂性，稍有选择不慎或选择错误，都会事与愿违、自找麻烦、自设障碍、自讨苦吃。

表 11-1　50 组 100 种人格态度选项

序号	人格态度		序号	人格态度	
	正面	负面		正面	负面
1	爱	恨	26	坚持	放弃
2	亲近	疏远	27	操控利用	被操控利用
3	喜欢	厌恼	28	取	舍
4	善待	交恶	29	贡献	索取
5	热情	冷漠	30	诚实	欺骗
6	示好	使坏	31	勇	惧
7	宽松	严格	32	进攻	防守
8	尊重	鄙视	33	建设	破坏
9	赞扬	贬损	34	合作	竞争
10	接受	拒绝	35	团结	分裂
11	讲理	蛮横	36	对抗	忍让
12	快乐	悲伤	37	包容	排斥
13	相信	怀疑	38	扶持	压制
14	肯定	否定	39	支持帮助	拆台伤害
15	赞成	反对	40	利己	自损
16	重视	轻视	41	利他	损他
17	尽心尽力	敷衍塞责	42	创新	守旧
18	示强	示弱	43	顺从	逆反
19	高调	低调	44	认真	马虎
20	勤恳	懒惰	45	集中	分散
21	积极主动	消极被动	46	专注	分心
22	自立自主	依靠依赖	47	知恩图报	忘恩负义
23	赞美	丑化	48	反省改错	固执己见
24	示美	隐美	49	公正	徇私
25	担当负责	诿过卸责	50	守正义	纵邪恶

二、 人格态度修养

人格态度的修养包含两个方面：一是指自觉养成在社会互动中强化正面态度，抑制负面态度的人格表达方式和习惯；二是根据需求和环境变化，自觉进行当下态度的修正和调适，即放弃当下的态度选项，再从其他态度选项中选用更加适合的态度项进行切换。

概括地说，人格态度修养的追求目标主要有：真诚、合理、合适、值当、安全、有尊严、灵活、高效。这些追求目标可以当作态度修养的标杆和指向，当作态度切换的依据。

具体来说，人格态度的修养是要求自己在日常生活和人际互动中，能够自觉地通过修正和调适（切换）自己的态度选择，提高应对处置的准确性和灵活性；同时先通过自己的态度切换，诱导对方适时适当地改变态度、改变诉求，而不是要求对方先作出改变和妥协。

总而言之，人格态度修养的极致境界，是要使人格态度每一次的调适与切换，都能成为获取下一个利益或价值目标的条件或手段，同时使自己的人格智慧获得有效的提升。

第四节　人格互动样本

人格互动样本，也即人格标准、人格准则，包括体验认知样本、研判样本、应对样本、调适样本、提升样本等，主要是指社会公认和自我认同的各种准则、标准、样板、规范、规则、模式、参照系。人格互动样本是一个人开展人际互动、社会活动的依据、出发点和归宿。

在具体的社会互动中，每个人的人格互动样本都内含三套标准：一是社会标准，即国家和归属团体的制度、规范与规则；二是个性标准，即自己现行的各种人格品质、言行理念与方式；三是身边可感的人格参照系，即身边敬佩人物（英雄、偶像）的人格品质和言行风格。人们时刻都会根据互动各方的需求和态度，以对应的标准样本去比照应对。

人格互动样本主要有三项性能：一是为认知定义、选择思维对象提供标准和参照系。既无标准，又无参照系，就无法定义、无从评判、无据选择、无从应对思维对象。二是为思维对象归类提供类属，让思维对象有明确的归属和属性。三是为能量取舍交换的社会互动提供指引，让人始终明确方向、标准和原则，明确选择、切换互动方式的依据。

在能量取舍交换的社会互动中，智慧化思维水平较高的人会对人格互动样本进行演绎运用，首先会把互动样本分成四条参考标记线：一条是上限参考线，一条是下限参考线，一条是介于上限与下限之间的中间线，一条是介于上限和中间线之间的行为参考线。下限参考线是触及法规和道德禁止的底线，上限参考线是社会倡导推崇的榜样、英雄示范线，中间线是社会多数成员的行为参考线，虚线是自我行为指引线。四条参考标记线形成一个完整的个人发展进取通道。然后激励自我沿着行为参考线前进，并使行为参考线不断向上提升，尽量远离下限参考线，尽量接近上限参考线，使自己的人格结构和社会互动行为持续提升，如图 11 – 1 所示：

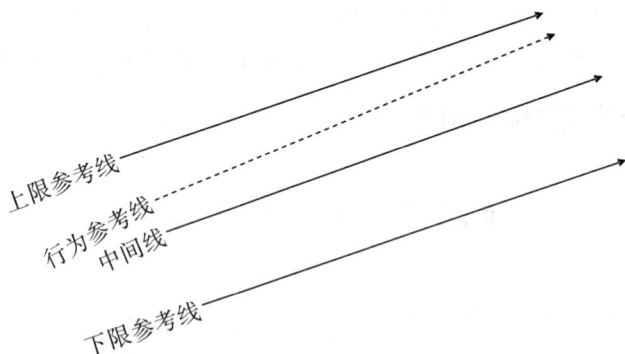

图 11 – 1　人格发展提升通道图

第五节　体验认知

体验认知是指人格思维在不借助语言文化工具时，直接通过感官体感体察和心理的体会验证，对思维对象的能量信息进行感受、识别、理解、取舍、内化的学习认知方式。体验认知的成果会凝聚成印象、判断、技能和经验，会衍生转化为观念和态度，会成为情感、审美等人格品质的能量源。

体验认知有两方面的含义：

一方面是指人们通过感官感知、识别和心理体会校验，对互动对象形成表征、形态、品质、特性以及相互之间的序位关系的感性认知。

另一方面是指通过模仿练习获得的体会和经验。模仿练习是体验认知的主要路径和手段。模仿主要指面对面以对方的形貌状态、音声表征和行为举止为样本、标杆进行模仿效学的理解、记忆和再现。练习主要指在模仿效学的理解和记忆再现过程中，从运变流程、操作要领、操作程序与技法上，通过主动多次的复述、再现、演练过程，试错改错、校正纠偏和强化训练，达到与师者的样本标杆相符且逼真的境界。

模仿练习是言行举止、行为动作的习惯化和技能化过程。模仿练习是一种典型的适应性学习方式，模仿练习所得是体验认知和经验技能。

体验认知是在互动交流过程中，运用认知样本一边对比一边体验、一边模仿一边内化，同时不断更新认知样本的心理思维过程。

体验认知的样本就是人格的三维属性，即以人格的三维属性去衡量、界定、归类认知对象。体验认知的特点是对事物的静态品质和性能，能够直接、简易、快速地达成认知，为快速地研判、应对提供依据。

体验认知的局限性，一是受经验的制约，经验多则认知较全面且深刻，经验少则认知较片面且肤浅；二是受所处人文环境的制约，所处人文环境偏僻、劣弱则短见薄识，所处人文环境繁华、优强则见多识广；三是对事物的运动品质、性能和态势容易形成认知差，使认知的结果与真相不符。产生认知差有两个原因，客观原因有感觉器官的功能差、环境背景与事物的运动速度、事物能量释放的程度、他事物的干扰因素；主观原因有认知样本的标准差、观察的维度和角度、认知的定式和习惯等。

一般来说，文化学历较低的人以体验认知和模仿学习方式为主，其人格思维的智慧化水平较高，但其智能思维的智慧化水平较低；文化学历较高的人以文化概念和原理的理解学习为主，其智能思维的智慧化水平较高，但其人格思维的智慧化水平较低。如果能在悟性思维的指导下，将体验认知方式与文化概念和原理的理解学习认知方式结合起来，相互配合、相互支持，互为基础，人格思维的智慧化水平和智能思维的智慧化水平都会明显提升。这类"双高"的聪明人，更能在社会活动和日常生活中适应、改造社会环境。

第六节　经验与技能

一、经验

经验是解决问题与难题过程中总结的思维成果。通俗地说，经验是多次成功经历体验与成果的积累，是被体验证明可行、可复制、有效的人格"验方"。经验是技能的依据。经验的特点是可验证、可复制。自我的经验可重复使用，别人的经验可借鉴、可拿来运用。被社会广泛认同的成熟经验，可以概括提升为社会智慧，供社会大众分享和推广应用。与经验对立的是教训，教训是多次失败与伤害经历的体验积累。

经验为人格品质系统的构建和提升，为人格品质性能的抒发释放，提供可感的依据。在交换能量的社会互动中，经验经常是人们进行事业定位、业务项目选择、取舍标的选择和决断的样本依据。不熟悉的人不深交，不熟悉的项目、生意不做，是很多传统商人的信条。

二、技能

技能是指可以复制的，运用工具有序释放体能与智慧能力，制作产品的要领、程序和术法。简单地说，技能是一种制造和运用工具手段，完成产品制作流程的能力。广义的技能泛指人们与对象交换能量的要领、程序和术法。技能是体能、术法、工具、原材料、产品完美结合的体现。技能的运用有七大要点，即释放体能、运用工具、运作对象、制作目标产品、操作要领、操作程序、操作术法。技能的特点就是可模仿、可复制、可移植、可推广。

试练体验、模仿体验是学习新技能的主要方式。人们按书本知识标明的程序与要领，试练操作并体验纠错就可习得新技能；也可通过观摩别人的技能操作演示过程，然后模仿效学，再经复习体验演练校正而习得新技能。

技不如人就不可能赢得竞赛。技能还是标志智慧水平的关键指标之一。技高一筹，智慧就高人一等。因此，技能是人们有效运用智慧能力，勤恳实干解决实际问题的依托和保证。技能向熟练、精致、巧妙、美化、高效的境界演绎育化，就能转化为技艺、艺术。

一个人的技能主要包括生活技能、学习技能、人际沟通技能、劳动技能、专业技能、创造技能、特种技能等。一个人的专业技能很容易转变为特长和优势能力，让自我的智慧能量得到充分展现，人们能够借此获得较好的社会角色职位，从而获取更多的利益，创造更大的人生价值；生活技能可以让人获得更好、更高品位的享受和生活质量。一般而言，拥有更多技能的人，更有使命感、责任感、担当意识，更想多做事多奉献。

第七节　观念与信念

观念与信念是指人们对某些思维对象形成的稳定看法、观点、思维定式、应对执念和应对习惯。理念是观念、信念与实践的桥梁，观念与信念通过理念形态转化为方法论，与实践活动相连接，并指导思维与言行智慧化。

一、观念

人格观念既是一种思维定式，也是一种思维方式。观是观点、见解、主张，属于思维定式；念是念想、意念、意图、意愿、志愿，属于惯常的表达方式。

人格观念是通过模仿学习获得的认知观点，与践行相关需求的意念、意愿相结合的产物，是一种具有定向与定式性能的思维方式，是认知结论的固化，是对某一种观点或方式"自以为是"的心态。正是由于人格观念的驱动，使得人们在社会互动中，经常表现出稳定一贯的认知观点和言行方式。

智慧学讲的观念有两个层级：一个是具体的基本的人格观念；一个是抽象的高级的智能观念。智慧学的观念正是由人格观念和智能观念有机组合而成的。人格观念和智能观念两者既相互依存又相互排斥，主要区别在于：人格观念是体验认知和实践经验的固化，对未经体验和经验的新事物或理论观点具有"防火墙"的功能；智能观念则是文化概念原理学习认知结论的固化，对依据实践经验得出的观点与方式具有"防火墙"的功能。

二、 信念

人格信念是观念与意志融合的产物，是指对实现人生修养与取舍的某种目标和方式坚信不疑、坚定不移的思维方式；是一种认知、情态、意态、美态四合一的积极稳定的心态心境。信仰、崇拜是信念的自觉态势、高级形态。人格信念的性能是长期激励、约束和调适自我，保持乐观自信和自觉进取的精神状态。人格信念可以使人们对某种科学理论、科学技术、价值观、宗教、愿景、政治党派的理念毫不怀疑，产生信以为真的期望和陶醉。

人格最大的魅力之一就是拥有信念，对未知的未来产生美好憧憬和坚定的追求。人有信念事易成，人无信念万事难！人格信念的主要性能是激励人们朝前看、往前想、向前走，用发展的理念、发展的诉求去整合和运作资源，连接未来，经营未来，为实现美好愿景创造条件，最终使信念的愿景成为现实。

如果一个人缺乏对未来前景的憧憬和信念，他就会缺失对人生的规划力、设计力。胸无大志，做一天和尚撞一天钟，今天不想明天的事，明天的事等明天再说，他也就不懂得将今天的成果转化为明天发展的条件和手段，导致明天遇到难题时盲目被动。

第十二章　人格品质

事物物品的品质包括两部分：品是指事物结构本身，质是指事物质量、能量；品质即事物结构内含的能量属性和标准。高品质、高质量的物品结构，内含能量品位高、强度大、标准高、功能强盛，具有优良的可靠性、耐用性、适用性（专用性）、优美性等特点。一个事物物品的品质就是一个事物的能量单位，是构成一个事物结构的元素之一。一个事物物品是由两个以上品质元素组合构成的。

人的思维品质也包括两部分：品是指心理思维结构本身，质是指心理思维结构的性能，即由意识意念进化升华而成的精神能量。也就是说，人的心理思维品质是指因应某类思维对象而组合的心理思维结构及其性能，是多种心理思维能量的载体、储存、配置、转化中心。一个心理思维品质就是一个内含多种思维能量的功能包。换个角度说，心理思维品质是内含精神意识的能量单位。一方面，它是一个承载思维能量的结构、系统；另一方面，它承载和储存着多种心理思维能量（性能）。

人格品质是思维品质中的一类，是关于人格思维领域的思维品质。每一种人格品质都是多种心理思维能量的载体和能量转化配置中心。人格品质起源于人的需要和情感。需要和情感是人最早产生的一组心理现象，是人的心理对自身与能量交换对象之间，能量平衡态势变化生发的能量信息刺激，作出的应急应答反应。需要和情感在持续不断地应对外源信息刺激的过程中，自身也持续不断地强化与运变，并相互融合、相互作用，衍生、育化出一系列的人格品质及其性能。

人格品质蕴含着一个正常人最基本的生存技能和发展技能，在认知、应对能量交换对象和环境的过程中，决定着人们最基本的生活模式、生活格调；决定着人们在社会生活、团体生活、家庭生活的各个方面、各个阶段为人处世的基本标准、基本态度以及人格的基本表现风格。

人格品质及其性能与人体的生理器官性能一样，具有强化特性，即品质性能的强弱与运用率成正比。常用或多用则品质性能不断趋强、提升，不用或少用则品质性能不断趋弱、式微。持之以恒，多用必强、久练必强，这正是人的特长、特技形成的根源。精神则是人格品质性能强化力的源泉。精神贯注某一人格品质，其性能就会增强，使人精神饱满、精神倍增；精神撤离某一人格品质，其性能就会迅速减弱，使人精神萎靡不振。

依据品质性能的益损取向不同，人格品质可分为正面品质和负面品质，正面品质蕴含正能量，负面品质蕴含负能量。人格的正面品质有无数种类，难以穷尽，本章只对常见的十二类作探讨与研究，即情感品质、道德品质、意愿品质、志愿品质、模仿学习品质、谋利品质、审美品质、吸引力品质、合作与竞争品质、利他品质、抗险避害品质、改错调适品质。人格的负面品质也有无数种类，难以穷尽，如：争功诿过、诡辩、欺骗说谎、欺软怕硬、懒惰、浪费、攀比、贪婪博彩、吝啬等。十二类正面人格品质中，情感、意愿、谋利、审美、模仿学习、改错调适六类品质是最基本的不可或缺的人格品质。

各类人格品质的修养都应该围绕"适衡"这个宗旨，适即适合、适当、适度，衡即平衡、协调、和谐。爱、恨、举、止、取、舍都应适度、适可而止，都应以构建和保持相互平衡协调为目的。

本章只探讨正面的人格品质。

第一节　情感品质

一、　情的概念

在利益能量交换的社会互动及其人际交往过程中，能量交换对象主要包括六类：家庭成员；有利益交换关联的人群；有利益交换关联的各种团队；有利益交换关联的各种物品；社会精神文化方面的人文事物及其智慧产品；自身的身体与心理思维活动。每个人与各种能量交换对象都存在一种能量（力量）对比关系。能量平衡交换的结果，使得自身与各交换对象之间、自我心身内部各系统之间都处于能量平衡态势。

当自身内部各系统之间、自身与外部交换对象之间的能量平衡态势

发生改变时，便会自动释放出能量信息，这些能量信息通过人的感官刺激大脑，激活人的心理基因需商与情商，生发两种应激反应特性——需要感和情性（情性继续育化就成长为情感）。需要感是心理对能量平衡态势因缺欠或盈过而失衡的信息刺激的反应和求要应答，是心理对能量失衡的体感体验和求要复衡的念想。需要的本义是因能量失衡而求衡、因不适而求适的心理倾向与念想。对需要的阐述见"人的需要思维"专章。

情感（情性）则是心理感受到能量平衡态势变化信息的刺激，激活情商，情商进化育化生成的应答应对并双向传递能量信息的心理反应特性。应答应对是指对能量平衡态势的变化信息知变、应变；双向传递能量信息是指承接外来应激源并向内传递能量信息，同时承载并对外传递和表达自身应答应对的能量信息。情感既是心性又是心理能量信息流转的载体、媒介。我们可将心理对能量平衡态势变化的反应性能称为情、情性、情愫；将心理对能量平衡态势变化以变应变的反应性能称为"情感"。情感中又可将与道德相结合之前的以变应变的心理反应性能称为"情绪"；将与道德相结合之后有明确取向与念想的，以变应变的心理反应性能称为"情感"。情绪比较冲动、个性化，情感则比较冷静、社会化。情、情绪、情感这些反应性能既是能量又是载体，是心理应答应对的能量及其载体或媒介。可见，情感的本义是心理知变性、应变性与媒介性。面对能量平衡态势变化信息的刺激而无动于衷、无应变反应，这是无情、薄情、绝情；面对能量平衡态势变化信息的刺激而过分敏感、反应过激、喜怒无常，这是紧张、冲动、情绪化。

失衡的信息刺激产生的情感，是紧张、应激、应答、同链应对的心理体验。这种情感承载、传递的是同一利益链或相邻利益链上的失衡能量和信息，这种情感的能量源就来自失衡信息的刺激，容易导致紧张、严肃、逆抗的心态变化。

复衡、新建平衡的能量信息刺激产生的情感，是放松、愉悦、快乐、满足的情感体验。这种情感承载、传递的是不同、不相邻的利益链的平衡能量和信息。这种情感的能量源就来自复衡或新建平衡信息的刺激，容易导致轻松、愉快、喜爱的心态变化。

以大分工、大合作、大生产、大交换为特征的现代社会的能量交换活动，绝大多数是在不同利益链上进行的，即获取能量和付出能量的对象不是同一个系统，也不在同一条利益链上，而是间接的甚至不相关的、相隔很远的不同对象。交换能量的过程需要借助能量等价物进行多次切换转化，才能切换转化到同一条利益链上来，进行面对面的能量交换。那么不同利益链的能量和信息，承载和传递就必须由大量的放松情感来担当负责。

放松情感之所以能承载和传递间接利益链的能量和信息，原理在于：人们处在放松的愉悦情态时，心理思维也处于放松、开放、自由、休闲状态。此时，心理的各种意识意念都非常活跃、自由，承载所在利益链的能量和信息的各种意识意念，就会自由、自动地依循能量交换的相关性而相吸、相聚、相连，进而生成相互联通、链接的心理念想，提示主体适时把握机会，链接并传递分布于多条间接利益链上的能量信息。也正因此，久而久之，人们便有了一种经验体会：灵感、悟性多产生于紧张工作与思考期间的心情放松、愉悦、休闲时段。

因为大量放松情感的能量需由大量复衡、新建平衡信息的刺激才能补充，所以为了培育、储存和补充大量的放松情感能量，人们必须使能量对比关系更多地、经常地实现平衡并保持平衡。

又因为放松情感来自能量平衡需要的实现，来自心理对需要实现的满足、愉悦体验。所以，人们非常重视在紧张的体力劳动或脑力劳动之余，通过开展休闲、娱乐、审美、造美等活动，使心理获得大量的满足体验和愉悦体验，从而经常实现和保持能量对比关系的平衡。这也是当代人们爱玩乐、爱休闲的深层内在原因与根据。

从上述可见，实现能量平衡有两条路：一条是直接劳动满足获利的需要；另一条是休闲玩乐满足享乐的需要。

可以认为，情、情感是一种人格品性及其特征，即既要承载并向内传递外来的能量信息，又要承载并向外传递和表达来自内心的能量信息。情的这种品性特征，必须依赖和借助语言、仪态或动作才能实现。情感也是一种心理现象，是最早最直接反映自身与能量交换对象能量平衡态势运变状况的心理现象。

情的性能抒发释放有两个面向：一个是念想求要生存所需的能量平衡面向，如求稳定、知足常乐、反对改变现状等；另一个是念想求要发

展所需的破旧立新，建立能量对比优势面向，如反对守旧、求改革创新等。

就人际关系的互动沟通而言，情要承载或表达的能量信息，主要是受、授双方的需求与态度的能量信息，以及双方或他方发出的，善意益利或恶意损害的能量信息。可以概括地说，情所承载和传递的能量信息，主要是人的需求和态度，因为需求和态度可以代表改变能量平衡态势的主要因素。承载和传递善意需求和益利态度的能量信息产生的是正面益利情感，承载和传递恶意需求和损害态度的能量信息产生的是负面损害情感。

探讨情感运变的因果关系可以发现，变是情之源，情由变而生，变是情之因，情是变之果。情，就是对自我需求和态度变化、对他人需求和态度变化产生的心理能量载体的人格品质。自我主动改变需求和态度产生的情称为内情、心情、表情、情态；他人改变需求和态度所产生的情称为外情、情况、情形、情报、情势。以变应变，跟随思维对象改变需求和态度而改变自我的需求和态度所产生的情称为情况变化、情感变化。在智慧学看来，生动事物（尤其是人）的心理的早期变化，通常是通过需求或态度的切换进行的，然后才有表达方式、表达结果等的变化。因此，笔者认为，情分两面：一面是感受，是对思维对象需求或态度的能量信息的感受；另一面是表达，是向思维对象表达自己的需求或态度。情、情感，既是一个人的需求和态度最先、最快对外表达的一组信息、信号，是一个人最表层的外部特征，也是一个人的感官最先接受到的关于思维对象需求和态度的第一组信息、信号。

由于一个人经常同时面对多个思维对象，而且因时因地因事经常转换思维对象，所以，人的情是多变的、动态的。但是，从本质上讲，情不论如何变化，以什么形态表达，承载传递的仍然是人们当下应对思维对象变化的需求和态度。

根据一个人对一类思维对象表达的需求和态度的稳定性，人们将等待表达和已经表达出来的情分为情绪、情感和情操三个层级。

人的情感是心理思维对需求和态度的各种变化、对思维对象情感变化的感悟和应答应对，是对体感的体验，是对体感体验的聚集与释放。情感往往先于言行而动，是形成或改变某种动机言行的前兆、心理准备态势。

情感是欲望的源泉与诱因，人们的情感倾向紧盯取舍标的，随态势和标的的改变而改变。因此说，情为变所生、为利而发、因失而伤、因愉悦而喜、因愤恼而怒、因懊悔而哀、因惊慌而惧、因美善而爱、因厌恶而憎、因愁虑而忧。通过对一个人的情态、情感变化的觉察和体验，我们可以及时地分析判断他当时的心理欲望与心理态势及其前因后果。

情感和感情通常互相包含、互相代称，但两者之间也有明显的差别。情感主要指一个人承载和对内传递外源能量信息的心理思维品性，属于外生情态；感情则主要指承载并对外表达内生能量信息的心理思维品性，属于内生情态。内生情态也是对外生情态感受体验后生发的应对之情。在错综复杂的人际交往中，很难也没有必要明确去界定哪是情感，哪是感情。所以，通常都认作一回事：情感即感情。

二、 情感结构

（1）情感组合。作为对思维对象需求与态度变化的感悟、体验和应对态度取向，一个人的情感通常呈"六维十二极"组合（见图12-1）：

图12-1　情感的六维十二极结构图

第一个一维两极是爱与憎。爱有益而憎有损。面对思维对象的需求和态度变化，面对自身需求的得失，或爱或憎，或爱极而憎，或憎极而爱，或爱而不憎，或憎而不爱。爱是表达善意、益利态度的求要方式（吸引对方认同、合作）；憎恨是表达恶意、损害态度的求要方式（激发对方反感、逆抗）。人们必须经常在爱、憎两极之间适时调适情感、

转换态度。情感对其他心理思维活动的驱动性能，主要表现为喜爱与憎恨引起的取舍、趋避与善恶应对的导向和驱动作用。

第二个一维两极是喜与怒。喜有益而怒有损。面对思维对象的需求和态度变化，面对自身需求的得失，或喜或怒，或喜极而怒，或怒极而喜，或喜而不怒，或怒而不喜。人们会在喜、怒两极之间选择适当的应答态度。

第三个一维两极是乐与哀。乐有益而哀有损。面对思维对象的需求和态度变化，面对自身需求的得失，或乐或哀，或乐极而哀，或哀极而乐，或乐而不哀，或哀而不乐。人们会在乐、哀两极之间体验享受与发泄。

第四个一维两极是勇与惧。通常是勇有益而惧有损，但有时也会勇有损而惧有益。面对思维对象的需求和态度变化，面对自身需求的得失，或勇或惧，或勇极而惧，或惧极而勇，或勇而不惧，或惧而不勇。人们会在勇、惧两极之间选择适当的应对态度。

第五个一维两极是顺与逆。通常顺有益而逆有损，但有时也会逆有益而顺有损。面对思维对象的需求和态度变化，面对自身需求的得失，或顺或逆，或顺极而逆，或逆极而顺，或顺而不逆，或逆而不顺。人们会在顺、逆两极之间切换应对态度。

第六个一维两极是趋与避。亲者趋近而疏者避远。有时趋有益，避有损，但有时也会趋有损而避有益。面对思维对象的需求和态度变化，面对自身需求的得失，或趋或避，或趋而不避，或避而不趋。人们会在趋、避两极之间选择适当的应对态度。

各维各极的交汇中心点是益损平衡点、转换点，人们的情感取向随益损情势的变化而转换。情感修养的最高境界可能就是将情感调节并居于交汇中心的益损平衡点区间，使人的情态经常保持不卑不亢、不冷不热，对事不狂不怠，遇惑不乱，遇险不惊，神闲情定，心若止水。

必须明确和强调，在这个六维十二极的情感结构中，爱与憎是最基本、最核心的一组情感。对思维对象产生的喜爱情感或憎恨情感的程度，支配并主导整个情感结构（即个人的情感）的指向、表达方式和表达程度，其他各组情感都会依据喜爱或憎恨的指向和程度，选择自己的表达指向、方式和程度。

（2）作为需求与态度倾向性及其表达方式的标志，一个人的情感经常表现出自身的心理欲望与意念，即因心有受授而产生取舍念想的意欲。如在外界相应信息和内心欲望的刺激、召唤下，眼生视欲、耳生听欲、鼻生嗅欲、嘴生食欲、舌生味欲，手脚皮肤也会生发触摸欲念。

（3）作为决定应对取向的思维性能，人的情感由正情感和负情感两极构成。一个人一旦专注于应对某一思维对象，就会对其抒发释放智慧能量，以图实现预定目标，满足需求。但是，对思维对象抒发释放智慧的益利能量，还是损害能量，这得由情感取向来决定。当情感取向于喜、爱、乐等正面情感时，就会选择对思维对象抒发释放智慧的益利能量，达成热情、仁善、友爱、亲近等的沟通互动方式。当情感取向于怒、憎、哀等负面情感时，就会选择对思维对象抒发释放智慧的损害能量，达成冷漠、恶恨、悲愤、排挤、打击、报复、损害等的沟通互动方式。我们将取向于喜、爱、乐的情感称为"正情感"或"正面情感"或"热情感"；同时，将取向于怒、憎、哀的情感称为"负情感"或"负面情感"或"冷情感"。人们会自觉根据对思维对象情感取向的分析判断，而决定自我的情感取向，进而决定对思维对象抒发释放正情感还是负情感。人们还经常会根据社会人际互动态势的变化，进行正情感与负情感的切换。

正情感需要正能量的养育和激励。正情感的正能量主要来自三个面向：一是来自能量交换对象善意的需求和善爱的态度信息的影响；二是来自社会、团队、家庭、亲朋好友善爱情感的养育和激励；三是来自自身的愉悦心态、愉悦情感的养育和强化。

人的愉悦情感是人人都在努力修养和求要的一种情态，是内心愉悦心态、愉悦体验、愉悦意念的情态表现，内含善爱、快乐、轻松、顺畅、美好、和谐、平衡、满足、自信、成就感、充实感、幸福感等心理状态。

三、情感的性能

如前所述，最早、最直接反映主体与交换对象能量平衡态势运变状况的心理现象是需要与情感。需要反映的是能量得失结果，要么平衡要么失衡，相对滞后、相对静态。情感反映的是能量平衡态势的整个运变

过程，有变化就有反映，与能量平衡态势的变化同步，既敏感又动态，这个阶段的情感叫情绪。情感还担负着双向承载和传递自身与交换对象的能量信息的使命。情感的核心元素是应对态度，包含心理思维指向、意念和念想。其他的人格心理思维现象和品质性能都是需要与情感相互作用而衍生和演绎出来的。

（一）　情感性能

情感在心理思维中的独特地位，蕴含着强大而又独特的性能：

（1）反映自身与交换对象能量平衡态势的变化信息，尤其是需求与态度改变及运变的信息。

（2）承载和传递交换对象作用于自身的能量信息，尤其是对象的需求和态度。

（3）承载、传递和表达自身作用于交换对象的能量信息，尤其是自身的需求和态度。

（4）与需要融合衍生育化出一系列的人格品质及其性能，如欲望、意念、意愿、志愿、态度、信念、选择、决断、忠义、道德、审美等人格品质。

（5）为认知、评判、应对交换对象提供信息依据，并引导自身思维选择适当的应对方式。

概括地说，情感的性能就是及时反映和传递自我与交换对象，因能量平衡态势变化产生的需求与态度，引导思维调适自我适应环境。

情感的上述性能塑造了一个人的情态。情态的变化标志着自身需求和态度的动态变化。

（二）　情感性能的表现

在社会人际互动和日常生活中，情感性能主要表现在如下六个方面：

（1）及时、准确地标识需求、态度指向和行为指向。一个人的感情会及时地原汁原味地把需求、态度和行为的指向、图谋泄露出去，广而告之，让别人通过察言观色，能够快速准确地认知到他的感情性质和特点。如喜欢一个人、喜欢一件事物，即表示他的态度指向愉悦快乐，同时预告他的言谈、行为将抒发释放善意的益利性能，从事利他行动。如果恼恨一个人、恼恨一件事物，则表示他的态度指向怨恨、悲伤，同时预告他的言谈、行为将抒发释放恶意的损害性能，从事损人行动。

（2）迅速识别和判断周边各思维对象的情态特性及其所标识的需求、态度和行为指向，是真还是假，是善还是恶，是好还是坏，是益还是损，是爱还是憎，做到心中有数，避免为情所扰、为情所困。

（3）根据对周边思维对象情态特性的识别和判断，及时、适度地表明自己的需求和态度，同时观察对方的下一步反应及情态变化。

（4）根据周边思维对象的情态特性，选择和确定适当的应对方式，如或合作、或支持、或接受、或拒避、或竞争、或打击等。首先，情感是人际关系良性互动、志同道合、合群合作的纽带，"物以类聚，人以群分"便说明是情感将不同的人划归为不同的群体、不同的阵营、不同的关系。其次，情感又是人际关系恶性互动、离心离德、互相损害、互相打击的依据。在怨恨情态下，利益的共同性以及归属的同一性就会转变为相互竞争、相互打击、相互排斥的理由。

（5）引领兴趣和爱好，将思维能量（品质性能）转移并集中到当前选择的思维对象上来。

（6）及时调适需求与态度的配置模式，让情感变成动力，变为抒发、释放智慧能量的有效手段，使自我适应生存环境。

四、 情感品质的修养

在人格智慧的培育中，情感品质的修养有两个面向：一是强化情感的社会性，按社会道德规范要求，以社会正义为样本培养个人的情感品质与性能，表达情感时自觉接受社会道德规范约束。二是强化情感的个性和智慧性，超越道德的制约，明确情感品质在智慧结构中的性能功效，让情感表达服从于智慧化思维大局；牢记需求的目的，养成有目的地理智表达情感的习惯。

情感品质的修养有四个要点：情感真诚化、情感理智化、情感善化和情感表达手段化。

（一）　情感真诚化

情感的形成和抒发，不论目的是什么，对象是谁，性能是益利还是损害，都应该真实、诚恳、适度，反对虚伪、做作、无度。

首先，情感体验和映照要真实，要能准确地识别、认知对象的真情，准确地理解对象情态的含义和意图，避免误判误解。

其次，情感的应对表达要诚实。真心诚意地对待社会与他人，才能取得社会和他人对自己的真心诚意。避免以虚伪情感欺骗、迷惑他人。人们经常很容易被事物运变的假象或他人的虚情假意所迷惑和蒙骗，使情感的表达偏离真诚轨道。"诚实无敌"，情感诚实者最终将赢得他人的尊重和关爱，赢得社会的信任和信用。

再次是情感的应对表达要适度，要顾及社会环境条件的许可度，顾及伦理道德和礼仪，讲求实际效果，适可而止。避免随性随意不顾后果的宣泄式表达，激动不已、激愤不已、冲动难耐都不可取。

（二）　情感理智化

情感理智化修养，是指不论对方是敌还是友，是强还是弱，是熟人还是陌生人，都应该理智地看待对方的情感及其表达方式，都应该理智地向对方表达情感。避免冲动式的情感表达方式，冲动不但解决不了问题，而且会把问题搞乱，把简单有序的问题搞得复杂无序。理智才有利于找到更加合适的方式，更好更快地解决难题。

情感理智化修养的关键点，是坚信利益诉求与利益取得是两码事，不要试图以利益诉求的情感表达去代替真正的利益取得过程；坚信利益取得自有公理公序，不是冲动的情感表达所能支配的，理智的情感表达不但有利于需求、态度的调适，而且有利于营造解决难题的氛围。

（三）　情感善化

善，本是一定的社会团体对内部成员，符合其道德规范的行为的肯定性评价；是对正义行为、利他行为、公益行为的赞许；是社会或团体成员情感表达的标杆。善在个人，是依义思维、依理言行之德性向自觉的利他行为转化的结果，是义、理、德、行相融合的行为特性。

情感善化，指的是符合正义、符合道德规范，有公益意义、利他意义的情感表达和情感操行。情感善化修养的要点是择善而思、择善而行。

择善而思，主要是指自觉地从社会和他人的需求角度思考问题，使自我的私利与众人的公利相融相通，以互惠互利而又不损人利己为思路。

择善而行，是指知恩图报，懂得感恩，懂得回报，自觉地关爱社会、关爱他人；自觉地维护社会正义，尊重并维护他人的正当权益；扶贫济弱，乐善好施，帮人所需；自觉承担角色使命和社会责任。

循理生德，守德万善，善意取得为仁，善意付出则为爱。爱就是善意而又无条件的给予和担待。

博爱，通常指不论何时何处都应该兼容，善待一切生命。包括尽己所能善待弱小对象的慈爱；敬重、善待、报答感恩对象的敬爱；尊重善待同事同伴的友爱。

爱情，是指对某一特定异性的超常的赏识、兼容、尊重、给予和善待。爱情始发于对某个特定异性超常的倾慕、赏识、思念、牵挂与信任，发展至有性爱欲求、愿意相伴相守、爱恋不弃、忘我善待，乐于超常奉献、忍让和担当的偏爱情感。可以说，爱情是一种以性爱需求为核心的偏爱情感。如果异性双方都能够将对方列为"特定"的偏爱对象，则双方极易结成情侣或配偶，并长期相伴相守。爱情最讲究信任、舒适和人格平等。总是单向迁就忍让或者总是单方强势霸道，都会使爱情畸形发展或解除。

以婚姻为界，婚前爱情的主要特点是赏识、爱慕、念想和依恋。婚后爱情的主要特点是家庭角色使命和责任的担当，相互信任、相互尊重、相互善待、相互包容和相伴相守。

与爱情最相近的是血缘亲情，尤其是父母与子女的偏爱亲情。其主要特点是相互信任、相互善待、相互包容、相互呵护，乐于超常奉献、超常忍让和超常担当。

（四）情感表达手段化

在实际生活中，不论是别人向你表达情感，还是你向别人表达情感，基本上都是有目的、有动机的，都是在运用情感表达手段，谋取某些利益、理解和好处。

在实际生活中，一方面，情感的表达总是会受到道德规范的约束，难以自由放纵地表达情感；另一方面，情感的表达又总想超脱道德规范的约束，作为手段去最大限度地实现个人的需求目标。

从智慧学角度看问题，接受道德规范约束的情感表达和超脱道德规范约束的情感表达，都是人格智慧的表达方式。

第二节 道德品质

一、 道德品质概述

人的德性是指践行社会正义和社会规范的自觉性。德性是人格能量转化性能与自我调适性能的完美融合，是适应社会环境的标志。人的德性通常以道德品质形态表现出来，因此称之为道德品质。

道德品质简称品德，也即人格品质的德性。道德品质是指人们在思维、言谈和行为过程中表现出来的，标志社会共性和倾向性的人格品质及其性能。人格品质的社会共性和倾向性，主要是指人们的思维、言行符合社会正义、社会规范、社会需求和社会秩序，不为损人利己的种种诱惑所动的品性。道德品质是人格品质社会化修养的结果。

在人格品质的修养方向上，个性化修养使人们以自我需求、自我感受为中心，凡事首先求要自我利益的最大化，把别人和社会的需求、利益置于次要、从属的地位，而且经常把别人的需求和努力列为实现自我需求目标的条件，尽情地加以利用，最终使人格品质更加个性化。

人格品质的社会化修养，则使人们以社会正义和社会规范为中心，自觉地用体现社会正义的道德规范来改造和养育自己的人格品质，约束自己的需求取向，使人格品质日益社会化、道德化。凡事首先求要集体共同利益的最大化；把个人的需求和利益融入社会集体的共同需求、共同利益之中；而且愿意为了集体的需求和利益抑制自己的欲望，愿意付出或牺牲个人利益。

二、 个人的道德品质结构

人们的道德品质主要由道德认知、道德情感、道德信念、道德意志和道德行为等要素构成。

道德认知主要指个人对社会事物共性的认知和认同，自觉用社会时代的先进性、同质性改造和更新自己的思维样本，建立一种符合社会正义与公序的共同世界观、价值观。

道德情感主要指体验、评价他人的情感和自我表达的情感，都应该以社会共同的标准、规则和程序来主导。多些相互理解、相互兼容、相互欣赏、相互益利；少些相互埋怨、相互争执、相互损害。

道德信念主要指个人的理想、信念、信仰与他人、团体、社会的理想、信念和信仰相通相融。相信社会主流民众所相信的，念想社会主流民众所念想的，信仰社会主流民众所信仰的，与团体成员志同道合、同心同德。

意志是意愿和志愿的合称。道德意志主要指将社会、团体的使命、追求，列为自己应该承担的使命和职责，予以认真履行，尽力担当，坚持不懈。

道德行为主要指个人的行为要有益于他人，有益于团体，有益于社会。做社会正义、社会道德和社会秩序的拥立者、维护者。不做损人利己、损害公共利益和秩序的事，避免和反对害人害己、损害社会或报复社会的个人极端恶行、暴行。

一般来说，道德品质主要包括：勤恳、节俭、感恩、孝敬、礼貌、仁慈、关爱、博爱、敬畏、谦让、忍让、谦虚谨慎、尊老爱幼、尊敬师长、真诚合作、团结友爱、助人为乐、扶贫济弱、乐于奉献、先公后私、遵守规则、遵守公序、遵纪守法、见义勇为、爱护公物、节能、环保等人格品质。

三、 道德品质的修养

厚德载物。道德品质是人格从善弃恶的支点，人格循理而生德，守德为善，善意取得为仁，善意付出则为爱。道德品质的修养，就是通过对人格品质的道德化培育和养成，把对社会正义、社会道德规范和社会秩序的认知认同，转变为个人自觉守德从善，善意取得、善意付出的行动，实现社会道德之外源能量向内生的人格品德能量转化。

道德品质修养的要点有：

（1）加强对社会法理道德规范的学习领悟和内化，使个人的情感、需求与社会及团体的情感、需求保持一致。在个人利益、个人价值实现的方式方法上，己所不欲，勿施于人。既要坚持善意取得，又要坚持善意付出，避免恶意取得和恶意付出。

（2）自觉地同损人利己、损害社会的不义行为、恶意行为作斗争，自觉维护社会正义、社会公理和社会秩序。

（3）牢固树立合作理念和团队理念，养成乐意与别人合作，以团队利益为重的自觉性。

总之，要以义正己，坚信和坚守社会正义和社会秩序，养成依义思维、依理言谈、依序行为的习惯。

第三节　意愿品质

每个人作为社会人，都必然会被社会赋予一定的社会角色。有社会角色就有使命和职位职能；有使命就有权利和义务，有职位职能就有职权和职责；有使命和职能就有享受和担当；有享受就有地位、待遇和福利；有担当就有承责、付出、给予和奉献；有享受和担当就有人生价值；有人生价值就能满足和实现需求。这既是社会角色的内涵，又是人生价值的源泉。

一个人如果只强调享受角色使命的权利和职能的职权，将个人利益能量的取舍高度融入其中，将权利和职权转化为牟取私利的工具手段，这个人的人格就只有残缺的半边结构。这就是索取型、享受型人格。在这种人格结构主导下，人的价值取向、利益取向就会趋于先取后予、多取少予、只取不予，最终损人害公，甚至违法犯罪。

一个人如果只强调担当角色使命的义务和职能的职责，将个人利益的取舍和人生价值的创造高度融入其中，这个人的人格也只有残缺的半边结构。这就是奉献型、担当型人格。在这种人格结构主导下，人的价值取向、利益取向就会趋于先予后取、多予少取、只予不取，最终导致付出过度、失去过多而心身失衡。

所谓意愿，即需求和角色践行意愿，是一种动念与行动指令。在日常生活和社会活动中，一个人的意愿是指当下的需求和态度释放的意念与情愿。意愿是行动的指令，有意愿就有行动，人格意愿表达的是对所担任的社会角色使命和职能践行的坚定性、果敢性。

依据需求动机和人格态度性质不同，一个人的角色践行意愿可区分为善意意愿和恶意意愿。善意意愿又可分为善意取得、善意付出、善意作为、善意不作为。恶意意愿也可分为恶意取得、恶意付出、恶意作为、恶意不作为。善意意愿释放的是对各方有益无害的益利能量、正能量。恶意意愿释放的是对各方有害无益的损害能量、负能量。

一个人的角色践行意愿，主要包括角色享受意愿和角色担当意愿。角色享受意愿属于取得型享受意愿或索取型享受意愿，角色担当意愿属于奉献型意愿。角色取得型享受意愿，是指利用社会角色赋予的权利和职权，获取对称的地位特权、待遇和福利，为履行角色担当提供物质保障和精神支持。角色索取型享受意愿，是指利用社会角色赋予的权利和职权，不对称地牟取私利，并沉迷、陶醉于享受其角色的地位特权、待遇和福利以及边际益利好处，这种角色享受意愿是社会不提倡、智慧化思维不主张的。

所谓角色担当意愿，就是指乐意承担和履行担任的角色使命义务和职位职责，把社会分工转化为个人自觉选择与担当的情愿和意念。人无担当则懒，有担当、重任在身，有重担在肩，想懒都难。角色担当意愿不是越强越好，而是恰到好处、适度、不欠不过。角色担当意愿还有一个重要品质要素，就是角色职位的演绎意愿，包括角色职位适应性履职意愿和角色职位创造性履职意愿。

一、 角色分类

人们担任的社会角色，可依能量取向和互动方式的不同分为两大类：

一类是职业（职位）角色，是指人们参与社会利益分配，获取以金钱为核心的物质利益，获取人生社会价值的公职或事业等生产性职业角色。

一类是非职业角色，即以家庭角色为核心，包括亲朋好友生活圈，

不以物质利益为目的，而以日常生活和情感、文化交流为中心的社会角色。家庭角色（见图 12－2）主要包括父、母、夫、妻、儿、女、兄、弟、姐、妹，核心是父、母、夫、妻、儿、女六者之间的关系，以及每个角色依据伦理和相关法律赋予的使命、职能职责、权利与义务。

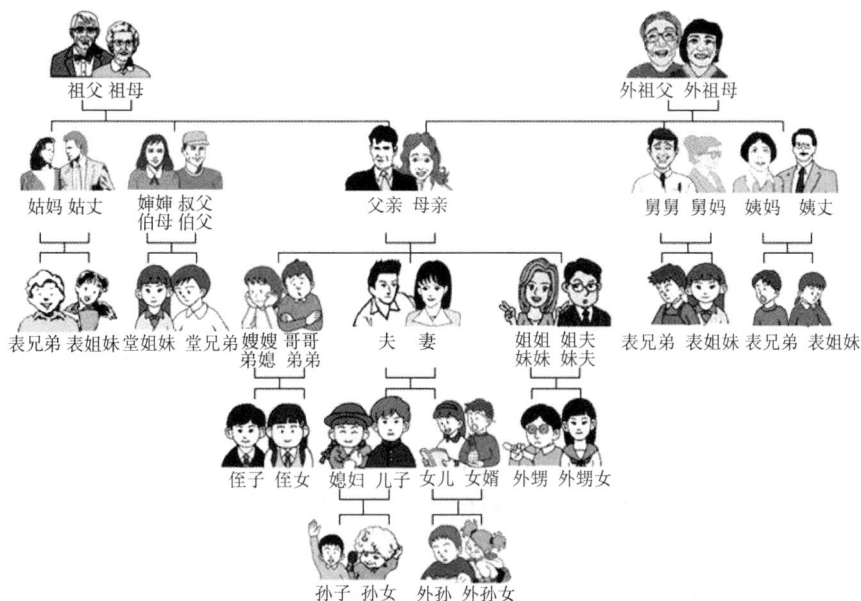

图 12－2 家庭角色关系图

每个家庭成员都在担任一个或多个家庭角色，如某人既是父母的儿（女），又同时是儿女的父（母），还是配偶的夫（妻）。家庭角色是一个人最基本的社会角色。一个人如果在客观环境条件允许的情况下，连家庭角色赋予的使命和职能都不愿意履行或承担，这个人就不能算是正常的或称职的家庭成员。

职业角色与非职业角色这两类社会角色汇集于一个人身上，它们相互依存、相互补充、相互融合、互不排斥。如一个人可以同时履行和承担多种角色使命、职能，实现事业有成、家庭幸福、情感舒畅；又如一个家庭的多个成员可以有多种不同的信仰、多种不同的政治倾向和立场观点，但仍然能够做到家庭和睦、互敬互爱、互相包容。

二、 人格意愿品质的修养

人格意愿品质，主要表现为角色使命感、角色演绎意愿、行为责任感和勤恳实干意念四种意愿形态。因此，人格意愿品质的修养主要包括角色使命化思维、培养和强化角色演绎意愿、行为责任化思维和勤恳实干执行思维四部分。修养的目标，一是时刻明确自己的社会角色定位，不迷失、不错位；二是认知认同各种角色的使命和职位职能；三是乐意、自觉、坚定地承责和担当。

（一） 角色使命化思维

在社会关系中，个人总是以角色的方式存在并通过角色获得社会的身份认同，进而获得社会地位。

使命，本指天使之命、与生俱来的天职任务，可直接理解为有使用功能的生命。它是人的本性所固有的使用价值，是一个人作为社会一分子（元素）所必须具有的作用和意义，是人生意义与价值的根本。

每个人都会因为社会需求和自我需求，无意或有意地同时担任多重社会角色，而且因为社会环境和社会活动的变化而经常进行角色转换。任一社会角色都有与生俱来的或社会期待赋予的使命和职能。社会角色的使命和职能是担任者必须无条件履行、无法推辞的。但是，是否真正履行、如何履行，则与担任者所持的价值取向以及需求次序的权衡紧密相关。

角色使命化思维是指将个人愿望、意愿导入角色使命，在进入或担任某些社会角色时，自觉地把履行角色职能视为人生不可推辞的使命，视为实现人生价值的必要条件，视为最基本的道德准则。有了自觉的使命意识，就能克服困难和心理惰性，对自己当下担任的社会角色自觉地激发履职热情和原动力，使自己的履职行为符合社会的角色期待和道德规范。

（二） 培养和强化角色演绎意愿

角色演绎意愿包括适应性履职意愿和创造性履职意愿。角色演绎意愿是指在理解角色使命和职能的基础上，一方面要适应角色的标准、规

范和规则，充分发挥个性能力，运作可控资源和条件，忠于职守、尽职尽责；另一方面要创造性地拓展、深化角色的使命和职位职能，采用更科学高效的工具手段、技术和方式办法，创造性地履行使命和职能，超范围、超额度实现角色的作为目标，借此推动角色使命和职能配置的改革与升级。

不论是什么人，担任什么角色，培养和强化角色演绎意愿，都是人格思维智慧化的表现，将会加速人格品质的优化与提升，加速实现需求目标，加速创造人生价值。

（三）　行为责任化思维

责任，是指角色职能产生的任务、事务和风险等职责，与角色职能的职权对应。负责任就是负担、担当职责，是人生价值的核心内容之一，是人格社会化成熟的主要标志。

责任化思维是指以负责任的意愿和实际行动勇于承接使命，履行角色职能，担当职责，乐于付出，敢于自我牺牲的思维过程。责任化思维的过程，要求将个人行为融入角色职能职责，在履行职能职责中，对个人行为负责，对角色职能职责负责。责任化思维可分为负责思维、加责思维、免责思维、问责思维和追责思维五部分。

1. 负责思维

负责思维是指能全面认知和自觉担负社会角色职责所具有的任务、事务和风险责任，使情感和言行表达都能符合社会期待。

2. 加责思维

加责思维是指主动为自我增添角色职责，使角色职责超出社会期待和指定的范围或限度。加责思维一方面表现出乐于奉献、乐于自我牺牲的高尚情操，另一方面则是为自己增添额外的压力和负担。当加责超出自己可支配资源和能力的极限时，就会转化为自我责难，自己跟自己过不去。如果把别人的职责拿过来自己去履行，就可能是抢权越权，引发人际矛盾。

3. 免责思维

免责思维是指有意为自我减免角色职责，免除本应承担的部分或全部角色义务和责任。免责主要有不作为、事中免责和事后免责三种情形。免责思维在本质上是对人生价值的放弃或减免，是对己对人对社会不负责任的态度。当免责低于角色最基本的社会期待时，就是占位不作为，就会转化为无情的自我责难，自己跟自己过不去而且跟别人跟社会过不去，必然招致社会的谴责和贬罚。

4. 问责思维

问责思维是指在履行角色职责过程中，主动自觉地进行自我反思反省和自我评价，是对免责情形的自我检讨和修正。问责思维是自我意识、自觉人生的表现。问责过度也会转化为自责，甚至自我责难。在社会生活和活动中，问责思维包括自我问责、他人问责和问他人之责。

5. 追责思维

追责思维主要是指追究他人的责任。具体是指在履行角色职责的事中督查、事后检查过程中，追究履职者玩忽职守、争功诿过、不作为、乱作为等的渎职、失职责任。追责思维包括追究责任、量过行罚、消除后患等举措思维。

（四）勤恳实干执行思维

让动机思维对需求的立项从空谈空想和书面设计中走出来，进入行动实干、务实操作的执行实践过程，是人格担当品质性能的根本。实干执行思维把角色使命、职能和职责落到实处，体现在实干实践的行为过程中；敢于面对艰难险阻，将动机思维设计策划的预案转变为有序的实干行动；敢于在实干行动中直面困难、挫折和承认错误；敢于用实干行动实现目标。实干执行思维能有效地抑制和克服只说不干、怕苦、怕累、怕付出、怕吃亏等人格惰性。

实干执行过程，既是各种与目标相关的智慧能量能力有序释放做功，产生效能获取成果的实践过程；又是检验智慧化思维各环节各系统性能、成效以及适用性、匹配性的过程。检验的结果，必然导致思维品质及其性能的扬优弃劣。

在实干执行思维中，勤恳品质最重要。只有全心全意、勤勉踏实、任劳任怨，把勇敢担当落到实处，才能胜任角色，完成使命，实现需求目标。

第四节　志愿品质

按时效性可将人的需求分为短期需求和长远需求。与需求相匹配，意愿是践行短期需求的人格品质，志愿是践行长远需求的人格品质。

志愿品质主要包括志向品质和信念品质两部分。

一、志向品质

志向，即努力作为的方向，指的是一个人建立和践行长远目标的自觉性。建立长远目标就是建立志项。志项是指践行志向的事业选项，是志向与长远需求、知识技能储备、可控条件相匹配产生的长期动机选项，是愿景的具象化、思路化和程序化。志项通常表现为事业选项、事业立项。立志的本义就是建立志向及其志项。志向建立后需要得到知识、技能和信念的支持，需要软、硬实力的支持，需要忠诚。志向不应脱离可控条件和技能去追求多元化。理智的、稳定的志向通常会转变成信念或信仰。

志向对人生道路和事业职业的选择将影响人生几十年，选对了就可能风生水起、心想事成，益利几十年；选错了则会辛苦劳累、碌碌无为，受苦几十年。

二、信念品质

信念品质是人格信念能量不断积聚、培育和强化的结果，是人们研判和选择未来愿景目标与实现方式的决定性因素。

（一）信念的构建

一个人的信念一旦构建成型就不会轻易改变，就会坚定不移，甚至至死不渝。

信念的构建不外三条途径：一是信仰崇拜的"拿来主义"之路；二是验证累积的经验主义之路；三是自我许愿、自立愿景并坚信可以实现的自主设立之路。

"拿来主义"，是指因为崇拜别人的主张、理论观点、愿景规划和实现方式，坚信能成功实现；对利益相关人的许愿、承诺、授意或族群指定的宗教，无条件地引进受纳，拿来信奉。这是一个人的悟性被诱导、思维方式被体制化的结果，也正是宗教信仰和偶像榜样的魅力所在。

经验主义，是指对自我累试累效、反复体验成功的思维方式和取舍方式，坚信不疑、坚守不改。

自主设立，是指对现状不满、憧憬未来，又不相信别人而自我寻求超脱，自主规划设计一个愿景，然后自我暗示、自定目标、自下决心、自我激励。

既无拿来，又无成功经验，又不自主设立，信念就不可能建立。

信念品质的主要性能是确定人生的发展方向，确定事业（职业）取向与项目，规划出一条明晰的人生发展道路。

（二） 信念品质的修养

信念品质修养的要点，一是信念的理念化修养，二是信念的信仰化修养，三是信念的意志化修养。

理念也即念理，是指在做人做事时念想、采信、执念着某一道理、原理，并以之指导操行。理念是一个人做人做事的操行动能，是其需求、角色使命、理想信念、意愿、道理原理等人格内涵要素融会贯通后形成的人格品质；理念是动力型观念，是信念转化为方法论的结果，是理性的积极心态的标志，是启动意念、唤醒悟性的内生动力源。信念的理念化修养，是指要充实信念的具体内容，把信念同自身的智慧态势、所处环境和根本需求相结合，增强信念愿景的可行性，使信念由空洞的抽象的愿望转变为可感可行的理念，让信念的励志功能更加丰满充实。信念的理念化修养是让信念转化为意念的内驱力，驱动思维将当下目标与长远愿景连接通达，使之既能体现实际生活需求，又能靠近真理与信仰的一种人格品质修养。

信仰是指对某种思想、宗教、某人、某物的信奉敬仰，所谓信仰归根到底也只不过是一种对道理的崇敬与膜拜。根据信仰对象的不同，大致可将信仰分为两类：一类是主义信仰，另一类是宗教信仰。主义信仰的思维特点是由对某种思想、理论原理、主义的认知、融通、信服而敬仰膜拜。宗教信仰的思维特点是由对某种超然力量及其操控运作方式的企盼、敬畏、信服而敬仰膜拜。

信念的信仰化，是指将获取利益或人生价值的某种道理和方式植入信念，让信念更加超越现实，更加神圣，从而把信仰的概念（思想、旗帜、教义、宗旨、符号）用作一切思维与行为的指南或样本，规范和约束自己，并且无条件地信奉和崇拜。信念的信仰化修养是一种让信念走向超脱、走向神圣，让人走向高度自觉、高度社会化、高度使命化的人格修养。

坚定的理念、信念、信仰有一个反哺需求的性能，会自动地择优向需求转化，构建有明确愿景目标的高级需求体系。

信念意志化，是指将理想信念视同现实存在，将可能性视同现实性，然后自觉践行和担待并矢志不渝。信念意志化要求对自己选择确定的愿景目标、道路和实现方式坚定自觉地贯彻执行，不论遇到什么困难、挫折和险阻，均能勇于面对、积极排除、坚持不懈，始终乐观进取直至实现目标。信念意志化思维使人的志向志愿升华为信念目标，使信念目标与行动相结合，使内为意念向外为行动转化，使当下与未来相结合，集中地体现了人格智慧的宽度和广度。

信念品质修养体现在：

（1）立志，指愿意为某个远大目标愿景倾注智慧，用智慧去践行和担待。立志思维是指选择确立可以为之倾心倾力的目标愿景和实现方式的思维过程。立志是为自我的人生发展准备充足的吸引力、牵引力。立志与动机的区别在于，动机是根据当下主要需求去择定目标，制订解决方案；立志是筹建一个长远目标来引导自我需求、引导人生价值取向。如果个人的目标愿景与共生态势场中的互动对象的目标愿景相一致而志同道合，实现的简易度和可能性就会大增。

（2）坚定信念，坚信自己择定的愿景和奋斗目标，并以之支配和激励思维与行动。

（3）强化心理态势，正视挫折与风险，准备解决方案，强化心理承受力，并能自觉抵御与信念无关的诱惑和压力。

（4）自觉行动，坚持不懈，敢作敢为敢负责，努力实现目标。

第五节　模仿学习品质

一、　模仿学习的概念

人格的社会化从模仿学习开始。模仿学习是指面对面以思维对象的形貌状态、音声表征和行为举止为样本，进行模仿效学的理解、练习、记忆和再现的思维过程。模仿学习的过程也是吸纳外能、外能内化的思维过程。

模仿学习有五个主要特点；

第一个特点是以学习标的为样本。也就是没有预备样本，直接以学习对象的样子为样本，直接记忆、模仿与复制，学习的过程同时也是建立样本的过程。模仿是让自己样本化，变成样本的样子，成为对方的样子，达到对方的境界。

第二个特点是依靠体感体验。即主要依靠感官的感觉感知和心理的体验体会，来理解记忆学习的内容、性能、程序和相互关系。

第三个特点是离不开实物工具。制造、组合、运用、操作相关实物工具，原本就是模仿学习的主要内容。目的是运用实物工具完成劳动实践任务，直至实现需求目标。

第四个特点是反复练习、演练同一组操作程序和动作，以达到准确无误、熟能生巧。

第五个特点是学习的成果就是技能技巧。学习的总目标就是掌握和熟练运用与更多需求相关的技能技巧，将别人的技能和经验，练习内化成自己的技能和经验。模仿学习是一种简易高效的学习方式，贯穿于人的一生，可以使人少走摸索与试错的弯路。

值得强调的是，1~6岁的幼儿模仿学习的主要特点是记忆游戏式的模仿和试错式的练习。

学为习得，学而不练则无习得，练而不熟则不通达。模仿学习是典型的外源信息能量向思维品质性能内化转化的过程。模仿学习所得是经验之知和技能品质。模仿学习强调仿效、练习、记忆的重要性，通过仿效练习，把样本理解记忆下来的体验，还原到本样的样子，以此验证习

得功效。模仿学习所得的技能和经验一定是本样的改造版（包括升级版、降级版、变异版）。模仿学习的核心功能，是要将习得的动作要领转换为行为动作的技能。

模仿学习不同于对文化理论知识的读书学习和听讲学习，学习对象一般不包括书面理论知识。模仿学习主要是立体直观的两类对象：一类是面对面的人的言行方式、形态动作、技能技巧、经验；另一类是媒介、智能平台播放的音像视频等可模仿效学的文化产品。在以文化理论知识的概念和抽象性为对象的文化学习和思辨学习中，仿效模仿或练习训练均可被省略，而被概念化原理化的联想、联通思维所代替。

在模仿学习过程中，师者的答疑解惑、演示解释、纠偏纠错、扶正评判是非常重要的，能使学习者事半功倍，使习得的技能和经验更加娴熟。

模仿学习品质主要包括好奇心、模仿兴趣、勤练习、勤思考、体感体验、领悟力、记忆力等。模仿学习品质的主要性能：启动和加快人格社会化的进程；改进自我提升自我，少走弯路；构建更新同类形态的样本。

二、　模仿学习的环节

模仿学习分为效学、练习和思考研究三个环节：

（1）效学环节。效学主要指学习时从动作要领及其形貌状态、音声表征上，以学习对象为标杆模仿效样。学习者通过主动多次的模拟、效学、复述、记忆、再现动作，调效纠偏，达到与本样、本相大致相符而逼真的境界。

（2）练习环节。练习主要指学习时从动作要领、操作程序与技法上，以学习对象为标杆模仿效样。学习者通过主动多次试错改错的操演和强化训练，将自己的个性智慧融入复习、复演过程，达到与本样、本相既形似又神似的熟练程度，实现动作能量向思维品质功能的转化。

（3）思考研究环节。思考研究环节经常和效学环节、练习环节融为一体，是指学习者在效学过程中反复思考和研究样本动作要领、样本技能的特性与规律性；在练习过程中反复思考，悟解疑惑，找到适合自己的演绎方式、运用方式和操作方式。

三、 模仿学习的意义

（1）模仿学习也是一种功能式的记忆方式，学习者通过主动的动作仿效、要领和程序记忆、复制、刻印式的记忆模式，使受纳和理解的内容按样本的样子强力记忆保持；是一个把经过识别、理解获得的技能，再次与技能样本进行对接碰撞、调校印证的过程；用效学和练习手段对技能与经验重复多次地进行调校印证式的理解内化，凝聚成对应的思维品质功能。

（2）学习者通过模仿学习，将他人的、公共的技能和经验产品快速内化，转变为蕴含特定功能的人格个性化思维品质。

（3）效学模仿和练习训练也是理解概念、形成概念、演绎概念，实现抽象知识具象化的必经之路。

（4）模仿学习是学习技能技法最基本也是最重要的路径和手段。

第六节　谋利品质

人的一切活动都是围绕对利益能量取舍交换的需求展开的。因此，追求利益是人的本性，是贯穿人生始终最基本的使命和任务。谋利是指谋取蕴含益利性能的利益标的，主要包括利益实物和利益等价物，金钱是最重要的利益标的。

一、 谋利步骤

人们谋求具体利益标的过程一般可分为三个步骤：第一步是识利选利，即感知和识别思维对象的益利性能并纳入需求选项，又通过动机决断思维对需求选项进行优选比较后列为求要选项；第二步是制订解决方案，即根据利益标的特性、环境条件、自身能力等因素进行资源整合与条件适配，制订解决方案，明确实施计划；第三步是取利，即依据解决方案，付出智慧能量，获取利益标的。

二、 谋利模式

根据思路的不同，可将谋利思维与行为划分为七种模式：

（1）利己不利他的谋利模式。这是一种直接的自利，是各自为己、各取所需、互不干涉，但也互不损害的谋利方式。

（2）利己利他合作共赢的谋利模式。这是一种典型的公义的道德的谋利思维与谋利方式。

（3）损人利己的谋利模式。这是一种不顾他人利益或有意剥夺他人利益，不择手段阻碍他人获利的典型的不义、不道德的谋利方式。

（4）通过利他而利己的谋利模式。其有五种情形：一是先利他，然后在他人的支持关爱下获取自己的利益。二是把别人的谋利行为当成实现自己利益的条件，努力帮别人出主意想办法，做成事或做对事，最终目的是为自身获利创造条件。三是通过寻租方式，先让自己成为他人获利的手段或条件，愿意供别人利用，帮其获利，然后实现利益转换，获得自己的利益好处。四是明修栈道，暗度陈仓。明里为别人为大家，暗中却借助公共权力、地位或公共资源牟取私利。五是给别人提供获利的标准、规范或模式，然后从别人获得的利益中提取一部分作为自己的收益，如有偿转让技术专利、知识产权、解决方案等。

（5）利用优强态势移动均衡支点的谋利模式。这是竞争、博弈过程中优势方特有的谋利模式。优势方通过社会正义、标准和规则的制定权、解释权、裁决权，将公平、均衡的支点移离己方，移近对方，借此拓展己方的获利空间和机会，压缩对方的获利空间和机会，然后以强大的实力作杠杆撬动并掠夺对方的利益与资源。

（6）投资获利模式。将既得利益转化为手段和条件，反复投资获利的谋利模式。

（7）资源互换的谋利模式。资源互换也是资源整合的一种方式。如果一个人所能掌控的资源并非自己的利益源或获利手段，则可以用来与他人进行资源交换，从他人的资源中获取自己所需的利益或获利手段，同时让他人从自己掌控的资源中获取所需的利益或获利手段。

七种谋利模式既可能心想事成，也可能事与愿违，还可能会变异出主观利己而客观利他或主观利他而客观利己的结果。

三、　谋利的原则

个人的利益诉求应该与他人、团体的利益诉求相互兼容，应该和社会的需求相融合。因此，谋取个人的利益应该坚持平衡、善意、适度、高效的原则。

（1）坚持利益的平衡取得，对利益结构经常进行合理化调整。利益结构合理化，是指根据需求的内在结构和各种利益的能量比重，为自己确定合理的利益结构，使各种利益互为条件、互为目的、紧密联结，形成科学的利益能量搭配，防止个人的某些利益过剩、某些利益短缺，造成"营养失衡"。

（2）坚持利益的善意取得。一要合理取得，"君子爱财，取之有道"，不强人所难，不损害别人的利益；二要合法取得，符合法规、政策，依法经营、依法谋利，法理不允许的坚决不做。

（3）坚持适度取得。谋利不但要考虑自己的消化力、承受力，还要考虑资源的量度，考虑其他团体成员对资源和利益的需求度，团体对有限利益的分配难度。不贪婪、不强求，适可而止。

（4）坚持高效取得。高效取得首先要准确快速认知利益点、利益链；其次要选择适合自己的利益标的，把智慧集中于适合自己的利益标的上；再次要正确而又高效地选用手段、工具和方式方法，提高工作效率；最后要简化程序，但一定要遵守程序，依序而行，不走不切实际的所谓捷径，不用或少用未经论证、未经检验的怪招。

在能量取舍交换的社会互动中，人格的谋利品质主要表现为唯利是图、利益优先、依法经营、按劳取酬、公平交易、等价交换、善意取得、恶意取得、贪小便宜、公私兼顾、损人利己、损公肥私、以权谋私、以职谋私等谋利原则和谋利意念等。

人格谋利品质修养的要点：一是坚持善意取得、依法获利的理念，反对恶意取得、违法获利的行为；二是坚持合作共赢、互惠互利的理念，反对损人利己、损公肥私的行为；三是坚持公平正义的原则，反对强取豪夺、不劳而获的行为；四是自觉防止公共权益的过度个性化，反对以权谋私、以职谋私、私吞公共财产的行为。

第七节 审美品质

人格的审美品质是指人们感知、体验、欣赏、享受、创造、展示美的心理思维功能包。审美品质主要积聚、转化和抒发那种能够激活愉悦情感、让人赏心悦目的思维性能。

美，是事物（信息）能够满足人们愉悦需求的品质特性和形象特征，是那种区别于其他事物的特性和特征。美有三大特点：①美态形象的纯粹度和风格是同类个体难以达到的，能让人耳目清新、心生赞赏，能使人产生轻松愉快、心旷神怡的心理体验和享受；②美性可使人们产生认同，引发共鸣共赞，能够导欲、启悟、怡情、养意、兴志；③美质结构的协调性可以导致品质优势，赋予本体标杆、样本属性。

人的美感是对事物的审美感受。爱美之心，人皆有之，美感是人的共同本性。但是，美感之美不一定是事物之美。由于每个人的抽象思维与形象思维在思维结构中的权重不同，审美倾向、审美标准、审美悟性、审美能力、审美情感都有很大的动态差异。因此，无论是对自然美、对社会美还是对艺术美，各个人的审美感受都会大不相同。同样一种品质特性或形态特征，一些人会认为很美，而另一些人则会认为不美；一些人昨天认为很美的东西今天则认为不美。可见，审美是人的一种能动易变的心理思维体验和创造。

审美思维就是指人们体验、感知、欣赏、享受、创造、展示美的心理思维过程。审美思维是一种个性化差异最大的心理思维活动。对于同一个审美对象，不同的民族、不同的文化、不同的信仰、不同的年龄段、不同的氛围、不同的心态都会得出不同的审美评价。

审美思维主要由美的体验和认知、美的欣赏和享受、美的创造和展示三个环节构成。

一、 美的体验和认知

美的体验和认知过程一般有四个层级时段：

（1）心情准备期。人在心情平静、产生求悦欲望时才有对美的敏感性，才会激发心理的美感性能。在心情紧张、悲伤、专注于思考的心态下，人的美感性能是关闭的或半开半闭的，对美的刺激就会迟钝、麻木。正所谓"心情不好吃饭不香，心情好喝水也甜"。

（2）对美的映照体验期。人们通过审美样本的映照性能，体验感受到美质美态信息的刺激，进而领悟刺激信号中美的意味、意涵和能量，发现美的真实。

（3）识别评价判断期。对美领悟之后，人们会迅速对美的特殊性、样式和类型作出识别和评价判断，授予相应的概念名号，对美进行标识、定义。

（4）认可认同领受期。给美冠名之后，人们要根据当下的需求和意愿，对美进行取舍审核。再好再美的东西，当下无欲无求时也会拒绝，这不是因为无用，而是当下不适合、不适用。只有当下有欲求时才会认可认同美的价值和效用，将美领受下来进入内化、欣赏、享用。

二、 美的欣赏和享受

美的欣赏和享受是美的能量内化的核心步骤。欣赏，是用喜爱欢畅的心情去领会、吸取、消化美的能量和意味。享受是欣赏的效能，是因欣赏美而得到的感悟、怡情、养意、兴志等受用效能的心理体验。对美的欣赏和享受是人的领悟恒性、惯性，最容易养成偏爱的习惯和稳固的方式格局，久而久之就构成人们对某些美的信念和崇拜。人们对美的欣赏和享受主要有四种惯用模式：

（1）样本映照式。供欣赏的审美样本是指心理记忆中各种关于美的概念、名号、名牌品牌、名人偶像、标准等。凡映照符合样本的都是"免检产品"，人的审美思维会不容置疑地予以领受接纳、"照单签收"，拿来欣赏享受。有些人对心目中的名牌、偶像、信念的偏爱和崇拜就像鱼儿爱水、"老鼠爱大米"。人的记忆中有多少关于美的人、事、物的概念，就会有多少审美的样本，进而养成偏爱的欣赏和享受习惯。

（2）差别式。差别即个性、特殊性、超常性。差别式欣赏是指偏爱欣赏事、物、人的个性差别。差别式欣赏的本质是通过主观美化事、物、人的缺失、差别，并将之转化为风格、特色来欣赏享受。如将偶像、名人的个性缺点美化成风格、气质、特色，就会对之更加倾情地欣赏和爱慕。

（3）创意式。创意是指对原本常态的事物品质或形象，突发奇思妙想地变换其表达展现方式，而传达出来的创作创新意愿。事物常态的表达展现方式一经变换，就会给人以或新或奇或异或怪或妙的刺激，让人耳目一新，赏心悦目。创意式欣赏就是指偏爱欣赏与常不同、与众不同，能启发思维角度、拓展思维空间的创意。欣赏点不是事物的美而是创意的美，是一种因受到启发感悟而生发的欣赏。短暂的时效性是创意式欣赏的特点，这也是创意式欣赏与差别式欣赏的根本区别。

（4）势利式。这里的势利指的是对事物某种品性的情感倾向，是对价值、利益、好处、权势、优势、强势等事物品性予以认同、赞扬、拥戴等情感倾向的统称。蕴含势利或能授人以势利的品性都能激发和吸引人的美感，让人以偏爱心态去欣赏和享受。

势利式欣赏是一种带有明显功利目的的欣赏模式，通常会走向"爱屋及乌"。"爱屋及乌"是一种不怕承受连带责任和风险的情感倾向。这种情感倾向很容易产生名人、偶像的广告效应，使人的审美效应倍增，但也很容易让人被势利诱导而上当受骗。实际生活中比比皆是的上当受骗案例，大都是势利式审美欣赏惹的祸。

在市场经济社会中，利用人对美的欣赏和享受惯用模式，设计和采用某些示美手段，如建品牌、立标准、秀差别、出创意、授势利等，吸引、诱导、调动人的美感和审美倾向，让人为欣赏和享受美倾情倾囊。这是商业营销中惯用却总有高效的营销模式。

对美的欣赏和享受，能为心理思维活动提供导欲、启悟、怡情、养意、兴志的能量和作用，尤其是为需求思维和情感思维提供导向，提示审美对象的能量和作用，使需求和情感更加理智可控。

三、 美的创造和展示

美的创造和展示，是指将认知美、欣赏美而内化形成的美感、美质，向外部再现、抒发和表达。创造的美是主观赋予、美化、劳作塑造的社会美或艺术美。创造和展示美的目的有二：一是供自我欣赏，自我享受，自娱自乐，自我调节心情；二是供他人或社会群体欣赏和享受，愉悦并诱导他人。

创造和展示美的主要方式有：

（1）为某些物品、事件或精神文化作品赋予美的特性或特征，使之由平常变成超常出众，表现出主观美化特性。

（2）设计、创作、制作出美化作品、产品或形象。

（3）排练、演练、演示、展示、表演美的形象、形态、语言、音声、图像以及行为。

（4）议论、点评、修改、评价、评判别人表现和展示的美。

幽默艺术也是创新创造出来的，可在语言、文字结构上注入愉悦情感，可在语言、文字表达方式上注入技艺技法，都能在赞美中隐含嘲笑，在调侃中隐含赞美，塑造出富含美质美感的艺术形象与情景氛围。

第八节　吸引力品质

人格吸引力是指一个人能引导思维对象的关注和亲近，吸引其认同肯定自己的观点、主张和方案，愿意合作，乐意付出，帮助配合自己成就需求目标的人格品质。人格吸引力是一种无形的魅力，是人格的一种特质。在能量交换和人际交流的社会互动中，人格吸引力主要体现为真、善、美、优、强、能、技、艺、衡、适、悦、顺、奇、特、奥、精、雅、巧、妙等人格特质品性。具备以上一种或几种特质品性，就会在音容形貌、言谈举止和个性气质上释放出令人羡慕、欣赏、认同、亲近和合作的人格吸引力。

吸引力强的人能吸引很多人的支持、关爱与合作，开展能量交换的社会活动就会事半功倍、成效显著。吸引力弱的人则很难吸引他人的支持、关爱与合作，开展能量交换的社会活动就会事倍功半。

人格吸引力是个性特质在社会公共活动中的表现，是他人或大众对一个人的个性特质给予的认同和肯定，属于人生社会价值的一个层面。因此，人格吸引力修养的重点在于：一要重视个性特质品性的培养和提升；二要使自己的需求、情感、态度与"三观"，同大多数互动对象的需求、情感、态度与"三观"相互融通，建立"同性相吸"的基础；三要选择适当的社会场合以适当的方式与技巧，适度地展现自己的个性特质和人格魅力，使人格吸引力得到有效的强化和提升。

第九节 合作与竞争品质

人类社会是一个分工合作的群居社会，人们所需的能量在初始阶段总是以社会共同能量的形式存在。在市场经济社会，绝大部分的社会共同能量又以商品的形式进入交换过程。商品（能量）的生产与交换过程要经过多人、多个环节的分工合作才能完成。任何一个人要实现商品（能量）的交换，都必须参与社会的分工与合作，团体与团体、人与人就因此形成了合作关系。在商品（能量）交换过程中，总会受到各种因素的制约，出现需求交集但能量与条件资源短缺现象，造成机会不平衡，团体与团体、人与人就因此形成了竞争关系。可见，合作与竞争关系是团体与团体、个人与个人之间的必然关系。

在一个团体内部，既合作又竞争是内部人际关系的常态。团体领导者应该号召和激励团队成员，经常开展友好合作和友好竞争，使团队持续保持工作激情和创新创造热情，使团队的工作绩效和业绩保持一个较高的水平，同时使团队对外的竞争能力持续得到提升。

根据对象不同，合作与竞争都可分为内部的合作与竞争、外部的合作与竞争。根据情感态度不同，合作有真诚合作、假意合作之分，竞争有善意竞争、恶意竞争之分。

一、 合作品质

合作类品质主要包括分工协作、团结协调、和睦相处、互相帮助、相互利用、扶贫济困、集体观念、同心合力、荣辱与共、责任分担、成果共享等品质。

合作品质修养的要点包括：

（1）把合作方的角色地位和作用视为自身履行角色、使命、职能的必要条件，尊重和帮助每一个合作方履行其角色、使命、职能。

（2）认真履行自身的角色、使命、职能，为合作方成员履行其角色、使命、职能创造有利条件。

（3）增强集体观念、全局观念，以集体利益、全局利益为重。自觉做到个人意愿服从集体意愿，个人利益服从集体利益。

（4）自觉维护团体利益和团体荣誉，自觉抵御损害团体利益和团体荣誉的言行。

从智慧化思维角度讲，在复杂或系统的社会互动合作活动中，当事人应该念想和谋划两种超常的合作形态：第一种合作形态是把互动对象改造、转变为志同道合的合作对象，尤其是把己方阵营外的互动对象吸引、转变为己方阵营内志同道合的合作对象。第二种合作形态是对于某类互动对象，如果不能得到他们的尊重和支持，就要设法让这类互动对象在敬畏下不得不配合。

二、 竞争品质

竞争类品质主要包括相互排斥、抢占先机、争强好胜、创新创造、独占独享、自我保护、明争暗斗、损人利己等品质。竞争类品质包括善意竞争品质和恶意竞争品质。

从智慧化思维角度讲，竞争品质发挥性能应该有双重目标：目标之一是获得，使自己心想事成，获取更多利益与资源，同时让对方丧失自信、丧失竞争意识，知难而退出竞争，实现"不战而屈人之兵"；目标之二是抢占、剥夺、损害对方，即与对方抢占有利地位、名序或态势，剥夺或损害对方所拥有的地位、名序、态势、利益、资源、条件等。

善意竞争品质修养的要点包括：

（1）培养和强化竞争意识，敢于抢占先机、敢为人先、勇于创新创造，为自我和团体争取更多更好的机会和资源。

（2）培养和强化善意竞争、依规竞争和依法竞争的理念。反对恶意竞争、违规竞争和违法竞争。

（3）提前设计和建立竞争预案，重视竞争规则的设计，为竞争做好充分的准备。

恶意竞争品质修养的要点包括：

（1）真确认知双方的优势点和劣势点，做到知此知彼。

（2）充分整合资源，把自己的竞争力做到绝对优势。

（3）针对外部环境和第三方，重视外部干扰因素的变化，提前设计和建立应对预案。

第十节　利他品质

利他即益利他人，为他人谋取利益或输送利益。利他品质、利他思维是人格社会化修养的结果，是人格社会性、人格道德品质的典型表现，是社会分工、社会角色使命和职能对担任者的必然要求。

一、利他品质系统的结构

人们的人格利他品质系统，主要由两组四种品质构成：第一组是动力型利他品质，内含角色型利他品质和仁爱情感型利他品质；第二组是价值取向型利他品质，内含手段型利他品质和目的型利他品质。

（一）动力型利他品质

依据利他思维和行为的动力源不同，可将利他思维和行为分为角色型利他和仁爱情感型利他。

1. 角色型利他

角色型利他，是指履行社会角色规定的使命与职能，以为工作对象服务、为工作对象谋取福利为己任的履职思维和履职行为。例如，职业角色的公职行权思维、公职履职思维，都要求角色担任者必须努力为工作对象提供优质服务、优质管理、优质福利，让工作对象安居乐业、有序生活。又如家庭角色的父母对儿女、夫妻之间的角色担当思维，都要求以满足对方的需求和家庭的需求为己任，尽心尽力为对方、为家庭创造与提供生存和发展所需的物质、精神两方面的资源条件。否则，就是角色担任者的失职、渎职、不称职。

2. 仁爱情感型利他

仁爱情感型利他，是指因为在情感上亲爱、喜爱、同情对方，而主动、无条件地关怀、爱护、照顾、支持、扶助对方，给予对方所必需的物质和精神能量、利益，为对方谋取福利。仁爱情感型利他的内驱力源自"我喜欢""我乐意"，是一种无条件、不图回报的利他思维。

（二） 价值取向型利他品质

依据利他行为的价值取向不同，可将利他思维和行为分为手段型利他和目的型利他。

1. 手段型利他

手段型利他，是指将利他行为用作实现利己目标的手段。首先，通过利他行为成为对方获取其自身利益的手段，帮助对方实现其利益目标。然后，在他人实现其利益目标的过程中，又转换成为己方获取自身利益的手段，为自我利己目标的实现创造条件，提供资源。

手段型利他的整个过程，自始至终都是受利己动机驱使的。利他行为的力度、功效取决于利己动机的强度。在实际生活中，手段型利他往往比目的型利他更频繁、更有力、更有效，受益方得到的利益好处更多。利他与利己成正比关系。

手段型利他是有条件的，这个条件就是寻租式的利他合作契约，即甲帮乙谋利为乙输送利益的前提，是乙方必须承诺帮甲谋利，为甲输送利益；如果乙不愿承诺，甲就不会对乙"利他"，而且会转移与丙开展利他合作；如果在与乙合作的利他过程中乙不践约，不作为，不帮甲谋利，甲就会立即终止对乙的"利他"行为。如果每个人都十分重视践行手段型利他行为，那么整个生态链、利益链上的每个人都会从中受益。可见，手段型利他在本质上就是互相利用的合作谋利，利他即利己。

2. 目的型利他

目的型利他是指以帮助、扶持他人为目的，无条件、不求回报地帮他谋利，为他输送利益的思维和行为。目的型利他主要有三种表现形式：第一种是职业角色型利他；第二种是仁爱情感型利他；第三种是自觉的公益赠与型利他。

由于目的型利他是无条件的、不求回报的，因此其内驱力是偶发的，而且强度有限，利他行为的频率、力度和功效都无规律可循。也正因为目的型利他是无条件的、不求回报的，基本上都是强者的能量、利益向弱者单向流动，所以更值得广泛提倡和褒扬，以促进社会各阶层人际关系更加平衡协调，社会道德风气更加和谐高尚。

二、 利他品质的修养

利他品质是推动人格社会化、提升人的社会价值的人格加油站。人格利他品质的修养要点是：

（1）自觉融入社会群体生活，自觉履行社会角色使命与职能，积极大胆地参与同他人的合作，在合作中通过相互的利他，谋取各自的利益和好处。从获利的过程和结果中，深刻体验利他行为的妙处和意义。强化自己的利他意识，把利他思维与行为作为人生的必需。

（2）强化仁爱情感，经常主动关爱他人，包括社会上的他人和家庭内的亲人，弱化以自我为中心的孤独自闭情感和索取性的态度取向。经常换位思考和研判他人的需求和困难。

（3）养成一种思维习惯，即自己求人时想想他人求己时，他人求己时想想自己求人时。既能坦然地求人帮助自己，又能乐意地帮助他人排除困难，谋取利益。

（4）经常积极地参与社会公益活动，把帮扶对象的需求和疾苦放在心上，乐意为他人的生存和发展贡献一份力量和意愿。

第十一节　抗险避害品质

险害，是指人们面临的有损于安全与健康、有碍于目标实现的风险与危害，包括自然的和人为的灾祸、损害、困难、难题、障碍、风险、危险等。险害与益利是事物的损害性能、益利性能，作用于人所产生的两极功效。险害与益利相生相伴，人们不可能只求取事物的益利性能，而又不面对事物的损害性能。险害是人们求取利益，谋求生存与发展所必须应对和承受的伤害源。险害让人敬畏，有所顾忌，不敢胆大妄为。

抗险避害思维，指的是人们在求取事物益利性能的同时，采取防范措施，尽快尽量地认知和评估险害性质和程度，制订预案的思维过程。力争有效地躲避或抗御风险灾祸的伤害，最大限度地降低和减少损害。

抗险避害品质修养的要点是：

（1）时刻关注险害隐患，在关注、重视利益的同时，关注和重视险害隐患。对事物尤其是对未知事物保持敬畏意识，尊重事物的规律。

（2）养成系统分析和研究险害的思维习惯，提高对险害的认知力、判断力，防止因认知、判断失误导致的险害。

（3）重视学习和掌握化解风险危害的知识，通过演练、训练培育应对险害的技能技巧。提高遭遇险害时的应变能力，图求有效地减少损失，降低生存和发展的成本代价。

（4）增强担当意志，提高对风险危害的承受力、担待力。

（5）调整心态，理智看待险害，将应对、化解险害的过程当作历练成长的好机会。有意识地领悟和把握应对风险危害过程中产生的机会和资源，更好更多地获取利益，谋求发展。

第十二节　改错调适品质

一、正确与错误

什么叫正确？正确是指人们的思维言行符合、适应社会（大众）公认的标准或样本。也就是说，符合或适应社会（大众）公认的标准或样本的思维言行就称为正确。正确经常与正义、合理、合法、公平、正当、成功、适合、平衡、优美联系在一起。

什么叫错误？错误是指那些与正确的标准（样本）不符合、不适应的思维言行。错误经常与损人利己、野蛮、无理、违法、犯规、逆反、失败、失利、失势、失衡、丑陋联系在一起。错误与不足的本质是智慧的短板，是智慧含量很低的思维品质、性能或功效。

在人类的社会活动中，评判人们的思维言行正确与错误，主要有四类标准（样本）：

第一类是自然事理标准，是评判人们在与自然界事物互动中，思维言行是否符合或适应事物演化运变的事理、规律、法则及其科学定理、公式等标准（样本）。符合与适应的就是正确的，否则就是错误的。

第二类是社会法理标准，是评判人们在社会互动（人际交往）中，思维言行是否符合或适应社会正义、社会公理、法规、伦理、道德规范、公序、规则等标准（样本）。符合与适应的就是正确的，否则就是错误的。

　　第三类是生产技术与工艺标准，是评判人们在生产、工作（包括开展业务、工程、项目活动）中，思维言行是否符合或适应技术规制、工作程序、工艺流程、产品品质规范等标准（样本）。符合与适应的就是正确的，否则就是错误的。

　　第四类是评判者的人格标准。评判者是指事件、事项（包括业务、项目工程、活动等）的发起人、主办人、协办人、监护人、师长、管理者、决策者、裁决者等强者或强者代表。评判者的人格标准主要是指评判者的情感倾向、道德品质、意愿、信念、审美观念、求利模式等合成的人格态度，主要体现在评判者当下的喜好、意图、观点、立场、指令或诉求中。

　　在经常进行的、对人们的生活与工作过程是正确还是错误的评判活动中，评判者的人格标准经常是不成文、不公开、不明说的，却是决定性的评判标准。因此，有些人把小部分智慧精力用于做事，而将大部分智慧精力用于揣摸和领会评判者的人格态度。

　　人们对各类评判标准（样本）理解与执行的差异，以及评判者人格标准的不确定性，使得正确与错误具有相对性、不确定性。

　　从不同的角度看问题，错误也各有特点：有时候，错误是自我对当下负面态势、情景的体验和感知，如不利、不适、不顺、不爽、不畅、不悦、不美、不好等；有时候，错误是人们对真理、公理、公序、权威的敬畏和屈服；有时候，错误是智慧者的觉悟，是对自身的高标准、严要求；有时候，错误是失败者、失利者、失势者的自责和担当；有时候，错误是强者对弱者的责难，是强者管理弱者的手段和策略；有时候，错误是弱者的自责，是弱者在强者面前的言行特性；有时候，错误是弱者养精蓄锐，与强者抗衡、斗争、周旋的策略、技巧；有时候，追求完美无缺就是一种错误；而有时候，不追求完美也是一种错误。

　　评判标准是选择的依据。在不受政治立场和道德观念约束的生活时段、生活领域、生活层面，人们的大量选择往往都不以对错、优劣为依据，而是以是否适合自己的需求和人格个性为依据。尽管未被选择、采用的对象很优秀，尽管已被选择、采用的对象没那么优秀。所以，"适合"是最核心、最普遍、最正确的选择标准，是经常超越、挤占、排斥其他标准的选择标准。

二、 改错调适

调适品质的主要性能是度量需求与态度的过欠、盈缺、益损。失度则不适，不适则需调适。

改错调适，是指自我改变、改正与正确标准不相符合、不相适应的思维与言行，将思维与言行调校到与正确的标准相符合、相适应的状态。改错是自我智慧提升的前提。只有找出自我的不足和错误予以修正，才能有效提升自我对应的智慧能力；修正错误的过程其实正是智慧提升的过程。改错调适品质的内涵主要包括自我否定，对他人观点与言行采信、认同、兼容，快速融入团队，快速适应环境等精神要素。

人格智慧的特点，就是通过身体力行、亲身体验而反复习得；通过试错言行而反复领悟、体会，总结出改错调适，正确言行的经验；探讨与不同的互动对象互动时，都能正确而又成功地做人做事的言行模式。

很多时候，召集或参与有关成员座谈讨论，在讨论中适当地多次解释、阐述自己的思路和观点，征求别人的意见，进行多维的比较、推敲、论证，正是谋求改正错误调适自我的最佳路径。

三、 品质修养

改错调适思维品质修养的要点：

（1）在社会互动的言行试错实践中用心体验，试探和掌握各相关方的标准、诉求和底线。在试错的同时修正和调校言行的适应性，提高言行的试错功效，进而提高言行的正确率。

（2）更多更快地认知和理解各类标识正确的标准（样本），克制以自我为中心的思维习惯，自觉以他人、以社会为中心，以公认的标准为中心，以公认的正确为正确，以公认的错误为错误，建立自我与社会相符合、相适应的正确标准（样本）体系。

（3）"吾日三省吾身"，经常以正确的标准映照检查自我言行表现，遇有不适不符之错误，即自觉改错调适。

（4）尽量使正确做事（做对事）与成功做事（做成事）统一起来，当做对事与做成事发生矛盾时，应当机立断优先选择做对事，以做对事为做成事的前提条件，在做对事之后再争取做成事。

　　在社会活动中，人们做人做事的思维言行通常有三大类目标：第一类是以正确做事（做对事）为目标；第二类是以成功做事（做成事）为目标；第三类是以谋利（做对己方有利的事）为目标。人们的每一个动机思维的目标，必然是上述三大类目标中的一类。三大类目标，有时是能够相互兼容、相互兼得的，有时则不能兼得，只能取其二或取其一。第三类目标即谋利目标经常隐含于前两类目标之中，即明里不以谋利为目的，而通过做对事或做成事暗中谋利。如果明里不以谋利为目的，而在做对事或做成事的背后又不谋利或不能得利（即做对事不得利，做成事也不得利），则是智慧不如人的无奈之举，或是事不适己的徒劳之举，或是做人不得势的失势之举。在商务活动中，如果一个项目、一个商务活动，明知做对事或做成事都不能获利而仍然选择为之；或多次证明无论做对事还是做成事都不能获利而仍然坚持为之，则是与智慧化思维背道而驰的典型的愚蠢之举。这种愚蠢之举，是很多寻业、创业者理直气壮的试错创业思维特点。这种愚蠢之举也是从商者尤其是初入门的从商者，人格改错调适思维品质修养严重缺失的必然后果。

第十三章　动机与决断思维

动机决策思维可分为动机思维、目标思维和决断思维三个阶段。动机思维将人的需求立项，形成动机预案。动机预案亦称解决方案。因此，动机思维也可称为解决方案思维。目标思维为动机选项适配目标。决断思维择定一个完整的动机预案并付诸实行。

第一节　动机思维

一、　动机概述

人的动机是指发动和维持一次有目标的行动的动因机理，也即是发动和维持一次有目标的行动的因果关系链；是关于行动的预案思维，是有立项思路和预案的行动意念。动机要回答四个问题：为什么要采取行动？行动为了什么目标？行动要完成什么任务？如何行动？给出采取行动的原因与根据、行动的目标（包括分目标与总目标）、行动的手段和任务、行动的程序与步骤。回答和落实这四个问题，就是构建一次行动的因果关系链的动机思维过程。通俗地讲，可以将一次行动（一个项目）的依据、目标、手段与任务、程序与步骤四要素合称为动机。动机的本质就是一次行动的因果关系链，动机思维就是将一次行动的因果关系链确立为一个可行项目预案的思维过程。

研究探讨某个人做某一件事（项目）的动机，就是透过眼前所见的现象与结果，分析这一现象与结果作为手段条件，应该是实现什么目标的必备条件。据此思路，向前可推导出事件的终极目标，向后可推导出导致这一事件的原因和发起人。这也是运用动机思维破案的一般思路。

事物的因果关系规律提示人们：一旦表明人为的某种现象与结果可以成为另一现象（目标）的条件时，必然会成为一些人动机立项思维

的对象，而被立项开发和利用，从中获取特定的利益或价值能量。

必须强调的是，动机不是行动的过程，不是行动本身，动机只是对行动的设想和意念。动机产生的内因是需要和欲望，尤其是欲望，可以说动机是专司需求的践行方案的思维性能。动机产生的外因是外界信息的诱导，由益利性能信息产生的诱导称为正诱因，由损害性能信息产生的诱导称为负诱因。

动机思维的目的和成果为决断决策提供解决方案（预案）。

二、　动机立项

立项，是指建立项目或项目确立。项目来源于人类有组织的活动的分化、分解或整合。从广义上讲，项目是一个特殊的将被完成的有限任务。它是在一定时间内，满足一系列特定目标的多项相关工作的总称。项目指的是一个过程，而不是过程终结后所形成的成果。例如，人们把一个新图书馆的建设过程称为一个项目，而不会把图书馆本身称为一个项目。项目可以是建设一栋大楼，也可以是进行一个研究课题、一项活动等；是建立一个新企业、新产品、新工程或规划实施一项新活动、新系统等的总称。项目一般可以分为两类：一类是连续不断、周而复始或有周期规律的活动，人们称之为作业、运作或事项，如企业日常生产产品的行动、人们日常生活的事项。另一类是临时性、一次性的活动、工程，人们称之为项目，如企业的技术改造活动、一项环保工程的实施等。

三、　动机思维过程

动机思维过程就是将多组紧密相关的自身需求，与主观能力条件、客观环境条件相匹配，然后设计成一个可行性强的项目或活动。具体可分为四步：

（1）对需求进行整合编组。先将相关性强的几个需欲求要链，组合成一个一个需求，再将几个急需实现的需求编列成一个合适的项目或一次合适的活动。

（2）配置目标。先给项目或活动确定一个合适的总目标，然后依据因果条件关系，建立层级分目标（即实现总目标的各层级条件），构成因果关系链性质的目标系统。这个目标系统最好能够进入人格诉求识别圈，即与人格的任一个诉求目标相一致。这是动机目标适合性、可行性的保证。

（3）整合配置资源。将需求和目标与自身能掌控运用的各种资源对接，进行匹配，将匹配的资源整合成项目（活动）的配套资源。

（4）设计程序与步骤形成预案。根据项目（活动）特点，设计好实施、操作的程序、步骤，形成一个完整的项目（活动）预备方案。

有些项目（活动）设计的动机思维过程，是先确定一个合适的总目标，然后再围绕总目标去整合、编列需求，配置资源，设计步骤建立预案（解决方案）。

从智慧学角度看问题，动机思维就是使具有因果关系的需欲求要链进一步项目化，使求要行为目标化、程序化、模式化；也是关于需求可行性的论证思维、项目方案思维。

动机思维贯穿于智慧化思维的全过程，无论如何提出问题、分析问题，还是如何解决问题，都要通过动机思维来立项并设计适用的解决方案。将某一组需求列为动机的众多选项之一时，称为某种意图、某种诉求，这只是动机思维的前兆。蠢蠢欲动是动机的半成品，思考设计了行动预案，万事俱备已成动之机，只等决断令下，这才是动机。正常情况下，每个人的每一组行为、事件、事项，都是有目标、按计划方案进行的。所以，人们可以通过对人为的一组行为、事件、事项的过程和结果的分析，反向推断出当事人的动机。

从动机角度考察人的行为的智慧含量，可将人的行为分为动机行为和非动机行为。动机行为是指在动机思维指导下的，有系统目标，按方案进行的行为，是先计划好、设计好，先有明确思路，然后再干的行为。非动机行为包括无动机行为，主要分两类：一类是指不用事先设计目标与方案，没有思路，随意行事，干到哪算哪，得到啥算啥，一切无所谓；另一类是受规律性的生理需要驱动，而习惯性行事，如衣、食、坐、睡等日常生活行为。非动机行为是很感性、很随意、很机械的，只能算是初级智慧行为。完全无动机行为，相当于无意识的本能反应、本能应对，称不上智慧思维和行为，充其量只能称为动物级智慧行为。

根据需求性质的不同，可将动机分为均衡型动机和优强型动机。均

衡型动机是继承和强化均衡型需求（即需要型需求）的特有性能，以求取或坚守己方与对方的均衡态势为终极目标的动机。优强型动机是继承和强化优强型需求（即欲望型需求）的特有性能，以求取和坚守己方的优强态势为终极目标的动机。

　　受目标的性质、需求的急迫程度、客观条件许可度的制约，动机也有强显与弱隐之分。强显性动机一般授予主目标或核心目标，使心理思维活动充满爆发力和激情，让他人容易感知。弱隐性动机一般授予非主要目标或非核心目标，驱动心理思维活动为实现主目标或核心目标创造条件。

　　根据践行需求目标的行为性质不同，可将动机分为两类：一类是善意动机、益利动机，另一类是恶意动机、损害动机。善意动机和益利动机需要组织正面的人格品质，配置正面的人格能量去践行需求目标，其结果是益利自我、益利他人、益利社会。恶意动机和损害动机则会调动负面的人格品质，释放负面的人格能量去践行需求目标，其结果有两种可能性：一种是损人利己，另一种是既损人又害己。

第二节　目标思维

　　智慧化思维的目标，是指由一个核心主题诉求与多层多个能量标的有序建构的一个能量标的组合，是一次行动、一个项目、一项活动要实现的结果。在这个能量标的组合中，核心主题诉求是人们念想要最终实现的愿景（终极目标），是贯穿整个目标思维过程和践行过程的主线、主轴；多层多个能量标的是实现愿景的多层多个条件（内含分目标）。目标不同于目的，目的往往是一个能量标的，目标则是由多层多个能量标的构成的一个组合、系统。有核心主题诉求且能量标的具有层级性、系统性，是目标与目的的明显区别。

　　目标思维是将思维对象确定或转化为符合需求指向并能整合资源与条件的能量标的组合的思维过程。

　　事物总是以多性质、多功能形态作用于人们的思维与生活。我们可根据目标自身当下的主导性能，把目标概括为利益目标、态势目标和价值目标三大类。在工作、职业、事业思维中，三类目标经常会相互蕴含、相互兼容，在主要目标与次要目标之间相互转换，共存于一个目标系统；在生活思维中三类目标又经常会泾渭分明、一目了然。思维目标的品质性能，决定着需求的时段指向。就一个确定的时段而言，必然有一类目标在主导、决定着人的需求指向。人们只能主取一类目标，要么利益，要么态势，要么价值，兼取其他两类。构建目标是为智慧化思维抒发释放能量提供标的，使之能够有的放矢。

必须明确，追求利益与追求价值有重大区别：①追求利益者，首先必然要先利己而后利人，稍不注意就会损人利己，令人讨厌；其次追求利益就要创造条件，相关人、相关团体都会成为条件而被利用。②追求价值者，首先必然要互惠互利，而且很多时候更需要主导者让利，使相关人、相关团体都能从中获利，这肯定会令人赞赏、认同；其次追求价值就要营造平衡协调环境，相关人、相关团体都是不可或缺的结构要素，各自的需求都会得到一定程度的实现。

作为动机要素的目标是一个系统，由中间目标（分目标）和终极目标（总目标）构成。中间目标（分目标）通常表现为现象或结果（即人们看到的某种现象、某种结果）。这种中间目标的本质是实现终极目标的必备条件（包括必要条件、充分条件或充要条件），是为了实现终极目标而运用手段所造成的后果（结果）。复杂的、宏大的事件（项目）通常有多层多级中间目标。

构建目标系统是项目规划、人生规划的关键，目标系统一旦建立，便会对人的各种智慧化思维品质与资源条件产生强大的吸引力、凝聚力和整合力。

一、 利益目标思维

利益是指事物能直接满足人们物质和精神需要的功能特性，包括物品、品质要素、益处、好处、作用、意义等益利性。事物的益利特性和具体价值特性相似，可以是物质产品，也可以是精神文化产品；可以是事物客观的内在价值（利益）特性，也可以是人们根据需求或目的对那些与生活相关的对象赋予的特性，如真假、虚实、利害、好坏、美丑、优劣、对错、成败等。利益标的富含人体生存与发展所必需的能量，在市场经济社会，金钱财富是利益能量最普遍最重要的等价物，因

此是人们最基本又最重要的利益谋取目标。利益（内在价值）既是人们相互团结、相互兼容、和谐相处的根本原因，也是人们相互排斥、相互竞争、相互冲突的根本原因。

事物的利益点和事物的价值点一样，是人们认知事物的动力和目的，是人们选择决策和行动的根本依据。

利益目标的建构思维过程，主要由利益标的化、利益结构合理化、利益目标序化三个方面组成。

（1）利益标的化。在社会生产和生活活动中，利益标的主要是指可供人们直接享用、消费、使用，或通过简单加工配置即可直接享用、消费、使用的物品及其性能。利益标的化，即选择具有益利功能特性的事物作为需求进取标的的思维过程。首先是根据知识和经验对事物益利功能特性的认知，选择与当下需求相关、有内在价值和益利功能特性的客观事物作为进取目标，不在无益利功能特性的事物上花费心思。其次，对那些与生活紧密相关的但又无必然内在价值和益利功能特性的事物，主观授予益利功能特性，并作为进取目标。再次，努力使主观益利功能特性与客观益利功能特性相融合、相统一，使需求进取标的具有真实确切的益利功能特性。

（2）利益结构合理化。利益结构合理化，是指根据需求的内在结构、各种利益的含金量以及社会分配原则，使各种利益互为条件或互为目的而紧密联结，形成合理的利益搭配，提高利益实现的可行性和道德性。一方面防止个人的某些利益（能量）过剩、某些利益（能量）短缺，要么"营养过剩"，要么"营养不良"；另一方面也防止社会（群体）利益分配不公，某些人利益（能量）过剩而某些人利益（能量）短缺。

（3）利益目标序化。利益目标序化，是指根据自我可支配、可整合的资源条件和能力，将意欲进取的各种利益目标有序地排列，并通过规划设计，建构可行性强的利益目标链和方案实施程序。

二、　态势目标思维

人生态势演变有两种趋势：一种是由优强态势向均衡态势或弱劣态势方向演变的下降趋势；另一种是由弱劣态势向均衡态势或优强态势方

向演变的上升趋势。

以态势作为思维目标是一个人智慧升级的标志。态势目标思维主要指在人生态势的运变中，把建立、维持、恢复上升趋势作为目标去谋取的思维过程。人生态势一旦丧失平衡转入下降趋势，此人就会遭遇挫折和损害。因此，运势也是目标思维的一大重点，进而是智慧思维的一大使命。很多时候，人们都把创建上升趋势摆在首位，作为实现利益目标、价值目标的必要条件和重要手段。

构建态势目标的要点是态势研判、目标定位、路径和方式选择。

（1）态势研判，要求做到知己知彼，而且经常是先知彼才能后知己。只有掌握对方和相关各方态势及其运变的新动向和可能性，才能"实事求是"，进而"实是求势"，确切认知己方态势。新一轮决策之前，从零开始做态势研判，就不会犯教条主义和经验主义错误。

（2）目标定位，要求在"实是求势"之上"实势求事"，明确自己该要什么、该干什么事，择定能够通过努力获得成功的进取目标。

（3）选择可行的执行路径和方式。要做到这一点有一个前提，那就是放弃与新的进取目标不匹配的资源与条件配置，构建与新目标匹配的资源与条件配置。执行路径与方式一般有四个选项可供选择：一是通过借助外力外智提升自我，构建有利态势；二是运用谋略设计削弱对方，构建有利态势；三是通过自身不懈努力提升自我，构建有利态势；四是跳出不利的态势场，加入一个新的态势场，创建新的有利态势。一旦择定一个路径与方式，就应坚定执行，全力以赴直至实现目标。

三、 价值目标思维

事物的价值，是指一事物对他事物的能得到认同和交换的益利性能，包括交换动作过程所产生的附加值和边际效应。人、事、物的价值，是指可以为实现一定的需求目标提供支持或合作条件的益利性能与功效，一定的需求目标包括自己的、他人的、团体的、社会的需求目标。

人、事、物的价值性能，就是可被利用的性能。各种人、事、物都有各具特色的性能，只有其性能可被利用时才具有价值特征。其性能不可利用或没有被利用，就不会显现价值特征。

人人都具有价值性，都可相互利用、相互益利，这是合作的必备条件。不可相互利用、相互益利，就不能合作共事，就会丧失价值。

价值，既是人与人、个人与社会交换的依据，又是交换的结果；既是人、事、物性能的数量标志，又是人际合作及其行为结果的效能标志。价值的认定既有个人主观标准又有社会规范标准，是主观认定和社会认定的结合。

人、事、物的价值点主要包括：①可供学习的价值点；②可以利用的价值点；③可从中谋利的价值点；④可向利益转化的资源价值点；⑤可作利益（能量）等价物的价值点；⑥可成为条件的价值点；⑦可成为平台的价值点；⑧可成为工具的价值点；⑨可成为手段的价值点；⑩可供审美欣赏的价值点；⑪可供享受的价值点；⑫可供愉乐的价值点；⑬可供收藏的价值点；⑭可作转化升华的价值点；⑮可从中创新创造的价值点。

事物的价值点与事物的利益点一样，既是人们认知事物的动力和目的，也是人们选择、决策和行动的根本依据。

价值目标思维，是一个发现价值、利用价值、运作价值、创造价值的思维过程，是以实现价值为谋取目标的思维过程。人们所谋取的价值目标主要有两大类：一类是具体物品和具体行为事项内在的具体价值。具体价值也叫自然价值，指物品的有用性、可用性，等同于利益标的的益利性能。在市场经济社会，金钱财富也是具体价值最普遍、最重要的标志，因此是人们必然的首要的价值谋取目标。具体价值关乎智慧与劳动（活动）效能，关乎个人和家庭生活品质。另一类是为他人、为团体、为社会付出个人智慧能量所产生的抽象价值，即人生的社会价值（或叫外与价值）。在一定的条件下，具体价值与抽象价值可以相互转化、相互替代。

将抽象价值作为谋求目标是人类社会文明进步的重要标志，是人格社会化的高级形态。在努力实现具体价值的同时或之后，自觉为他人、为团体、为社会排忧解难，奉献自己的智慧和具体价值。这样的人，通常都能获得大众、团体和社会的认同、赞许和拥戴；团体和社会通常都会授予其名利、地位、荣誉等社会价值，有些还会授予相应的具体价值。

四、 目标的前期运作

不论是利益目标、态势目标或价值目标，都应该进行可行性评估、调适和转化。

（1）对目标进行可行性评估。目标的可行性评估，主要是评估目标的匹配度和合适度：①需求与目标之间总是存在困难和障碍，要克服困难、排除障碍实现目标，必须适时评估难题、能力、手段、资源条件、办法、目标等要素之间的匹配度。在难题、能力、手段、资源条件、办法相对确定的情况下，目标是否匹配就显得尤为重要。②目标的合适度主要包括：目标内在价值品性的适用度、目标实现难易度、目标的可调适度、目标的后续意义和影响度。目标可行性评估过关，目标系统才算建成。目标的匹配度和合适度正是目标思维所要解决的两大重点问题。

（2）重视目标的调适和转化。目标的调适和转化，是超越自我、以变应变的智慧表现。目标思维的调适转化主要负责：①当外部环境条件改变尤其是各相关方态势的改变，对原定目标的实现产生重大影响时，应该及时调适或改变目标诉求，使整个智慧化思维活动适应或超前于外部变化，维持己方的上升趋势；②当原定目标的实现已成定局时，切忌沾沾自喜，应该尽量将目标成果转化为实现新目标的条件和手段。

第三节　决断思维

一、 选择思维

人们在交换能量的社会互动中，经常因为需求、情感、角色使命、信念的交合而同时面对很多选择对象；同时面对能够满足同一需求的多种能量资源和能量标的；同时接受到很多能量信息的刺激；同时碰到各种不同的互动对象；同时碰到多项机遇和挑战；还会同时面对很多等待办理的具体事项。这些信息、资源和事项都需要依据相应的样本，进行由粗到精、由繁到简、由杂乱到有序的比较、筛选、排序和取舍。

选择思维在本质上就是取舍思维，即取用品质较优、性质较强，最

适合当下需求的能量体及其相应的工具、交换方式等，舍弃那些未被取用的对象。一般选择思维与智慧化选择思维最大的区别，不在于选择正确还是选择错误，而是在于是否乐意放弃未被取用的对象。

智慧化思维的任何选择都是有依据、有理由的，根据选择的依据和理由不同，可将选择概括为需求驱动型选择、情感驱动型选择、角色使命驱动型选择、信念驱动型选择。

需求驱动型选择，这是一种受当下需求驱动，为实现当下需求目标而进行的选择。这种选择以获取利益为目的。有利可图的对象和事项则选，无利可图的对象和事项则放弃。因为有利可图的对象和事项太多，这种选择经常会左右为难，容易形成选择障碍症。这种选择还容易只顾眼前利益，不顾长远利益，不重视为谋取长远利益创造条件。

情感驱动型选择，这是一种受当下情感倾向驱动而进行的选择。这种选择以释放情感态度能量、求取心态放松或愉悦为目的。这种选择的特点是只依据喜欢不喜欢的情感倾向就作出选择，而不顾是否有利、是否适合、是否可行。

角色使命驱动型选择，这是一种受当下角色的使命与职能驱动的，为履行当下使命与职能而进行的选择。这种选择的差异在于对当下角色的社会定位，角色使命的理解不同。为角色的社会价值而作出的选择是事业型选择；为行使角色职权而作出的选择是势利型选择；为担当角色职责而作出的选择是事务型选择。

信念驱动型选择，这是一种受理想、信念或信仰驱动，为实现远大理想和信念而创造条件的选择。这种选择的标准是能否构成实现远大目标的条件，能纳入条件链或成为一项条件的对象和事项才会被选择。这种选择有两大特点：一是比较理智、理性；二是乐于放弃，不计较当下得失。

智慧化思维的任何选择都是有目的的。根据选择的目的不同，可将选择概括为需求选择、动机选择和决断选择。

需求选择就是为了确定需求对象而选择，是指依据需求样本，从多种资源和标的中筛选一个或一组，作为当下需求的主要对象。需求选择包括学习认知类的需求选择、评判类的需求选择、应对运作类的需求选择。

动机选择是指为建立动机而选择，是指根据自身需求和拥有的条件，依照动机四要素（依据、手段、目标、步骤）的相关样本，对各要素的候选对象进行比较，择优选用并排序，为制定动机立项（预案）提供选项。

决断选择也即为决断而选择，是指从多个动机立项（预案）中，选择一个或一组作为决断的定项。对于人的取舍意念意愿来说，每一次的选择结果都会形成一个取舍意图。选择的思路是要通过多种选择逐步形成取舍意图，再从诸多意图中择定一个为取舍的主要意图，为决断思维提供依据。

在人格智慧的选择思维之外，智能智慧中也有用文化知识工具进行的选择思维，称为智能化选择思维。智能化选择思维与人格选择思维相比，其进步性主要表现在：①更注重选取条件意义较优的对象，尤其是选用对事业、职业更有利、更有价值的对象。②更注重选用多功能、成系统的对象作为工具手段，以便快速切换、快速解决不同的难题。③对工作方式和生活方式有更多的选择空间。④重视对社会资源、社会环境、社会智慧的选择利用。如很重视对职业、团队、工作模式、人生导师、居住环境、生活方式的选择。⑤选择系统的方法和技术去分析、解决复杂、系统的工程项目或难题。

二、 决断思维

决断是围绕需求目标，排除其他干扰和诱惑，放弃其他机会，断绝他欲杂念，当机立断、果断作决定、决意断行的思维品质。简单地说，决断就是拍板、拿主意、定主张、作决定。

决断与决策较明显的区别有三点：一是决断主要是对简单、单项事件拿主意、作决定；决策是对复杂、系统的事件寻求解决策略和办法。二是决断主要指作出决定的思维结果；决策主要指作出一系列相关决定的思维过程。三是在日常生活和工作中，决断之事常有而决策之事不常有。

在能量交换的社会互动和日常生活中，决断可分为动机决断和非动机决断。

（一）动机决断

动机决断是指依据需求和目标，决意将某一动机立项（预案）付诸行动、付诸实施执行。决断在人格思维中集中表现为对诸多选择候选项或动机预案进行终极定夺的冲动、勇气和决心。动机决断的主要对象是动机思维的立项（预案），是动机立项思维的承接和继续。动机决断思维的基本程序是：

（1）明确自身的需求取向。即经常归纳概括自身所拥有的主观能力和客观条件；经常以需求取舍目标扫描思维对象，建立需求识别圈，丰富或更新自己的目标库；经常思考研究自己当下能做什么事，随时明确自身的需求取向。

（2）确定决断候选项目。即认真比较各个动机项目预案与主观能力、客观条件、需求取舍目标的适配度，将适配度高、机会成本小、风险可控的项目预案确定为决断主要选项，决断的定项可以是一个，也可以是一组。

（3）关注和把握决断时机，一旦时机出现或成熟即当机立断，将决断的定项付诸实施执行。

决断的动力来源于认知判断、态度、角色担当和信念。坚信自己的智慧能力，坚信自己的判断，取舍明确，勇于担当、承担责任的人更能做到当机立断，果敢作决定。

决断的依据是对动机立项预案、人格态度、相关能力、客观条件等要素结合时机的认知评判。当动机立项的目标进入人格态度取舍识别圈，即与人格取舍态度相一致，在自身相关能力和客观条件均已具备且适配时，即标志着决断的时机已出现，在角色担当和信念品质的驱动下，决断思维品质就会随时当机立断，将决断定项付诸实施执行。

（二）非动机决断

非动机决断是指依据当下的意念态度而非需求目标，对当下的多种选择，当机立断地择定其中一个选择付诸表达或行动。

日常生活中的那些非动机决断事项，基本上都是简单、直观的行为事项，往往不需要经过认真的思考和严谨的选择决断，只需要明确的观点、意见和态度即可，这时非动机决断就等同于选择。非动机决断的敏感性和应急性很强，对于简单的事项经常会有好的决断功效；对于比较复杂的事项经常会出现决断失误，造成负面效应。非动机决断的随意性比较强，容易改变。

在日常生活中，选择性决断和表态成了频繁发生而又难做的事。久而久之，很多人就养成了发表意见和表态的爱好与习惯。正因为如此，很多人都把决断当选择、发表意见或表态。这些人在实际生活中不重视动机立项思维，不愿意花时间和精力去做项目调研与设计，不重视做预案、计划，总爱以简单的选择、表态代替严谨的选择决断。这类人一旦遇到大事、复杂事，就会立马患上选择障碍综合征或决断障碍综合征，要么束手无策、撒手不管；要么简单表态，草率拍板；要么不自量力，对别人设计建立的项目和预案指手画脚、品头论足，否定这点、反对那点，而自己又拿不定主意；要么事后争功诿过。

三、 决断思维的修养

（1）加强担当与信念品质的修养，强化自身的勇气、果断性和自信心，强化决断的心理基础和动力源。

（2）加强科学文化知识的学习和经验总结，提高对决断条件的整合配置能力，提高对决断时机的认知力和判断力。

（3）戒除决断后的后悔思维和自我否定思维。决断错了可以修正、可以改错调适，但不可以后悔。后悔的原因有三：一是严重不自信、不相信自己的判断和决定；二是三心二意，过度计较代价，被过高的机会成本所困；三是在为过错和失败找理由、找客观原因。后悔的最大危害是导致遇事不敢决断，不敢担当，当断不断，反受其乱。

（4）要坚守决断有充分的依据，保证决断正确高效；要避免决断失据，防止决断失误。

第十四章　人生态势场

第一节　人生态势场的概念

人生即人的生存、生命、生活及其思行活动过程。人生有广义与狭义之分，广义概念的人生指人的一生一世，由各个年龄时段或社会年代时段、各个人生面向即生活的各个层面及其无数事件事项组成，是一个立体的多面向的持续不断的思行活动过程。狭义概念的人生，是指人们当前时段践行需求和目标的思行活动。

态势，是指双方或多方在一个特定环境下，围绕某些能量交换事件或项目进行竞争博弈时，投入力量的对比形成的形势和演变趋势。态势是双方或多方力量对比平衡状况的标志。如果将对方或对立各方的力量投入看成是己方必须面对和克服的障碍与危害，那么，态势就是己方力量（成本）投入与预定目标比价关系的标志。换个角度说，如果不清楚自己在一个特定能量交换事件或项目上，投入的力量成本能否实现预定目标，那么最直接简便的思路就是关注和调控态势。

人生态势通常是指在对自己的人生有重大影响的能量交换事件或项目中，力量对比形成的形势和趋势，是双方或多方力量对比形成的平衡状况的结果和标志。人生态势是人生价值定位和调整的主要依据。人生是立体、多面向、动态演变的，人生态势也会是立体、多面向、动态演变的。

人生态势场，是指由制约人生各个层面的各种因素，围绕自身需求而组合构成的整体氛围与场景。人生态势场包括各种社会活动平台、人际互动的平台、场所和环境。每个人都会同时受到周边众多人、事、物的正能量和负能量的双重刺激或交替刺激。同理，每个人都会以正能量和负能量去应对外来正、负能量的刺激。这样的应对需求就是人生态势场建构的根源。从这个意义上说，人生态势场就是人们为应对外界能量交换对象运变，而构建的整合资源、配置手段和条件的平台。整体来说，人生态势场属于可操控、可支配的个人生活空间，属于个人的势力范围。人生态势场也是一个动态的概念。随时间和空间环境的变换，也随年龄和社会角色的变化，各种制约因素在人生态势场结构中的权重也在发生调整和改变。建造有利于自我智慧持续拓展和提升的人生态势场，是每个人都必须经常面对、必须努力完成的重大使命。同时，已经构建的人生态势场又是自身智慧持续拓展和提升的必要条件。

每个人都有许多人生的基本面向，人生的角色使命、职能和具体任务，通常都表现为基本面向上的事件或项目，人的思维也通常具体表现为对具体面向上的事件或项目的取舍思维。所以，人生态势场也通常表现为一系列有序交替出现的、各个面向上的事件态势场或项目态势场。综上所述，人生态势场就是人生各个时段践行需求和目标的平台。形象地讲，人的一生就是在人生态势场平台上主演一部连续剧。

根据个人主动性的不同，人生态势场有主动和被动之分。主动的人生态势场，是指个人为认知、适应、改造社会环境而建立的个性化活动平台，是认知、适应、改造社会环境的必要条件。

被动的人生态势场，是指社会环境尤其是身边亲人对个人进行改造后，专为其设立的个性化活动平台，是社会环境改造某一个人的结果，也有一些是家庭、团体为其成员设立的社会互动平台。

所谓构建或调控人生态势，就是要求人们根据外界各种制约因素的实际变化，一方面要调适自身的需求和目标，另一方面要围绕各种制约因素重新整合资源配置条件，创造更有利于实现自身需求的态势结构。

第二节　人生八面向

本章引用"人生面向"概念，代指人生最基本的能量交换指向和着力面。每个人的人生各个时段都是多元的立体结构，一些基本面向是每个人每个时段都必须认真运营的。否则，人生将残缺不全。概括地说，每个人的人生都有八个基本面向：智慧培养提升面向、社会态势研判面向、家庭生活面向、安全与健康面向、社会互动与人际关系面向、风险与难题面向、利益取舍面向、人生价值面向。每个基本面向都贯穿

人生的各个年龄时段。人生的八个基本面向引导人们将需求、智慧能力、资源条件、工具手段等各种要素，按不同面向分别配置，构建起各具面向特色的智慧化思维系统。

人生态势场又分为各面向态势场。依据人生八个基本面向，可把人生态势场分为八个面向态势场。人生八个基本面向也是个人智慧的八个面向、八个来源。笔者将人生划分为八个面向，只是出于对应本书构建的智慧体系的一种思路，不一定是合适的划分。站在不同的思维角度，也可以划分为六个面向或十个面向或 N 个面向。

一、　智慧培养提升面向

心理思维智慧化是人们时刻都在进行的心理思维活动。应该说，人们主要是通过持续不断的学习、思考、实践三个思维阶段，或认知、评判、适应、改变四个社会互动环节，努力使心理思维活动智慧化。自身智慧的培养与提升，是人生的首要课题。要求人们有选择地吸纳外界智慧能量，更好地内化、积聚成自身的智慧能量，构建自身完整的智慧化思维体系，围绕需求目标，有效地对外抒发释放自身的智慧能量。

学习主要是对生活知识、文化基础知识、专业知识、社交知识和其他文化科学知识的习得、理解、记忆和内化。学习的过程是认知样本的构建和映照应用过程。"活到老学到老"，学习活动贯穿于人生的全过程，是获得智慧能量，培养和提升个人智慧水平最快速高效的路径。人们的学习活动可分为校园学习活动和校外学习活动。校园学习活动占据人生未成年的绝大部分时间，校外学习活动包括入学前的模仿学习、离校后的自我独立学习（自学）。

思考主要是指对习得记忆的知识，进行联系实际、联系需求的理解、演绎和内化。思考是一个将理论知识转化为方法论知识的思维过程。

实践主要是指围绕需求，运用所学技能、知识分析解决实际问题，实现目标的行动、劳作和操作的过程。

二、　社会态势研判面向

社会态势内含社会形势和社会动向，是指影响和制约人生态势场、人生态势的社会形势和趋势。动态多变的社会态势，经常会使自身的人生态势产生难以预测的影响。因此，认真研判当下的社会态势就成为人生的基本面向，成为人们要经常面对的课题。研判社会态势主要包括三个要点：一是及时搜集和了解关于社会态势的新信息，认知各种新信息对社会态势的影响力，掌握影响社会态势变化的新动向，形成对社会态势演变的判断；二是明确社会态势变化对自我需求践行活动的关联性和影响力；三是制订社会态势演变的应对预案，制订人生态势场的调适预案，做好应对准备。很多时候、很多需求的践行活动，如果忽视社会态势的变化，则将事倍功半或事与愿违。

三、 家庭生活面向

家庭是依据特定的异性双方性爱伴侣及其传承繁衍的血缘关系，兼容组合的生活单位。社会学把家庭称为社会的基本细胞。

每个人的人性都有自然属性和社会属性这双重属性。自然属性反映人同其他动物一样，为了生存和种族传承繁衍，必然要从事自然的休养生息和能量交换活动。社会属性反映人同其他动物不一样，要参与社会化大分工、大合作、大交换、大互动，要担当多种社会角色及其使命职能，要自觉坚守社会正义、公理和公序，要自觉为他人、为社会服务。

人性的双重属性又是人的双重担当、双重责任。人们因此而需要休养生息，并需要与特定对象交换能量：首先是与家人交换维持自然属性的自然能量；其次是与他人和社会交换维持社会属性的社会能量。休养生息和交换两种能量，都需要适宜的平台场所，并需要与之相适应的程序、规则。交换社会能量需要团体、民族、国家作为对象和平台场所。交换自然能量和休养生息则需要家人、家庭作为对象和平台场所。可见，家庭的本义是供家人休养生息、交换自然能量适宜的平台场所，这也是家庭的首要职能。

人们交换社会能量的活动，又称为社会生活或社会活动、社会互动、人际关系。人们休养生息、交换自然能量的活动，又称为家庭生活或家庭活动、家人互动、家庭关系。

人们在践行社会角色使命与践行自然角色使命两个场所之间，需要有序而又顺利地进行角色和使命的转换。家庭的第二项职能便是为家庭

成员进行角色与使命的转换提供必要而又适宜的环境和条件。

为每个家庭成员休养生息、交换自然能量、进行角色使命转换提供适宜的环境、氛围和条件，这就是家庭的原生使命。它既是家庭对每个成员的需求，也是每个家庭成员对家庭的需求。

任何一个家庭都需要用家庭价值来养育和维护。家庭价值是由全体家庭成员共同创造的，适宜家人休养生息、交换自然能量、践行自然角色使命与社会角色使命相互转换，提供舒适环境、场所和条件的性能。亲情、角色担当、财富、伦理、舒适是家庭生活、家庭价值最重要的五个方面。

每个家庭都会有一个主导决策的家长。家长的人格修为，是家庭生活和家庭价值态势的主导因素。如果一个家庭不能达成或满足成员对家庭的需求，家长不能凝集和经营家庭价值，这个家庭结构将会面临调整、改变。如果某个成员不能践行家庭需求，不能继续促成、创造和维护家庭价值，这个成员将会受到家庭的呵护、救助或训导、惩戒。

家庭生活面向主要包括：夫妻关系（爱情与性爱）、伦理亲情关系（即家庭成员相互关系尤其是父母与子女的关系）、养育儿女、家庭教育、家务家政（日常生活）、家庭理财、健康养生七个方面。家庭生活是人生最基本、最重要的生活圈和生活内容。

家庭生活面向是其他人生面向的基础，家庭生活是否充实舒适，直接影响其他人生面向能量交换活动的品质和功效。

四、 安全与健康面向

一个人的安全包括身体安全、财产安全、心理安全。身体安全主要包括出行安全、工作安全、生活安全。财产安全主要包括钱财安全、贵重物品安全、居所安全。心理安全主要指心理的安全感、舒适感，是对环境和互动对象的认知程度、相处的平衡协调状态的心理体验。

一个人的健康包括身体健康和心理健康。身体健康主要指身无妨碍日常生活的疾病，身体未受外力的明显损伤。心理健康主要指心理思维品质结构合理及其性能正常，精神（心态）经常处于乐观、自信、平衡协调的状态。

安全与健康是人生的一个关键面向。一个人的安全与健康状态，是开展和维持其他任何活动的基本前提。在实际生活中，很多人都不重视自身的安全与健康状态，很少去制订防患于未然的预案，很少主动采取保护措施或保健养生措施。殊不知，安全与健康一旦出了问题，就会改变人的生存质量，并完全改变人生及家庭的发展走向。

五、 社会互动与人际关系面向

受社会性的支配，人生的各种能量交换活动都要在社会环境和团体中进行，这就使得任何人都不可避免地要担任多种多样的社会角色，并且必须在多个社会角色之间进行频繁的切换。一个人担任的社会角色，主要包括在社会团体和活动中担任的职位、名分、关系序位等。其中，团体授予的职业（事业）职位是最重要的社会角色。

人际关系是一个人有效进行社会活动的基础，主要包括日常生活人际圈、亲戚朋友圈、休闲娱乐人际圈、社交人际圈、职业（事业）人际圈五大人际关系圈以及一系列的人际关系功能组合。

人际关系的实质是能量交换关系及其条件关系。交换的能量包括益利性能的正能量和损害性能的负能量。正能量主要包括利益、价值、认知观点、观念、情感、美感、技能、经验等。

依据能量取舍方式及其兼容性不同，可将人际关系分为合作型人际关系、竞争型人际关系和对抗型人际关系。

合作型人际关系是指能量取舍目标和方式，均能兼容而结成的人际关系。合作型人际关系的主要特点是相互尊重、相互关爱、相互支持、互惠互利。目的是要努力获得合作者的尊重、关爱、配合和支持。在合作型的人际关系中，各自占有的角色地位和可控资源决定各自在人际关系中的地位。纯友谊的关系敌不过利益、价值交换关系。要使双方关系更亲密，最根本的还是要保持和提升自身社会角色地位，拓展可控资源的拥有量。构建合作型人际关系的原则是：懂感恩、知敬畏、多交友、入群圈、思行合理、舍得适度。

竞争型人际关系是指能量取舍目标和方式，既有融合又有对抗而结成的人际关系。竞争型人际关系的主要特点是相互理解、相互利用、相互竞标、相互制约、相互损害。目的是要赢得竞争优势，让对方敬畏、知难而退，获取利益的最大化。在竞争型人际关系中，输赢与得失取决

于各自的综合竞争力。运用同一规则是公平竞争的保证。

对抗型人际关系是指因能量取舍目标和方式均不能兼容而结成的人际关系。对抗型人际关系的主要特点是相互阻碍、相互诋毁、相互打压、相互损害。目的是努力让对方敬畏和惧怕，最终打败对方，获得完胜。在对抗型人际关系中，胜败与得失取决于各自在对抗面向上投入实力取得的力量对比态势。"优强者胜，劣弱者败"是必然规律。

社会角色和人际关系面向要求人们首先明确自己当下担任的社会角色的职能和地位排序，尽快掌握履行角色使命职能的方式方法和技能技巧；其次围绕自身的需求和目标，对各种人际关系的开展制订一个可行有效的规划；再次自觉地把开展人际关系互动作为手段，为更好地履行社会角色的使命和职能创造有利条件。

六、 风险与难题面向

每个人只要是独立面向社会，风险和难题就会无时不有、无处不在。机遇与风险同在，利益与难题相伴。没有无难题的事情，没有无风险的项目。风险与难题总与人生的任何追求、任何活动相伴相随。人们要做的只是如何更有效地认知它、防范它、解决它、超越它、利用它，把实现需求和目标的成本代价降到最低，把风险与难题转化成机遇和有利条件。

风险与难题是智慧产生、发展、提升的必要条件，贯穿人生每时每刻、每个时段、每个面向、每个层级的任务，就是运用智慧排解风险与难题，为顺利进行能量交换实现需求创造条件。

七、 利益取舍面向

利益取舍面向即能量交换面向，这是一个以物质利益为取舍目标的生活面向。物质利益主要包括金钱、财富、食物、生活物品，及其可以转换成金钱财富和物品的资源、条件。

利益取舍的本质是能量交换，主要包括四方面的含义：一是指获取自己所需求的物质利益，包括善意取得和恶意取得。二是指主动放弃一些对于自己相对次要、对于别人非常重要的物质利益，支持别人更好地实现需求，换取别人支持自我获取重要的物质利益。三是指作为能量交换条件，付出自身的利益能量，换取所求要的物质利益，包括善意付出和恶意付出。四是付出自身的利益能量，支持帮助需要支持和帮助的对象，借此创造和提升自身的人生价值。付出利益能量创造的人生价值，经常会转化为获取物质利益的条件和手段。

利益取舍是生存与发展的必需，人们生存与发展的每时每刻，甚至每分每秒，唯一不能停顿、必须持续不断的活动就是能量交换，尤其是自身内部的能量交换，包括身体各生理系统之间的能量交换（新陈代谢）、心理思维各系统各品质之间的能量交换、身心之间的能量交换。

八、 人生价值面向

经济学讲的价值是指商品的可用品质和可交换品质。智慧学讲的人生价值是指人们在能量交换的社会互动过程中，创造的能够益利自我、益利他人、益利社会并能得到相应的认同和肯定的成果及其效能。益利自我、益利他人、益利社会是人生价值的本义。践行自我需求与践行他人需求、践行社会需求融会贯通、相互益利，则是创造人生价值的本义。创造人生价值如同谋取利益，同样是人生的基本使命，同样是人的智慧最基本的思维面向，同样是人生的基本面向。

（一） 人生价值的形成

不同于事物的经济价值，人生价值是指人们在进行能量交换的社会互动中，利己、利他或公益行为得到受益者和社会的认同肯定，形成的益利效应和价值体验。人生价值的生成有三个必要条件：一是交换能量的动机和行为必须是善意的；二是付出的能量必须有益利自我或益利他人、益利社会的功效；三是必须得到自我、他人、社会的认同与肯定。

在本质上，人生价值是人们的能量交换活动的必然结果。人们的能量交换活动只要是善意付出和善意取得，就会益利到他人、益利到社会，帮助到他人需求和社会需求的实现，就可能会获得他人或社会的认同和肯定性评价，从而产生人生价值。人生价值标志着一个人对他人、对社会的有用性、益利性；标志着他人、社会对自我的认同和肯定；标志着自我精神心态的愉悦、平衡与和谐；标志着人生的社会意义。愿意付出，愿意成就他人、成就社会，是创造人生价值的心理基础。

生成人生价值有两条渠道：一条是"无心插柳柳成荫"的非动机行为；另一条是"用心栽树树成林"的动机创造行为。

非动机行为指的是，主观动机原本只为实现自我目标，但行为过程竟意外地益利到他人、社会，获得了他人和社会的赞赏，这叫形成人生价值。形成人生价值是坚守正义，善意付出、善意取得的结果，这也是社会对每个成员的基本需求和公平对待。

动机创造行为指的是，主观动机就是为了益利他人、益利社会而付出能量，客观结果事与愿同，这叫主动创造人生价值。主动创造人生价值是自觉欲望、自觉人生的表现；要求人们在践行自我需求的同时，自觉践行家庭、他人、团体、国家的需求，为家庭、他人、团体、国家需求的实现作出积极的贡献。

（二）　人生价值的构成

创造人生价值既是每个人一生的使命和职责，也是每个人一生不可或缺的基本生活面向，因此也是人的智慧最基本的思维面向。

人生价值主要由个人价值、家庭价值、社会价值三个层级组成。社会价值又分为群体生活价值、团体价值、国家（民族）价值三个层面。广义的社会价值还包括涵盖多个国家和民族的普世价值。

1. 个人价值

个人价值也叫自身价值、自我价值，是对能量交换目标实现程度的自我评价。这种自我评价是自以为是、自以为值的认同和肯定，是自尊、自信、自强、自觉心理态度的表现。因此，个人价值是自我认同、自我肯定的结果。如无自我认同，就会陷入不知道自己是谁、不知道自己有什么用、不知道社会角色如何定位的思维困境；如无自我肯定，就会陷入取舍失据、选择失理的思维困局。消极被动地顺其自然、万事天定，没有自我认同与肯定，人生价值也就无从谈起。

个人价值取决于四大因素：一是心理健康，自尊自信，具有正常的自我行为感知和评价能力；二是具备适宜可控的资源条件；三是坚守正义，善意付出和善意取得；四是具有乐观进取和知足常乐的人格态度。强化和提升四大因素中的任何一项，都会相应地创造或提升个人价值。个人价值是人生价值的基础和出发点。只有自觉创造个人价值的人，才会自觉去创造家庭价值和社会价值。一个人一旦丧失了自尊心和自信心，个人价值也会随之消失，创造人生价值的活动也会随之式微。

2. 家庭价值

家庭价值是指践行家庭需求，履行家庭角色使命和职责，亲爱家人、益利家人，受到家人喜爱、赞赏的评价而产生的人生价值体验。家庭价值以夫妻情感为前提。家庭成员的情感兼容度，家庭成员的角色担当度，家庭物质财富保障度，家庭生活舒适度，家庭成员在社会中的地位和作为，子女成长与教育状况，是家庭生活和家庭价值的六大要素。任一要素的缺欠、失度或损毁都可能引发家庭生活的剧变，引发家庭价值的衰减。自觉创造和守护家庭价值，是一个人最基本的人格品质，是家庭生活的主轴。创造和守护家庭价值，让家人过上好日子，是夫妻恩爱、家人亲爱的本义。对于很多人来说，家庭价值是人生价值的核心和归宿。

3. 社会价值

人生价值中的社会价值，是指人生在与他人与社会的能量交换和人际关系互动中，创造的益利他人、益利社会的价值。社会价值是他人或社会对人们的利他利公行为，表示认同、接受、肯定或授予。社会价值也可称为社会互动价值，或人际关系互动价值。社会价值主要包括群体生活价值、团体价值和国家（民族）价值这三个层面。

（1）群体生活价值。群体生活，是对家庭生活之外的日常生活人际互动圈的群体生活的简称。人们的日常生活群体，主要由"我、你、他""我们、你们、他们"组成，依关系亲疏可分为对象确定的亲友群体和对象不确定的动态群体两部分。

亲友群体，即亲戚朋友熟人群体。亲友群体是靠亲情友情和伦理道德维系，能够无条件地相互信任、相互兼容、相互支持、相互监督的社会群体。亲友群体是未成年人克己扬礼、适应社会、试创人生价值最适宜的模仿效学平台。

动态群体即临时组合的群体，是一种概念性群体，是指因日常商品交易、购售活动、出行活动或文体休闲活动，结成临时的、动态易变的人际关系群体。动态群体是靠规则与道德维系，以平等相待、公平交易、互惠互利、自觉守规为原则，以利益的公平交换或休闲愉乐为目的

而结成的临时关系。

群体生活价值，是指人们在日常生活的人际互动中，形成或创造的互相益利、互相认同、互相肯定的态势和效应。

（2）团体价值。团体价值是以事业平台、职业平台为依托的社会价值，是人生价值的基点。团体，是指人们因谋求物质利益和社会价值，而组建或归属加入的规范合法的社会组织机构。团体的主要特性是：主业确定，职、岗、人、事适配，章程和规则明确，依法运营，能够为全体成员施展智慧，获取利益和价值提供适宜平台与条件。团体价值，是指人们在履行团体分配的职位职能和职责中，创造的受团体认同肯定的业绩、态势和效应。团体价值是人们运用智慧，创造物质财富和精神财富的主要标志。对于绝大部分人来说，创造团体价值是创造人生价值的转折点，一个人的人生价值从能够创造团体价值开始转入旺盛时期，从不能再创造团体价值开始转入衰退期。就业与退休是典型代表。

（3）国家（民族）价值。国家（民族）价值包括两部分：一是指人们在社会活动中创造的，对国家（民族）正义与社会发展有重大益利功效的成果、态势及其效应；二是指人们因维护社会正义的行为、无私奉献行为或创造性行为，被社会广泛认同肯定，被国家（民族）相关机构授予的奖励、荣誉、地位及其形成的态势和效应。国家（民族）价值是人生价值的升华和崇高境界。

（三）人生价值的再创造

人们创造人生价值的过程必然会产生利益和价值成果，如何对待、处置利益和价值成果有三种不同的态度和方式。

第一种是独自享用利益和价值成果进行消费，甚至奢侈消费、透支消费。这种态度和方式使得创造人生价值的生产劳动，在生产—消费之间简单低级循环，难以进入生产—消费—再生产的高级循环。

第二种是与他人分享利益和价值成果，让亲人或他人获得益利和关爱，共享成功、共享喜悦。这种态度和方式使得利益和价值成果产生很大的边际效应，为创造人生价值的后续目标创建了更好的条件和人际氛围。

第三种是成果转化方式，指将利益和价值成果直接转化为手段或条件，运用于创造新的更大更多的利益和人生价值。

三种态度和方式都是人生价值再创造的智慧化思维，智慧化水平高的人会混合运用或切换运用三种态度和方式，智慧化水平低的人则偏爱于选择第一种态度和方式。

第三节　人生态势

一、　人生态势概述

字面上，形势、态势同义，都指事物外部表象，但也有区别。形势是从静态角度对互动双方力量对比导致的形与势现状的判断，是对当下的认知结论。态势则从动态角度研判形势运变可能性后作出的趋向性判断，是对当下相关方力量对比状态和未来运变趋势的研判结论。

人生态势，应该包括形势与态势两个层面，是一个动态的系统概念。人生态势有三个要点：有可靠的能量源，对周边各资源要素有吸引力、凝聚力，可将各要素能量转化为自身能量；有优强的性能及性能组合；有明确的性能释放面向和对象，并对释放对象有排斥力。

人生态势是指影响生存与发展的各种相关因素（包括人、人际关系、角色身份地位、各自需求、智慧水平、自然环境、社会环境、资源、条件等因素），依据当事人的角色地位和需求，排序构组的态势场产生的态势。它是各种因素组合的结果，是一个动态的持续变化的概念。角色身份地位是硬性的必要条件，而且经常是充要条件，即角色地位高的人天生具有优势，角色地位低的人天生处于弱势。家庭内、亲友中、团体中都是这样。

在日常的社会生活中，人生态势各种相关因素整合配置，就会形成有需求定指，能使自我生存与发展获得一定条件的人生格局。从智慧化思维角度看，这种动态的人生格局属于人格品质的动态结构，是与构建人生态势相关的人格品质组合并释放性能的结果。

人生态势蕴含个人、家庭、亲朋圈、团体和社会五股能量，包括益利性的正能量和损害性的负能量。

在对某面向态势场态势评判的同时，应该对八个面向态势场之态势

进行综合评判、分析。解剖人生态势结构的平衡状况，会发现人生态势的平衡状况，随着能量交换双方及相关方力量对比关系的变化而改变，导致参与人在不同的力量对比条件下，处于不同的能量交换态势。

由天赋角色地位、天生环境和家庭背景导致的人生态势叫作天成态势；由自身努力因素导致的人生态势叫作人为态势。

人生态势是获取利益实现人生价值的必要条件。利益的获取、人生价值的创造和实现都离不开有利的人生态势。无论家庭、团体、社会价值都要在有利的人生态势前提下才有可能实现。所以，要获取利益、创造人生价值必须先创造有利的人生态势。甚至可以说，创造和改善人生态势本身就是在创造人生价值。人生价值要对方认同，人生态势也同样要对方认同。处于优势时人生价值高，处于均势时人生价值中等，处于弱势时人生价值低，处于败势时人生价值无或负。人生负价值有两种情形：一是纯粹、单向的被利用、被动付出，而无取得的作为；二是被众人、团体、社会认定为损害他人、损害团体、损害社会的作为。

各个面向、各个时段的人生态势都是依据需求将各种相关因素整合配置而创造构建出来的，这就是造势。造势的主导动因可分为两类：一类是自己主动为创建优势而努力创造条件；一类是家人（监护人）、委托人或团体领导主动为自己提供各种资源条件而构建的人生态势。不论主动与被动，人的一生都是在为创造自己诉求的人生态势而忙碌。

二、 人生态势的六个层级

根据实力和手段对比的强弱差异，可以将人生态势平衡状态划分为六个态势层级，即均衡态势（均势平衡态势）、优强态势（优势平衡态势）、弱劣态势（弱势平衡态势）、赢胜态势、输败态势、转折态势。其中优势、均势、弱势是基本态势；赢胜态势是优势的必然，输败态势是弱势的必然，均势导致双赢或双输。人生态势的强弱都是相对于对方或相关方而言的，是相对的。每一种态势都有局部与全局的差别。

（一） 均衡态势

均衡态势也叫均势平衡态势、均势。均衡态势有两种定义：第一，双方或各方地位平等、机会均衡，绝对的均衡、平衡态势。在这种态势下，各方相互尊重、相互协调、相互协商，解决分歧与矛盾，大家的利益均受到保护。第二，由一方主导控制，其他方认同和顺从的相对的均衡态势。这种均衡态势是主导方凭借自身优强态势，制定和解释对己方有利的标准、规则与秩序，将平衡支点移离己方，造成己方获利空间扩展而对方获利空间压缩，其他方无异议，心表敬畏和顺从。这是一种定制式、体制化的平衡，是一个愿打一个愿挨的平衡。

（二）优强态势

优强态势也叫优势平衡态势、优势、强势。优强态势表明己方在与各方互动交往中处于支配、主导地位，享有发言权、支配权、利益优先权、资源掌控权，享有制定、解释甚至裁决规则秩序的权力。对应方一定是处于劣势或弱势地位。优势者的势能会产生势压，形成高人一等的威严气势、势力，一方面压迫弱势者，使之臣服；另一方面为后续的互动营造出有利的氛围与先机。

建立和保持优强态势的决定性条件，是具有优强的实力和手段。一旦优强的实力和手段具备，优强态势也随之形成。一旦优强的实力和手段减弱或丧失，优强态势也随之减弱或丧失。

（三）弱劣态势

弱劣态势也叫弱势平衡态势、弱势、劣势。弱劣态势与优强态势对应，表明己方在与各方互动交往中处于被支配的从属、被动地位。弱劣态势方为了获取自身必需的能量（利益），可能付出更多、担当更多，获得的能量（利益）更少，付出和取得不成正比。态势的改变有赖于力量的积蓄和投入。

（四）赢胜态势

赢胜态势也叫赢势、胜势。赢胜是优强态势的必然趋势，属于主动的破衡态势，是优强态势方需求目标实现的必然结果。权益收入囊中，心理体验非常满足和充实。这种态势的时效取决于优强态势的时效。

（五）　输败态势

输败态势也叫输势、败势。输败态势是弱劣态势导致的必然结果，属于被动的失衡态势。这种态势下，需求目标化为泡影，权益丧失殆尽。结局的改变，有赖于弱劣态势的改变。

（六）　转折态势

转折态势包括由优势的上升势向均势或弱势的下降势方向的转折，也包括由弱势的下降势向均势或优势的上升势方向的转折。对于身处优势者，上升势向下降势转折的拐点是值得警惕和防患的。对于身处弱势者，下降势向上升势转折的拐点是值得期待和努力求要的。

不论主动还是被动，一个人脱离当前某类能量交换的力量对比环境，另寻能量交换对象，新建力量对比关系，或切换到另一类能量交换的力量对比环境中，同样会处于上述六种态势层级中的一种。改变了的，是当下新处的态势与先前所处的态势会大不相同，有可能变强，也有可能变弱，有可能变得更加顺心顺意，也有可能变得更加逆心逆意。

三、　各层级人生态势的关系

（1）六个层级的人生态势可以相互结合，如优势者之间、均势者之间、弱势者之间、优势与均势之间、优势与弱势之间、均势与弱势之间、赢胜者与输败者之间等结合方式。

无论哪一种互动结合方式，都是为了构建符合双方需求的优势平衡或均势平衡或弱势平衡态势。

任何一个团体、组织内部，上下级关系、同级关系、同事关系都是优势平衡、均势平衡、弱势平衡三种平衡态势的具体表现。

（2）普遍而言，每个人都会因由人生面向的立体化，而同时身处多个态势场、多层级态势，如在与优势对象互动中处于弱势平衡态势或败势；在与同等平级对象互动中处于均势平衡态势；在与弱势对象互动中处于优势平衡态势或胜势。当下人生态势会随人生面向的切换而切换。

（3）要改变一个人很难，但要改变和提升某个时段、某个面向、某个局部的人生态势层级还是有很多渠道的。改变或决定人生态势层级的主要因素，有学识、人格、能力、钱财、角色地位、权力、人际关系网、家庭背景等条件和手段。所以，要改变和提升人生态势层级，必须努力改善和提升起决定作用的那些因素，创造有利的条件，选用适当的手段。

弱势者图求人生态势的优势层级主要有三种方式：一是运用自己的特有技能或特有资源主动作为，在某个面向或某个节点上建立局部优势，继而积小成大、量变导致质变，逐渐扩大优势；二是增强自信，主动与强者互动，可先给出能吸引强者的利益点及其项目规划，进而与强者谈判寻求支持或合作，吸引强者按你的思路给予支持或合作，助你实现目标，改变命运，改变弱势平衡态势；三是在某时段张扬"阿Q精神"，虚拟一个优势或胜势去代替客观实际的弱势，在心理精神上达成与优势者的优势平衡态势。

所谓人生态势，实质上就是自身可以掌控的人生面向所蕴含的能量，对自己、对他人可以形成的益利或损害的形势和趋势。调整人生态势场的面向结构，可以改变其性能，从而改变人生态势。同理，重新调配人生态势场的面向性能，也可以改变人生态势场的结构，从而改变人生态势。在无法改变自己，又无法改变当下环境条件时，选择脱离当下人生态势场，另择更佳的环境和对象，重新构建对自己较为有利的新的人生态势场及其人生态势，实是人格思维智慧化的表现。

四、 人生态势的性能

依据当事人的角色地位和需求，排序组构的人生态势场生成的人生态势也会反哺回应，决定当事人未来的社会角色、社会地位的运变，决定当事人需求的层级与取向。

人们在各个面向的人生态势场中所处的人生态势，会影响能量取舍的交换活动，支配人们的选择和决断。在能量交换的社会互动中，人生态势的性能主要体现在如下五个方面：

（一） 态势决定对正义与道理的理解

根据社会正义原理，不同态势层级的人群，对正义和道理的定义、

理解、解读是不一致的。强势阵营的人讲的正义、道理与弱势阵营的人讲的正义、道理有很大不同。强势者认为他们的意志就是正义，只有他们才代表正义，由他们支配主导才是道理，讲道理就要听强者的话。均势者和弱势者认为正义就是人人平等，讲道理就是讲公平公正、人人平等，讲平衡、讲社会和谐，顾及大多数人的利益。

在日常生活中，不同层级的人讲道理，如强者与弱者、强者与均势者、均势者与弱者讲道理都有一定难度，需要其中一方妥协让步，或两方各退一步。因此，在层级不同的人际交往中，讲道理也有技巧、艺术，一定要找到共同点、结合点，围绕共同利益讲道理才能讲得通。否则，"公说公有理，婆说婆有理"，互不认同就谈不拢。

（二） 态势决定观点与观念

一个人在社会活动的态势场中所处的态势，决定他对社会事物的看法和观点，决定他应对人、事、物的观念和方式。一个人的世界观、价值观、利益观等观念，最终要受制于当时所处的人生态势。人生态势的改变一定会引起观点观念的改变。从另一个角度讲，要改变一个人的观点观念，可以从改变其人生态势做起，也可以从改变态度和思路做起。更新思路、更新态势一定会更新观念。不同人生态势层级的人必然会观点不一样，观念不一样，连认同和信守的道理都不一样。同一态势层级内，人们的沟通交往会简易高效，而不同态势层级的人们，沟通交往则会困难得多。强者有强者的逻辑，均势者有均势者的逻辑，弱者有弱者的逻辑。为了各层级人们在一个团体、国家中共存共生、互利互惠、和谐相处、有序互动，便产生了有指导性的道德规范、有指令性的方针政策、有强制性的法律规章。

（三） 态势决定需求与动机

人们要经常判定自己、己方、对方、相关方当下处于何种人生态势。因为当下态势会改变人们的需求与动机。当下的人生态势决定着欲望的性质和程度。优势者与弱势者的欲望肯定是不同的，需求与动机也会不一样。人们会依据当下态势的属性重新择订需求目标，重新制订动机预案。从客观决定主观的立场上说，当下人生态势决定当下的需求与动机，决定当下的心理思维和智慧运作。

应该引起重视的是自身内部的平衡态势，当益利安全与健康的正能量因素起主导、支配作用时，自身的身体或心理处于安全或健康状态，即处于优势平衡或均势平衡态势，人的心理状态偏向于安全、放松、振奋、乐观、愉悦。当损害安全与健康的负能量因素起主导、支配作用时，自身的身体或心理处于险害或疾病状态，即处于弱势平衡态势，人的心理状态偏向于紧张不安、精神不振、情绪低落、悲观失望。弱势平衡态势会自动唤醒激发求要安全或健康的需求与动机。

（四）态势决定取舍方式和手段

不同人生态势层级的人，其能量取舍交换的方式和手段截然不同。优势倾向于采用硬性手段和多取少予的能量交换方式，坚守和维持优强态势。弱势者倾向于采用软性、忍让手段和多予少取的能量交换方式，尽力维持弱势平衡，争取均势平衡态势。

（五）人生态势决定人生格局

不同人生态势层级的人，其人生格局很不相同。优势平衡态势的人，其人生格局品位高、追求高、境界高、自主性高、自为性高、边际效应高；不拘一格，勇于创新，追求优强；成功者也容易走向守成思维。均势平衡态势的人，其人生格局中等，主要特点是顺势而为、追求公平公正、平等和谐，知足常乐。弱势平衡态势的人，其人生格局弱小，主要特点是敬畏、顺从、随意而安、谨言慎行。改变人生格局的前提是改变人生态势层级。

第四节　人生态势场的性能和意义

一、人生态势场的性能

与世间万物一样，人生态势场也是一种事物结构，也同样有结构的性能。每一个人生面向态势场，对自己、对他人、对社会都有益利性能和损害性能，也都有益利功效和损害功效。这里讲的"自己"，包括本

人、家庭、友人及己方团队成员；"他人"包括竞争者、敌对方、仇人，有时也包括陌生人；社会是指自己所处的具体的社会环境。

人生态势场的益利性能主要有三种，即利己、利他、利社会。损害性能也主要有三种，即损己、损他、损社会。

如果以利己为正面，那么人生态势场的正面性能与功效主要有六种：①利己损他；②利己利他；③利己不利他；④多利己少利他；⑤利己的同时也可能利公；⑥利己的同时也可能损公。

如果以不利己为负面，那么人生态势场的负面性能与功效也有六种：①少损己多损他；②损己利他；③损己损他；④损他不利己；⑤不利己的同时也可能利公；⑥不利己的同时也可能损公。

在对立的竞争和敌对的对抗中，公开地、巧妙地运作人生态势场的性能，追求利益（价值）的最大化，也是智慧的理性选择。所以，人们都经常会利用一切机会来为自己积蓄能量，打造和增强自身人生态势场各个面向的智慧品质和性能。同时经常会灵活运用面向态势场，维护和提升自身及家庭的利益；经常会运用面向态势场支持、帮助亲朋好友、合作者或弱势群体；也会运用面向态势场去设计障碍、压制、为难竞争对手；也会运用面向态势场去打击、损害和摧毁敌对方。不论是合作还是对外竞争博弈，人生态势场都是一个具有强大智慧能量的系统，都会蕴含强大的系统力量。

二、　人生态势场对智慧抒发的意义

人生态势场是人们根据自身需求和环境实际，运用智慧拓展和界定的社会环境，是适宜个人智慧提升和智慧表现的氛围与场所。

人生态势场对个人智慧抒发有重大意义：

（1）人生态势场把社会环境具体化、生活化，使个人的生存与发展同社会环境完全融为一体，是一个与时俱进的适配结构。

（2）在客观的社会环境中注入主观的智慧元素，使社会环境从必然王国变成自由王国，从不可控变成可控。

人们可以通过转移空间、调适自身诉求、调适活动方式等智慧化思维，更准确、更全面地认知社会环境，更简易便捷地适应社会环境，更大程度地改造或运作社会环境；使社会环境为我服务，把不可能变成可能；随个人智慧的提升，使社会环境在更大程度上变成实现个人需求目标的手段、工具和平台。

（3）人们可以根据当前的社会大势和自身实际，正确地选择或适时地调整某一人生面向为当前的主攻面向，将可控资源和智慧能量集中在这个人生面向上。不要面面俱到地在多个面向上平均分摊力量，导致个个面向都占不到优势强势。努力提高在主攻面向上的力量对比，夺取优强态势，争取或保证在主攻面向上获得成功。

（4）在相互对立的竞争博弈中，人们可以从人生态势场的力量对比入手，分析对方的力量特点和竞争特点，分析对方的诉求图谋，找出对方的软肋、短板，制订有效克敌制胜的方案。

需要强调的是，进行双方力量对比，要重视两个问题：

（1）不能用双方总体力量的对比代替在某个面向投入力量的对比。因为总体力量并不等同于某一个面向投入的力量。如果一方需要在多个面向分摊力量而不能将力量集中于某个当前的面向，仍然不能获得在某个面向上的优强态势，而这才是制胜的关键。这一对比提示人们应该因地制宜，集中优势力量于当前主攻的面向态势场，弥补总体力量对比上的不足。

（2）不能用一个因素的对比代替全部因素的对比，尤其不能用次要因素的对比代替主要因素的对比。因为主要因素才能决定胜负。例如不能以工具手段的先进性或数量代替人的智慧水平和综合竞争力。这一对比提示人们在追求工具手段优势的同时，必须重视提升智慧水平和综合竞争力。

第四篇　智能智慧

在现代社会，人们以智能智慧运用文化知识能量交换通道、文化知识利益链和能量等价物的强大性能，频繁而高效地进行利益能量交换。这种以智能智慧进行的能量交换越来越多采用间接交换渠道，越来越少采用直接交换渠道。能量间接交换渠道的特点是，自己付出劳动能量却不直接生产加工自己所需的能量体产品，而是生产他人所需的能量体或资源体；人们都以自己生产的产品去换取能量等价物，然后再以能量等价物去换回自己所需的能量体。

能量的间接交换渠道，主要表现为三种交换方式：

（1）"链式交换"方式，即不直接对所需能量（利益）的生产者释放能量，而是对利益链上的其他相关对象释放能量，依循利益链环环相扣原理，间接换取自己所需的能量体。

（2）"等价物交换"方式，即先付出能量等价物的能量（如脑力劳动者的劳动），换取能量等价物（如金钱），然后以能量等价物去市场交换，换取所需的能量体。

（3）"多次交换"方式，即人们先要在间接的利益链上付出或取得能量，然后在另一条利益链上取得或付出能量，经多次转换，最后在同一条利益链上以能量等价物交换方式，换取自己所需的能量体。

智能智慧来源于人们对科学文化知识的学习、内化和转化，是通过掌握和运用科学文化知识能量，支配和主导现代社会利益能量间接交换的智慧。而这正是人格智慧的局限。

智能本是心理学术语，是智力和能力的总称。中国古代思想家一般把智与能看作两个相对独立的概念。《荀子·正名篇》："所以知之在人者谓之知，知有所合谓之智。所以能之在人者谓之能，能有所合谓之能。"其中，"智"指进行认知活动的某些心理特点，"能"则指进行实践活动的某些心理特点。

根据美国著名教育心理学家霍华德·加德纳的多元智能理论，人类的智能可以分成七个范畴：语言（verbal/linguistic）、逻辑（logical/mathematical）、空间（visual/spatial）、肢体运作（bodily/kinesthetic）、音乐（musical/rhythmic）、人际（inter-personal/social）、内省（intra-personal/introspective）。

笔者从智慧学角度认为，智能有双重含义：一是指进入应对准备状态的智慧化思维品质的能量和功能；二是指智慧化思维品质能量和功能的抒发释放、发力做功的思维过程及其功效，此时的智能也称为智力、智力思维。

作为智慧化思想品质的能量和功能，智能包括学习功能（感知功能、识别功能、记忆功能、模仿功能）、评判功能、应对功能、修复功能等。应对功能又包括适应功能、处置功能、创新功能、制作和运用工具手段的功能、编制应对标准程序与规则的功能、整合与适配应对条件的功能等。

作为智慧化思维过程，从接触文化知识到形成智能智力需经过四个环节：一是学习环节，内含样本构建、样本映照识别、理解知识含义、记忆四个方面；二是知识内化环节，内含理解概念、形成概念、构建个人知识体系三个方面；三是构建知识智能化思维体系环节，内

含十个思维系统的构建；四是知识观念化环节，内含建立世界观、建立人生观、建立价值观、建立应对观念四个方面。

在智能智慧中，样本识别的准确率、理解知识含义的程度、记忆的量度与速度、形成概念的能力、知识转化为工具手段（智能化）的程度和运用工具手段（观念化）的程度是衡量智能高低的主要指标。

科学文化知识本是智能智慧的结晶，学习科学文化知识，就是要将别人、社会的科学文化知识中的智慧能量，吸纳、内化、转化为属于自我、能够为我所用的智能、智力和观念。因此，学习科学文化知识的过程，也是知识智能化的思维过程。"他山之石，可以攻玉"，通过学习将不同的知识融会贯通，就可以构建成自己的知识体系，转化成自己的智能智慧。

智能智慧的核心使命是：习得和运用科学文化知识，转化成优强的智能、智力和生产力，作用于践行需求的实践活动，降减劳动难度、量度和强度，提高劳动效率，创造并获取更多更好的利益能量，构建生存与发展更好的条件和环境。

第十五章　知识的学习思维

第一节　文化知识与学习概述

一、　文化知识

在现代信息社会，社会事物的能量和信息以语言、文字、符号、概念等文化知识形态作用于人。人们又以语言、文字、符号、概念等文化知识表达思想情感、表达对事物及其关系的认知与应对。

文化科学理论知识简称文化知识，是一种社会事物，一种以象体形态存在的社会事物。既包含人类在长期的生存和发展活动中积聚的反映客观事物存在与运动变化的标识、注解和表述，又包含人们通过学习内化而获得系统的见识、学识和辨识。文化知识同时也是人们进行象体思维，交流表达思想情感，交流表达对事物及其关系的认知应对的工具和平台。文化科学理论知识体系是人类对运变中的事物现象、本质和相互关系的理解和解释，是对事物联系与运动变化原理和规律的悟通；文化知识既是人类关于事物运变原理、原因、过程与结果的智慧结晶，又是人类进一步获取智慧、提升智慧的工具和手段。

文化知识对客观事物存在与运动变化的标注和表述，是公认的、规范的，可验证、可复制、可传播的。标注和表述的方式形态，包括音声、韵律、语言、文字、图画、符号以及概念、原理、判断、推理等；主要表现为有明确内涵和外延的概念体系及有普遍指导意义的理论原理体系。

二、　学习

学习有广义与狭义之分。广义的学习是指寻找与求要吸纳合适能量的心理思维过程，包括载体选择、感知、识别、记忆、选择性吸收内化等心理思维过程，也是与蕴含合适能量的对象建立能量交换关系的心理思维过程。所谓合适能量，是指适合自我需求与智慧特点，能够融合内化、增力增效的能量或能量体。广义的学习如同去超市购物、去药店买药，不适不买。

狭义的学习是指对社会文化知识和他人经验与技能的感知、理解、记忆、吸纳、内化的心理思维过程。本章主要探讨狭义的学习。狭义的学习如同将相关的文化知识、他人的经验与技能，用自己大脑复制一份，理解内化后用以指导自己相关的心理思维活动。这是一个运用自身能量（学习能力），去寻找、求要、交换、吸收对象能量的心理思维过程，是一个以自身智慧能量去融合内化对象能量的心理思维过程。可见，狭义的学习是吸能、聚能、储能和外能内化的心理思维活动。态度（心态），即是否乐意付出自身智慧能量去交换对象能量是学习的关键。

（一）学习的类型

根据学习的内容和方式的不同，可以将学习分成三类：一类是人格思维的模仿学习；一类是智能思维的文化学习；一类是悟性思维的思辨学习。

模仿学习和文化学习的共同程序：感官接触—感觉—识别—理解—归类—记忆—内化聚能。这一共同程序是思辨学习的基础。

第一类是模仿学习，又称为体感体验学习。学习的内容是互动对象的形态、技能和经验及其要领与程序。学习的方式是体感模仿、效学和心理体验。在意念意愿上，模仿学习是在适应对方、复制对方，努力使自己变成对方的样子。模仿学习的成果主要有：一是对学习对象的体验认知，形成见解、观点和意识；二是内化聚能，成为言行表达操作的要领、程序、方式、技能技巧和经验。模仿学习的特点是重实践轻理论。模仿学习的成果转化为人格智慧，并为智能智慧和悟性智慧提供基础条件。

第二类是文化学习，又称为概念原理的解读学习。学习的内容是文化科学知识（语言、文字、图像、音声、符号等），重点是知识的概念、原理与相互关系；学习的方式是听讲、阅读、复习、理解、记忆、解释、演绎、测查等。文化学习的特点是重理论轻实践。文化学习的成果主要有：一是对概念指代的思维对象的品质、性能和关系形成见解和意识；二是对概念、原理的理解和解释，形成概念、判断、推理的观点、理念和观念，尤其是对某个专题、项目组构成系统的知识功能包，有针对性地为运用知识开拓事业做知识储备；三是借助悟性创造思维，将学习所得的原理和推理，演绎转化为应对和解决复杂难题的技术程序、技术系统、技术手段、先进工具等科学技术产品及服务，充实智能储备；四是拓展运用工具手段解决问题的渠道、办法和方式。文化学习的成果能够转化为智能智慧。智能智慧将反哺需求智慧、人格智慧，并为悟性智慧提供基础条件。

对文化知识的学习，通过接触、感知文化知识的特征，识别、理解文化知识的含义、意义，吸纳并记忆储存文化知识内含的智慧能量与信息，然后通过与需求、难题、环境条件的联结和思考，内化转化为自我的智慧能量（智能、智力）。这种学习，是外源智慧向内生智慧转化的"高速公路"，对个人智慧的培育与发展有着非常重要的意义。

只有将吸纳并记忆储存知识能量内化转化为自我的智慧能量，并用来指导自己的社会活动与生活实践的学习，才是真正意义上的文化学习。

第三类是思辨学习，又称为思考学习、辨析学习、研究学习、悟性学习、悟通学习。思辨学习得益于悟性思辨思维特性与能力。思辨思维活动既可以是获取知识和真理的思辨学习方式，也可以是设计构建项目方案或谋略的智慧化思维方式。

思辨学习是指在悟性思维支配下，运用分析、综合、概念、判断、推理、比较、想象、联想、联通、转换等抽象思维和辩证思维手段，对知识概念指代的事物特性、原理、相互关系、超常性能、运变的趋势与可能性等因素进行辨析梳理（分析清楚、梳理明晰），得出对事物深层的本质、原理、相互关系、运变的趋势与可能性等的正确判断，从而认知事物的本质、特性、相互关系和规律。思辨学习能力是人的智慧由低级的感性智慧升华到中级的知性智慧，或由中级的知性智慧升华到高级的理性智慧的关键，无此不能言他。

思辨即思考辨析。思辨思维的思考是指对某特定对象，在不接触知识的象体形态时，进行抽象的分析、综合、概念、判断、推理等逻辑思

维活动；从智慧化思维角度分析，思考是围绕某种诉求，通过品质分析、性能比较、试组合的方式，进行知识资源的整合、编序、重组，力图理清思路和程序，以达成构建一个项目方案或专题框架的思维方式。思考研究的特定对象主要是知识能量、需求目标、环境条件、人生态势四者的相关性和相互结合的可能性。

思辨思维的辨析是指辨别分析，一是对一个观点、主张是否正确从正反两方面，一分为二辩证地分析并加以判断评析；二是指在不接触事物的实体形态时，对事物的态势、成因、运变趋势等作辨别分析与研究探讨的辩证思维活动。从智慧化思维角度分析，辨析是围绕某种愿景，通过态势分析、功效比较、试组合的方式，进行资源与条件的整合、赋能、定位、重组，力图理清思路和程序，然后设计构建一个运变谋略或解决方案的思维方式。

思辨学习系统就是这样一个在模仿学习和文化学习系统之外，运用抽象思维的联想、想象、思考、研究、悟通等方式，践行深度学习，认知事物信息的本质和规律的学习系统。思辨学习的入门阶段、初级阶段是启悟学习（启悟学习内容另设专题论述）。

思辨学习成果主要有：一是通过对思维对象的超常认知、悟通认知，形成真理性判断和结论；二是形成应对思维对象的运作思路；三是生成运用工具手段解决问题的标准、程序、规则等技术系统和体系；四是形成创新创造的理论体系或作品。思辨学习所得的思辨之知是悟性智慧的能量源泉。思辨学习的成果直接转化为悟性智慧，并反哺智能智慧、人格智慧和需求智慧。

在实际的学习思维过程中，模仿学习、文化学习、思辨学习，这三类学习方式都不是独立进行的，都是相互取长补短、相互融通进行的。首先，模仿学习是文化学习和思辨学习的基础。不用文化概念指代事物实体，不激发悟性思辨，模仿效学也可以做到基本学会，形成技能，进而熟能生巧。其次，文化学习要与模仿学习相结合，才能使象体概念与事物实体相符相通；没有悟性思辨参与的文化学习，就不会对概念有真理性的理解和解释，更不会运用文化知识分析和解决实际问题。再次，悟性思辨学习的联想、思考、研究，既离不开事物实体，也离不开象体概念；将悟性用作指导模仿学习和文化学习，更能体现悟性思维活力和超常性能。在思路上，学习文化知识就是首先认知和掌握文化知识的性能，熟练进行象体思维；然后通过文化知识的指代性能，认知实体事物的品质、性能、关系和运变规律。离开悟性指导的学习，难有理想的功效。

（二） 文化学习的要点

学习系统理论文化知识的要点：①概念；②原理；③原理的方法论意义；④概念结构之间的相互联系；⑤概念结构的可变性及其规律；⑥概念（事物）变化的可知性、可控性、可操作性；⑦事物的态势及其变化规律；⑧事物相互作用的特点；⑨事物变化的条件；⑩事物变化的原因和因果关系。

（三） 构成文化学习能力的因素

学习能力是一种在求知求通意识指引下，对新事物、新知识、新技能欣赏认同的心态基础上，构建的吸纳合适能量的思维能力。学习能力属于谦虚、开放、兼容、取长补短的自我更新与提升能力，不是那种骄傲、自以为是、偏见、排斥新异的自我保守与固化能力。

学习文化知识，最重要的是追求学习功效。低效的学习，只是听一听、看一看，听到、看到的知识信息都停留在感官，不往心里去。高效的学习，不但要专心听、专心看，而且要用心想、用心记，认真理解消化。决定学习功效高低的因素是学习能力。学习能力强功效就高，学习能力弱功效就低。我们可以将构成学习能力的因素概括为七要素，即知识积累度、认知样本准确度、心理意念专注度、悟性参与度、指代联想意识、内化意识、记忆力。其中悟性参与度是关键指标。

（1）知识积累度，是指先前所习得的文化知识基础及其积累状况。一般来说，先前基础打得牢，后面的学习功效就高；基础不牢，知识积累少，后面的学习就很吃力，很难有高功效；中学生比小学生学习能力强，大学生又比中学生能力更强。

（2）认知样本准确度，是指真正规范、准确的认知样本，才能准确地映照、扫描、识别学习对象，作出符合真相、符合原样的解读。认知样本准确度低，就会使映照识别发生偏差，对学习对象含义和特征的

理解都会发生偏差。

（3）心理意念专注度，是指兴趣和意念能够高度集中，专注于学习对象的程度。心理意念专注度低，心不在焉，就会视而不见、听而不闻、触而无感；表面上是人在看书，实际上是"书在看人"。

（4）悟性参与度，是指没有悟性的参与，学习者就很难与概念指代事物实体的性能联通对接，学习也就很难吸纳对象的能量。在学习思维中，悟性的参与可以唤醒、激发心理的进取意念，形成意动（即意念随感觉转动）。有了意动，学习者才能意随眼动、意随耳动，与学习对象联通；才能瞬间识别、瞬间理解、瞬间吸纳学习对象的性能能量。

（5）指代联想意识，这是悟性参与后才被激发唤醒的，使概念（词语）与指代的实体事物互联互通、相互映照、相互印证的一种心理念想。指代联想意识使指代的实体事物景象紧随概念在头脑思维中显现，就像一幅接一幅图像，神似"直播""直译"，让学习者及时感知到概念指代事物的特征、品质、性能和规律。

（6）内化意识，这也是悟性参与后被唤醒、强化的，使学习吸纳的能量得到理解消化，内化转变为自己拥有的知识能量，化为己用的一种心理念想。未消化、未内化的知识就不会进入长期记忆而逐渐消退。

（7）记忆力，是指迅速将已经识别、理解的习得内容，按样本序列理顺类属关系并编码编序，然后依序记存在记忆库，并于需要启用时忆出（再现）供给思维运用。这种先记后忆、能记能忆、有序记忆的能力是学习能力的标志。记忆力与学习力成正比。记忆力强，习得的知识才能长期留存，才会随时再现、忆出运用；记忆力弱，习得的知识记不住，忆不出等于白学。

（四）学习文化知识的功能

第一项功能是通过学习、理解文化知识含义，吸纳和内化文化知识的能量，使自己脱离愚昧，文化起来；脱离迟钝，聪明起来；脱离闭塞，开放起来。文化起来是指让自己的思维品质，自觉接受社会文化知识的改造和培养，不断提高社会化、文明化程度。

第二项功能是能够以文化知识为思维的先进工具和平台，不断地拓展认知的三维空间，更广、更深、更高地认知思维对象，真正做到

"秀才不出门，全知天下事"。

第三项功能是能够运用文化知识的性能和原理，通解思维对象的特征、本质和性能，通解各思维对象的相互关系和运变规律；能够做到尽早地发现问题、准确地分析问题和解决问题，真正做到"运筹帷幄，决胜千里"。

第二节　学习兴趣

一、　人的兴趣系统

（一）　兴趣的概念

兴趣也即兴趣爱好，是由需求、态度和悟性合成的对某一思维对象特别偏爱、专注的心理思维倾向与念想。兴趣爱好的核心使命，是要让自我与蕴含合适能量的思维对象建立学习、交换能量的联系、结合点与通道。在思维实践中，兴趣点即思维兴奋点、能量交换点。换一个兴趣就意味着切换兴奋点，意味着换一种心态、换一个需求点、换一个能量交换点、换一种动机、换一个思路。

兴趣既是一种为需求定点，选择需求标的的心理思维品质性能；也是对那些能够实现需求目标、能够引起心理冲动与兴奋的特定对象，具有搜寻、捕捉、锁定的心理思维性能。兴趣所指的特定对象包括利益点、价值点、知识点等能量体。兴趣也代表选择，对某个对象无兴趣，不代表无选择，而是表示已有另外的选择。兴趣的本质是爱、偏爱，爱到情真意切、沉迷依恋时就进入专注心境，就会唤醒激发悟性灵感。反感、嫌弃、厌倦是兴趣与专注的天敌，只有克服、避免对某一思维对象的反感、嫌弃、厌倦心态才会对这一思维对象产生兴趣与专注。兴趣爱好及其专注意识能够强化相对应的技能学习与训练，使人养成专业、特长类的智慧能力。

人们的兴趣随需求、态度和悟性的改变而改变，短期兴趣主要表现为当下对某一思维对象的高度关注、喜爱或专注；长期兴趣主要表现为长期对某一思维对象的高度关注和执着。不论学习、工作、事业、人际

交往和日常生活，人们都有不同的兴趣表现，有时还会频繁切换当下的短期兴趣。

（二）　兴趣的性质

兴趣有多种性质，如敏感性、逐利性、选择性、主动性等。

（1）兴趣的敏感性是指对与当下需求、情态密切相关的信息特别敏感，对思维对象的超常性特别敏感，及时以变应变，调整思维取向。

（2）兴趣的逐利性主要表现为对事物信息的利益性和价值性特别敏感、特别重视、特别执着。

（3）兴趣的选择性主要表现为认定一个对象就会否定其他对象，专注于认定的对象。兴趣的选择性经常驱动人们有选择地学习、讲话、做事，有选择地与他人合作互动。

（4）兴趣的主动性产生于欲望或悟性的主动性，表现为好奇性和专一选择性，是一种自由选择的思维态势，使人自觉将精力集中于想认知或想做的事。主动的兴趣是主动将他人的兴趣列为自己的兴趣。一旦欲望、悟性被外界信息诱导，就会按诱导方的授意作出趋避取舍选择。这是一种被培养出来的兴趣，它使人自觉顺从或从众，让精力集中于他人选择给自己做的事，按他人的意图办事。

（三）　兴趣的功能

兴趣系统是一个选择思维的导航功能包。其主要功能是：①搜寻、捕捉、锁定思维对象；②择定当下思维对象、切换当下思维取向，引导人的各个思维系统性能向新的对象及取向转移，引导人的身体能量和智慧能量向新的思维对象转移；③兴趣是专注的向导，兴趣一旦确定就很容易激发精神专注，然后才能唤醒、启动悟性，使思维活动进入灵感、悟通状态；④向外界宣示自我选择的意愿，既能吸引别人的合作和帮助，又能避免他人的误会、误判与冲撞。

二、　学习兴趣分类

真正意义上的学习是从兴趣开始的。人们的学习兴趣受需要与欲望驱动，受知识（信息）品质、性能的吸引拉动。依此可将学习兴趣分为九大类：

（一）吸能兴趣

吸能即吸收、吸纳外源能量。吸能兴趣是指人们对具有适合自身需求的外界事物能量（利益）特别敏感、特别念想、特别求要，自动地将注意力集中专注于目标事物。

（二）好奇兴趣

好奇兴趣即关注兴趣，是指对事物超常性、超常点的好奇和关注。好奇兴趣主要关注事物信息的新、奇、特、异、奥、妙等超常品性及其功能。目的在于及时切换思维取向提供选项。

（三）审美兴趣

审美兴趣是指被事物的美质、美态吸引，产生关注和鉴赏兴趣。主要关注事物信息的美质、美性、美感、美态、艺术性等品性及其功能。目的在于品味、欣赏、美化体验、陶冶情操、享受愉悦。

（四）转达兴趣

转达兴趣是指向人生态势场内的人们转告、讲述自己感兴趣的事物信息。目的在于与互动对象分享或分担自己对某些信息的感受和体验。

（五）传播兴趣

传播兴趣是指向人生态势场内、场外的人们传播自己感兴趣的事物信息，传播兴趣主要关注事物信息的指向、意图、特质和时效性、品性及其功能。目的在于将自己感兴趣的信息广而告之。

（六）分析研究兴趣

分析研究兴趣是指对事物的某些信息特性特征产生分析研究的兴趣。主要关注事物信息的相关性、结构性、系统性、原理性、规律性。目的在于探究事物的运变原理和趋势。

（七）　演绎改造兴趣

演绎改造兴趣是指对某些事物信息的内涵意义和性能产生解读、演绎和改造的兴趣。主要关注知识信息的多元性、多义性、可变性和替代性及其功能。目的在于探讨演绎或改造事物信息结构性能的新路径。

（八）　归纳概括兴趣

归纳概括兴趣是指对各种相关的事物信息进行归纳概括的兴趣。主要关注知识信息的种属关系、集散关系。目的在于对各种事物信息进行归类、集合，以便记忆，以便简单明了地表达事物信息之间的逻辑关系。

（九）　百问不厌的兴趣

百问不厌的兴趣是指对未知的信息、知识点通过问询、请教他人，达成认知的兴趣。百问不厌的兴趣主要特点是遇到不知就问、见人就问、见机就问、百问不厌。这是一种"拿来主义"、走捷径的学习方式。目的在于简便高效地获得知识，而不顾得来知识的真理度。

学习知识是一项需要精神集中、思维专注、时间专用的使命和任务。在实际的学习中，人们的兴趣是一个多元的系统，通常是多种兴趣交互发挥功能，作用于同一个学习对象。

三、　引导和强化学习兴趣

兴趣对于系统科目与内容的学习或教育都是十分重要的，可以说，兴趣是有效学习的前提。没有进取、专一的兴趣，学习不可能有效，不可能长时间坚持看书学习，兴趣不专一的人看书很容易就会转变为"书看人"。

兴趣专一与集中必然导致专注。专注即专心注意、精神贯注，集中全部精力去完成一件事。专注是由兴趣专一与集中产生的对特定对象念想、迷恋至难以自拔而又体验充实、满足和愉悦的心态，是排除杂念、聚精会神的结果。这种专注心态正是唤醒、启动悟性的充分条件。专注是高效学习、高效做事、发明创造的必要条件之一。

引导和强化学习兴趣，有多种多样的方式方法。需要强调的是，各种方式方法应该交替运用或结合运用，切忌一种方式方法长久运用，以免导致学习者在其他诱惑下心烦意乱，学习兴趣丧失或转移。如下列举引导和强化学习兴趣的十种方式方法供参照：

（1）强化学习的需要与欲望，建立稳定的求知需求。欲望是学习兴趣的决定性因素，强化学习欲望，加强学习文化知识的使命、职责的培养，自觉地把每一项学习任务当作履行和担当人生天职使命去完成，才能为学习兴趣不断地增添动力。

（2）鼓励多学多问多请教，乐意为好学者答疑解惑，培养好学爱问、百问不厌的学习兴趣。

（3）加强信念和意志的培养、教育，自觉用理智战胜情绪和惰性。对一些抽象性或专业性很强的课题和科学知识的学习研究，尤其需要坚定的信念，需要坚持不懈的意志。否则就会因耐不住孤独和寂寞导致半途而废。

（4）以兴趣引导情感喜爱，使学习过程娱乐化、趣味化。将学习内容与娱乐形式结合起来，寓教于乐，寓学于乐，把学习变成愉快的生活情趣。

（5）减轻学习压力。一是内容的量要适当；二是复习、练习量适可而止；三是标准、要求适度。学习过度过量很容易摧毁学习兴趣，适度地学习更有利于培养和强化学习兴趣。

（6）各项学习内容、科目适时有序更换，缓解学习疲劳，顺应人们（尤其是少儿）兴趣的运行与转换规律。

（7）不断改进学习方法、记忆方法、练习方法、理解方法，用于提高学习功效，强化学习兴趣。

（8）注意搜集生活和思考碰到的难题，激发求解难题的欲望，带着难题去选择学习相关的科学知识，引导学习兴趣专注于待解的难题。

（9）理论学习与实践操作结合，有针对性地开展创新、创造活动，运用知识分析和解决感兴趣的实际问题，体验文化知识转变为方法论的神奇功效，体验学习文化知识的成就感，以此激发、强化和引领学习兴趣。

（10）加强悟性思维训练，养成拓展知识原理应用对象与领域的联

想思维习惯，提高学习的触类旁通、举一反三的概率和成效，以此进一步强化学习兴趣。

第三节　思维样本的构建和更新

一、思维样本

思维样本简称样本，是对标样、标准、准则、规范、规则、标杆、模本、模样、模式、参照系、口径等心理思维品质性能的统称。样本是客观事物本样（真相）与主观理解释义之标样（真理）融合的产物，是同类事物共性的概括和抽象。从方法论角度讲，样本是主观为规范自身与能量交换对象的互动行为而设立的一套标准与规定，是心理思维对思维对象作出定义、判断、取舍的依据。

心理遗传基因（智慧基因）是人的心理思维天赋、原生的样本体系。构建思维样本也是激活、培育、改造心理遗传基因原生样本体系的过程，更是将认知成果、实践成果凝练成智慧的智慧化思维过程。

样本是有效思维的必要条件。样本是心理思维活动的基本工具和手段，是对事物信息及其能量进行识别认知、评判、应对和选择取舍的"度器""量器"和"衡器"。人的心理思维要应对纷繁复杂的信息刺激，如果没有一套标准化的度、量、衡器作为工具手段，对很多问题都会无法定位和归类，无从比较和判断它们的属性和功能。比如说"有一个小伙子很矮很胖"，你就应该有十八岁至二十五岁这一"小伙子样本"、有身高一米六以下这一"很矮样本"、有七十公斤以上这一"很胖样本"。否则，你就不可能有认知速度和效度，更不可能得到真理性的认知成果。样本体系的建造和升级是将已取得的心理思维成果中的真理性内容方法论化，转化为指导、度量后续思维对象的工具和手段，并用以改进、更替原先的样本的思维过程。

心理思维的样本体系，包括认知样本、评判样本、互动样本、应对样本、创新样本等；还包括转化样本、结构样本、系统合成样本、能力样本、选择样本、决策样本、功效样本、成果样本等，是各类样本的有机合成。总之有多少常态的思维对象、认知对象，就有多少种类的样本。

对于样本，特别强调两点：

第一点是概念的样本本性。概念是客观事物在人的心理思维中的反映或再现；由信息单元按意思意义和类属种差抽象概括而成，是逻辑思维的基本单位。概念是思维活动运用语言文字，在逻辑形式上认知、理解和解释事物的命名或命题，是人类规范思维和语言文字表达、交流的标准，是理解和解释事物信息最基本、最普通的工具，也是人类思想智慧和语言交流最基本、最普通的工具。在再思维过程中，概念是对事物信息的标识注解，是标识事物结构的普遍形态。因此，样本的本质就是概念，概念就是样本，是指代特定客观事物的标样。

第二点是第一印象的样本意义。第一印象是首次感知得到的第一个概念，是对事物信息的首次标识注解。在他人或公共知识不参与的情形下，第一印象就是再思维认知的样本。因此，第一印象十分重要。"追星族"的盲目崇拜多由此产生。

有类属定指、简易、有序、高效、适用、时效性等原则和标准，是一切思维样本的样本、共性。

根据性能的不同，思维样本可分为认知样本、应对样本、创新样本三大类。认知样本又可分为感知（体感）样本、体验认知样本、文化概念认知样本、推理联想（预判预知）样本等多个层级。感知样本、体验认知样本和文化概念认知样本，又合称为学习样本或学习认知样本。感知样本与体验认知样本适用于需求思维过程和人格思维过程，主要用于各类能量平衡状况及其运变态势的感知与体验认知。

应对样本，即社会互动应对样本，也叫互动样本。应对样本又可分为多个种类，如表达样本、评判样本、沟通样本、关系协调样本、合作样本、竞争样本、逆抗样本、方式样本、办法样本等。

在人的智慧化思维过程中，样本通常以静态或动态的品质形态，分别作用于思维过程，因此思维样本可分为静态样本和动态样本。

所谓静态样本，是指人们以静态形式，运用样本指导认知或应对静态事物。静态样本思维导致静态样本思维方式，这是一种智慧含量相对较低的认知或应对思维方式。因为事物总是在运动变化，静态的认知结论经不起时间与环境变化的检验，静态的应对方式经常会导致错失时机、无的放矢。尽管运动变化是一切事物存在与发展的常态，但是人的

思维总有一种以不变应万变的定式和倾向，总有一种将思维对象固化、静态化的思维习惯和惰性。所以应该承认，静态认知、静态应对也是人们的一种思维常态。同时也应该确信，将运动变化的动态事物静态化，将思维样本静态化，对动态事物得出静态认知结论，以静态思维方式应对动态事物，这种常态化的思维方式的智慧含量相对较低。

所谓动态样本，是指人们以动态形式，运用样本指导认知或应对动态事物。动态样本思维导致动态样本思维方式。这种思维方式与事物的常态相适应，因此是一种智慧含量较高的认知或应对思维方式。

在人的思维过程中，静态样本表现为各种各类具体的标准、准则和规范。每一个具体样本都内含上、中、下三个点或三条线，即高标准、标准、低标准，或最高界线、标准线、最低界线（底线），人们运用静态样本指导认知和应对，就是以样本的三个点或三条线去衡量、区别、类分思维对象。

样本思维的智慧化程度（智慧含量程度）主要取决于四个方面：

一是样本的系统化程度。在大分工大合作的社会互动中，人们的能量交换活动面对着大量复杂、系统的思维对象，尤其是大量而又快速的信息刺激。如果以单个样本去逐个认知和应对，即使快速切换，这样的样本思维也必然无效率可言。因此，不管是静态样本还是动态样本，都应以需求为依据，尽量将各种各类具体样本按相关性强弱度编列成递进次序的系统（程序），构建成不同类型的样本系统，以高效而又有序地认知或应对各类复杂、系统的事物及其信息。

二是样本的动态化程度。以静态样本认知或应对动态事物，必然低效。以动态样本认知或应对动态事物，才有获取高效的可能。因此，应该努力使样本动态化。动态地理解样本，动态地演绎样本，动态地运用样本，以变化发展的理念解决变化发展的难题。

三是静态样本的方法论化程度。方法论化程度低，人们运用静态样本指导认知或应对思维对象时，就会只重视形成思维定式、思维习惯，形成简单的经验和简单的观念。方法论化程度高，人们运用静态样本指导认知或应对思维对象时，就会重视构建系统的观念、世界观，以此不断提升运用静态样本指导认知或应对思维对象的智慧含量。

四是动态样本的方法论化程度，所谓动态样本方法论化，是指在运用动态样本指导认知或应对动态事物时，先用相关样本标准的先进性能和预见性能构建成办法系统，如技法、方法、计谋、策略、谋略，然后主动去认知或应对各类动态的思维对象。动态样本的方法论化思维形成具有方法论功能的思维样本，是知识智能化思维、悟性创造思维的主要样本，是智慧含量很高的一种思维方式。

创新样本属于参照系样本。创新样本由创新参考底线与创新参考顶线两条参考线构成。创新参考底线由现行的认知样本和应对样本构成，这条底线之下是常态的认知与应对思维。创新参考顶线由社会法律和道德许可的上限构成。底线之上至顶线之下为创新思维空间。

人们的创新思维，是指向上突破创新参考底线，即突破现行样本的局限进入新的思维空间，但往上又不能突破社会许可的顶线限制。认定人们的思维是否属于创新创造思维，就是以创新参考底线和创新参考顶线两条参考线为依据。

由于每个人的认知样本的智慧含量、智慧层级不同，创新样本的底线和顶线就会有明显差异。小学生的创新思维与大学生的创新思维属于两个不同层级的创新思维。因此，创新样本有很强的个性化特征。

此外，思维样本还有一个社会化和个性化的问题。社会化程度高的样本，很容易获得社会大众的认同和采信，成为社会公用的思维样本，如章程、规则、制度、政策、法律、法规等。社会公用的思维样本也很容易被人们转化为个人的思维样本。社会化程度高的思维样本，运用范围更宽广，认知或应对社会化程度高的事物更高效，更有智慧含量。社会化程度高的思维样本是人格社会化的主要工具。个性化程度高的思维样本，更适用于认知或应对个性化程度高的事物，因此运用范围更小、更窄、更专用，具有社会化程度高的思维样本所不及的性能和功效。

长期一贯地采用一套应对样本去应对同类对象，分析、解决同类问题与难题，就养成了做人做事的标准、原则和观念。如果采用应对样本的思路与身边众人相同，做人做事的标准、原则和观念就会有较高社会化程度；如果采用应对样本的思路与众不同，做人做事的标准、原则和观念就会有较高个性化程度。

本节主要阐述认知样本。其他样本在相关章节中简述。

二、　认知样本

凡有事物、事项需要学习认知，就需要同类事物、事项的认知样本作比较和衡量，这是学习认知既简易又高效的必经途径。

认知样本，是由前期心理思维认知成果转化反馈回授的标样，对心理基因系统的反应样本进行改造升级而成，用作后续对同类事物信息及其能量进行映照、识别、理解、分类、取舍、记忆的标准。认知样本最主要的性能是为有选择性地学习社会科学文化知识，吸纳事物信息能量，提供相对应的取舍标准和参照系。认知样本的品质优劣、性能强弱决定学习认知的真理度。

构建认知样本，是指将习得的知识（信息）经过归类提纯和抽象概括，用作识别、衡量、筛选后续知识（信息）的标准，形成学习认知样本的思维过程。构建认知样本的关键是使习得的知识向工具手段转化，有两个要点：一是对习得的知识从不同角度、不同层级加深理解，使对知识的认知更接近真理；二是对理解后的知识进行标准化提炼加工，使其具备识别、衡量、筛选后续知识的工具和手段功能。

三、　认知样本体系

认知样本体系，由多种多样不同品质功能的样本，按层级和分工次序链接而成。由于各人的遗传基因、样本品质、悟性、思维成果反哺四大因素各不相同，认知样本体系结构也各不相同，既各有所长又各有所短。

（一）　认知样本的种类

客观事物刺激人的信息和能量的种与类难以穷尽，人的认知样本的种与类也同样难以穷尽。为了更好地了解和运用各种认知样本的共性和个性，我们尝试依基本对应原则，将众多的认知样本归纳为八大类：①表象特征类；②品名品质类；③概念类；④属性类；⑤功能类；⑥关系类；⑦社会正义类；⑧风险障碍类。

（1）表象特征类样本。认知适用范围：负责识别筛选三维形状、色、味以及声音、语言、文字、数字、代码等事物信息的形态特征。解决表象特征的认知。

（2）品名品质类样本。认知适用范围：负责识别事物信息的名称、代号、命名和品质，对信息的品名品质进行相似度的模糊判断、模糊归类。解决像什么、不像什么、是什么、不是什么的近似认知疑惑。

（3）概念类样本。认知适用范围：按事物信息的隶属、从属关系进行内涵、外延的认定。解决事物信息是什么、属于什么、归属哪种结构的问题，使概念指代准确明晰。

（4）属性类样本。认知适用范围包括事物信息的强弱、真假、虚实、优劣、善恶、美丑、利害等。对事物信息的属性作出认定和分类。

（5）功能类样本。认知适用范围：①事物信息的正面益利功能、用途或作用，按作用范围、力度、效度，对样归属。解决信息能干什么、有什么作用的角色、地位认定问题。②事物信息的负面损害功能、副作用。解决信息损害功能的作用方式、路径、范围、力度的认知问题。

（6）关系类样本。含物品关系和人际关系。认知适用范围：事物信息的纵向因果关系、递进链接关系、必然性；横向对应或对立关系，联合、结合关系；变向转换的可能性；事物的相关性、运变原理和运变规律。解决与谁（与什么）有关系，关系强弱度、密疏度的相关性和运变规律性的认知问题。

（7）社会正义类样本。认知适用范围：正义、道理、社会法理、规范、准则、原则、道德、规章、规则、程序、公共秩序，人与人关系的伦理次序。解决正义、公平、公正、秩序、道理和合理性认知问题。

（8）风险障碍类样本。认知运用范围：自然风险危害、人为风险危害、自然障碍、人为障碍、对抗性风险、竞争博弈性风险、合作性风险、创新创造性风险、选择性风险、决策性风险、执行性风险等。解决对风险障碍品质特性和危害性的认知问题。

人们的思维对象随着需求和社会角色的切换而切换，思维对象的切换必然导致认知样本的切换。

（二）认知样本的个性

由于每个人所处的环境不同，所受的文化教育不同，所担任的社会

角色不同，社会地位不同，拥有的财富和资源不同，理想信念不同，等等，人们学习知识和认知事物的角度、层级也会很不相同。因此，对同一类知识、事物信息的学习认知所采用的认知样本，一定会打上深深的个性烙印。这就形成了一因多果、一果多因、一事多议、真假难分、是非难辨的认知混乱现象。不同的人采用同一个认知样本识别同一个思维对象，会得出不同的理解和概念；不同的人采用同一个标准评价同一个思维对象，会得出不同的结论。这也使得在面对同类思维对象的人际交往中，必须通过相互协商、相互取长补短、相互调适，才能消除分歧，达成共识。

四、　认知样本的更新

更新认知样本与构建认知样本一样，都是将习得知识凝集成智慧成果的过程，是智慧化思维十分重要的经常性任务。更新认知样本，不是要完全否定原样本、取代原样本，而是要根据社会文化科学技术的进步，根据自身对外界事物认知的拓展、深入和提高，根据自身与社会（他人）互动的需求，及时地跟上形势，及时地改进、调节和更新在用的认知样本的含义、标准、性质、功能以及运用范围等元素；调整相关元素在样本结构中的权重，使认知样本适用于当前认知的需求。更新认知样本的最终目的是更好地吸纳事物信息的新能量，更新和改变对事物的认识。认知样本能够适时更新，人的知识水平和智慧水平就会不断得到提升；不能适时更新认知样本，人的知识水平和智慧水平就不会得到提升。

认知样本的更新的第一条途径，是通过换一个角度、换一个目标、换一组条件、换一个层级或换一种思维方式，对认知过程或效果进行重组（重构）、查察、反思、反省或再次分析、研究、探索、推理，发现样本的落后、局限、过时之处，然后用新的知识元素调节、改进之。犹如"吾日三省吾身"。

更新认知样本的第二条途径，是直接学习他人、团队或社会的观点、标准、原则，理解后拿来改进更新自我的认知样本。这也是人格社会化进程很重要的一项内容。

激励和引导人们自觉进行认知样本更新的因素和动力主要有：①求

要优强态势的欲望，尤其是求知欲、竞争欲、进取欲、谋利欲；②学识的增长和更新；③社会角色更换带来的使命与职能的更新或拓展；④与时俱进的意愿与信念；⑤悟性思维产生的新成果；⑥观念的更新或调整；⑦思维方式的改变；⑧外界利益的吸引或危害风险的驱动；⑨归属的团队文化及社会意识的诱导；⑩上级、管理者的指示指令。

上述十项，各项都是认知样本更新的充分条件。只要有一项显现，就会激励人们自觉地进行认知样本的更新，如果多项显现或长久维持，认知样本的更新就会持续不断，日新月异。

阻碍人们自觉更新认知样本的因素主要是观念问题，具体来说至少有七项：①求知欲、进取欲过于弱，不愿学习，不思进取也就没有更新样本的必要；②学识无长进，总是停留在原来的水平上，甚至倒退，即使想更新也找不到点；③观念守旧、守成，不愿改变；④以求均势平衡为目的的思维方式不愿改变；⑤人格社会化进程受阻，与团队文化、社会文化存在隔阂，有逆反意识，不愿跟上时代步伐；⑥爱用老办法老方式办理新事项，重经验求稳重，不讲效率的习惯使然；⑦过分以自我为中心，固执己见，盲目自信，骄傲自满，故步自封的观念束缚的结果。

上述因素，只要有一项表现突出，形成个性，就会严重地抵损和耗费更新认知样本的动力、激情，制衡认知样本的更新。

第四节　映照识别知识信息

映照，是对人们运用认知样本进行事物信息的应答、应对、反映、比照、校正、考量、认同、接纳、编辑、处置等心理思维读取过程的统称。低级水平的映照可称为"反映"。映照既是一个对信息的认知读取过程，又是一个将认知读取性能向外抒发的过程。

映照识别信息，是指以认知样本为标准，对信息的各种品质、特性、特征，进行含义的反映、比照、识别、鉴别、筛选等认定或否定的心理思维活动，将达标的信息接收留下，不达标的拒收或废弃。被接收留取的信息品质，都是与认知样本相符、相关，能标识事物真相度或真理度的信息。

运用认知样本映照识别知识信息是一种既简易又高效的学习手段。

这种学习手段有三个特点：

（1）依随兴趣的导向和定位，选择学习的知识点。认知样本只对兴趣导向定位聚焦的信息进行映照、识别和筛选，对没有被兴趣聚焦选择的信息视而不见、充耳不闻，不进行映照识别和筛选工作。

（2）充分运用兴趣专注的时效性和兴趣转换规律，主动地、定时定量地在知识信息的海洋中，有序地切换学习的知识科目和课题，依序进行科学文化知识科目和课题的学习。

（3）认知样本也有"短板"效应。受制于认知样本知识能量来源的局限性，一些认知样本会出现真理度不高的"短板"效应，使得认知样本对知识信息的映照、取舍出现误差，对某些知识信息特别敏感易懂，映照识别特别快捷而高效；而对某些知识信息则十分迟钝难懂，映照识别特别慢而低效，导致认知成果也出现误差。

认知样本工作原理如图 15 - 1 所示：

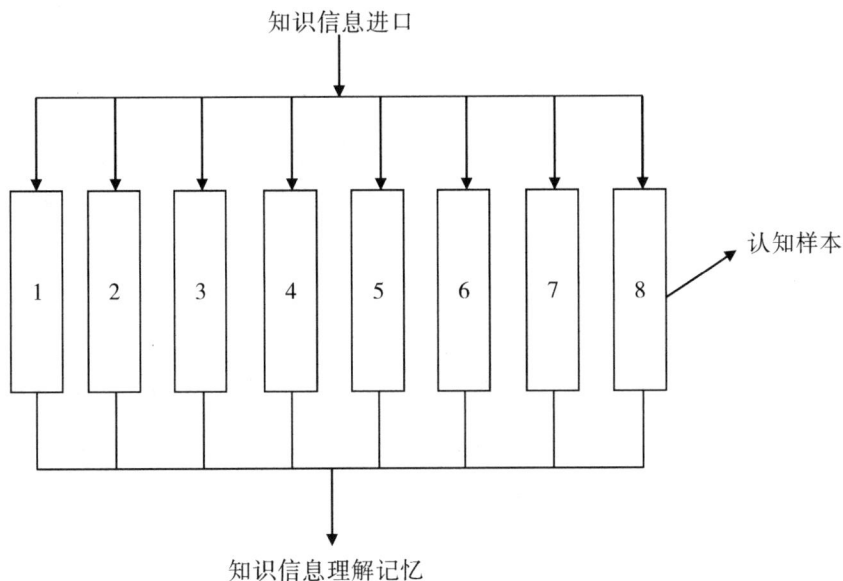

图 15 - 1　认知样本工作原理图示
注：①1~8 代表八大类认知样本；②进口端的知识信息经过八类认知样本的映照、识别、筛选、取舍之后，输送给理解记忆思维系统。

第五节　理解知识含义

理解也即"解理"，是指对映照识别留取的知识信息所承载、蕴含的"理"质（如意思、意义、性能、作用等品质因素和真理因素）能够破解、领会、知晓、受纳。理解是正确思维和自由选择的前提，是知识内化的重要转折。

知识信息的"理"质由表及里、由低到高可分为三个层级：第一层级是形下貌状形态之表征中蕴含的浅理、常理；第二层级是形中个性之特征中蕴含的物理、情理、事理；第三层级是形上属性本质规律中蕴含的原理、道理、伦理、法理。从思维逻辑上讲，理解思维属于主观判断，理解于哪一层级就会在那个层级上内化、转化和运用。不解其理则不可理解、不能领会、不愿受纳，更无法真正记忆和运用。

理解有四种模式：一是按知识信息制造、发出者（作者）的本义、本意作理解；二是按自我的标准、意愿作理解；三是按传播者（中介）的解释作理解；四是按公共公认的标准规范作理解。从思维逻辑上讲，按什么模式理解就会导致按什么模式解释与运用。第一种模式最接近真相，更具真理的特殊性；第四种模式更接近真理，更具真理的普遍性；第二、三种模式都容易偏离真相和真理，更具创意，也更容易犯逻辑错误。可见理解在学习中的重要性和难度。

理解思维系统是由上述三个层级和四种模式的功能包构成。理解的功能主要是让人对知识信息能够从速定形定位、定性定义、认形通性、知真识势、明理断度；让人能够获取真理度较高的信息能量；让人对知识或信息的氛围与环境作出融入、兼容或避让的自由选择。

第六节　记忆

记忆就是将习得和理解的知识信息保持、储存和回忆取用。记忆是记与忆相互融通的过程。记忆是人的信息库，是信息库对信息的编码、读入、保存、读出。记忆的程序是先对习得理解的内容作含义区分，按

类别标记和编码，形成有序的印象串、意义团或符号链；然后分门别类记入保存；在需要的时候提取出来（复述、再现或再认）运用。记忆信息库就像人们自己编纂的字典、词典，储存着人生全程学习认知所得。少儿时期的记忆信息库是小字典、小词典，随年龄和学习知识的增添而逐渐增长变成大字典、大词典。

一、 记忆的环节与形式

记忆包含记、存、忆三个环节，记忆形式多种多样：

（一） 记

记即记入，包括识记、读入读记、听入听记、看入看记、品入赏记、写入写记、画入画记、刻入刻记、模仿练记、想象记入等。

（二） 存

存即保存，包括编码排序、留取、保留、登录、记住、记存、封存、暂存、长存、保持等；还包括定式、习惯、原样等。

（三） 忆

忆即忆出，包括回忆、说出、写出、复写、复印、复制、复述、复读、读出、刻出、再认、再现、联想译出、示范、演示、演出、作出、用出等。不能忆出记入的内容，称之为"没印象""忘记"。

分析研究记、存、忆三个环节的关系发现，记入保存效果决定忆出效果。先理解后记入保存，先分类、编码、排序然后按类依序记入保存，通过简化、联想、符号替代等方式记入保存，不但记得快，而且存得多而有序，忆出效果会有很大的提高。

二、 记忆分类

（一） 记忆通常分为机械识记和意义识记

机械识记是依靠机械式的多次重复，而记住事物信息或知识的特点，记住事物之间联系的心理思维过程。意义识记是通过理解事物信息或知识的含义和意义，而记住事物信息的特点，记住事物之间联系的心理思维过程。实践证明，意义识记的效果远远超过机械识记。

（二） 记忆又分为临时记忆、短期记忆和长期记忆

（1）临时记忆是对信息或知识作暂时的保持保留，一般以当下一个心理思维主题或项目的完成为时限，过后即弃忘。临时记忆的一般都是符号、特征、表象等外界事物信息或知识的复制品。

（2）短期记忆是对信息或知识作一个时段或几个时段的保持保存，然后随心理思维时段更替而弃忘。短期记忆的主要是标志事物综合特征或概念的种属差异一类的知识或信息。

（3）长期记忆是对信息或知识作无限期的保持保存。长期记忆的主要是那些标志概念的内涵特性、事物的独特性和标志概念、观念、原理、规律的知识或信息。

在日常的思维活动中，人们常将记忆的成果称为"印象"，将回忆称为"印象"复述。

不论临时记忆、短期记忆还是长期记忆，在身体健康前提下，决定记忆效果的主要因素是理解和忆出取用频次。记忆未理解的内容，记入无序且忘得快；记忆已经理解的内容，分类有序、印象深刻、记得牢且难忘；忆出取用频次多的内容，在多次取用中不断得到强化加固，就会印象更加深刻、记得牢且长期难忘。

三、 忆出提取

知识或信息的忆出提取，是指在需要表达运用知识信息的时候，将记入和保存的相关知识信息读取出来予以回忆、再认或再现。相当于按操作程序将电脑保存的文件资料再读取、打印、复印出来，不受频率和数量限制，原件不会随之减少或消失，不会穷尽。

忆出提取的速率和准确度是记忆效果最重要的两大指标。越能快速和准确地忆出提取记入保存的内容，标志着一个人的记忆能力越强。很难或者不能准确忆出提取记入保存的内容，则标志着一个人的记忆能力低弱。

"忘记"是指不能顺利提取和再现记入保存的内容。很多时候，忆

出效果都是记入和保存效果的标志。能够忆出才能证明记入和保存的有效性，不能忆出（忘记）也就无法证明记入和保存的有效性，记入和保存的工作就是无效劳动。

人的记忆（包括模仿学习和文化学习的记忆），是学习的关口。记忆力与学习力互为条件、互成正比关系。人的记忆有一个规律：记忆力取决于记存知识的忆出度，忆出度高会导致记忆力强，忆出度低则会导致记忆力弱。首先，忆出记存知识的用途要么直接运用于解释或演绎忆出知识、解答相关的问题与疑惑，要么运用于内化为个人的知识体系、智能化思维体系；不忆出则说明没有解释或演绎记存知识的意识（念想），记存知识便会随时间而消失。其次，记入是吸纳知识，忆出是运用知识，记存的知识忆出多、忆出频繁，会自动形成思维定式，养成多学习、认真学习的习惯与观念；不忆出或少忆出，也会自动形成思维定式，养成不学习的习惯与观念。再次，忆出越多、越频繁越证明记存的知识内容很重要、很有价值，这会反馈强化或吸引学习兴趣，提示自觉学习吸纳同类知识内容。

知识或信息的记忆是认知外界事物信息的初始成果，是智慧能量积聚、智慧品质培育的第一步。由于其能够大量运用后续思维系统反馈的成果来改造升级记忆性能，因此记忆系统蕴含着大量的知性和理性元素，使得人们的记忆性能随学习和知识的积累而增长、强化。

第十六章　知识内化

知识内化，既是一种心理思维性能，也是一个心理思维过程，是通过学习获得外源知识，然后将外源知识的能量内化为自我思维能量，并转化为分析、解决问题实现需求的工具手段的心理思维性能和过程。简单地说，知识内化就是将文化知识的能量和别人的智慧能量变成自己的智慧能量，并使自己原有的智慧能量与之融会贯通而不断增强和提升。

知识内化思维分为知识的直接内化和升华内化两个层级。知识的直接内化包括：理解概念、形成概念、构建个人知识体系；知识的升华内化主要是指运用习得知识，构建自己的知识智能化思维体系和观念体系。

本章着重分析知识的直接内化思维过程，知识的升华内化在后面章节探讨。

第一节　理解概念

概念既是指代和反映思维对象品质性能的思维形式，又是标注和表述事物品质性能及其相互关系的知识形态。概念一般以词语词组界定，是知识体系的基本单位。概念中蕴含着丰富的知识营养、知识能量。正确地理解概念和形成概念，是知识成功内化的显著标志。

概念的内涵与外延对事物的标注和表述一般都有三个维度的含义：一维是事物运动变化的原因与结果；一维是事物的品质与功能；一维是事物的具体与抽象。如图 16 - 1 所示：

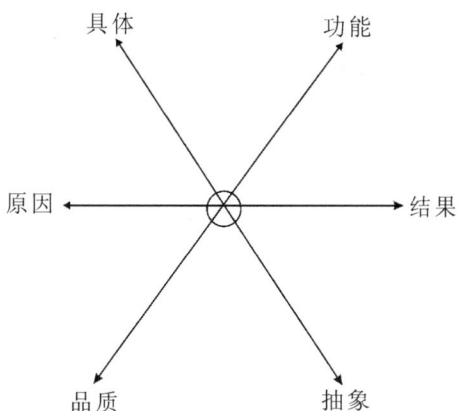

图 16 – 1　概念的三维含义图

是单维度还是多维度解读和理解概念，将决定一个人在知识内化思维过程中，吸纳的知识营养与能量是单一而简单的还是多层面而综合的。只有多维度解读和理解概念，才能从不同角度、不同层面尽量多地吸纳知识的营养和能量。

在原因与结果维度，可以发现和认知事物运动变化的来龙去脉；可以发现和认知事物发展演化的进程与规律；可以发现和认知事物之间相互依存、相互制约、相互转化的因果条件关系。

在具体与抽象维度，可以发现和认知事物立体、多层面的内容与生动、多样的现象变化；可以发现和认知事物各个方面的本质规定性和演变规律；可以发现和认知事物之间的相关性及其相互作用的规律性；可以深刻地体验到真理的具体性、可感性、真实性；可以引领人的思维由具体进到抽象，又由抽象再进到具体，使一个人的感性智慧、知性智慧、理性智慧三个层级相连相通，让人能够因事因需适时转换智慧层级与性能，高效应对各种不同的思维对象。

在品质与功能维度，可以发现和认知事物结构的多重品质和多样功能。通过认知事物品质决定功能的规律性，不但可以界定某些品质与功能的对应性、因果性，而且懂得如何适度调整、改变事物的品质结构，实现功能的改变和转换。可以发现和认知事物功能的益利性与损害性，为在生活和社会活动中充分运用事物的益利功能，最大限度地规避事物的损害功能，或创造条件将损害功能转化为益利功能，提供充实的知识基础和科学依据。

多维度解读和理解概念，能够使人明确周边各个事物（思维对象）的角色定位，明确一事物与周边事物的相关性，明确事物之间相互作用的因果关系或条件关系；能够清晰地梳理和运用概念标注、表述事物的语法关系、逻辑关系；能够客观地运用概念的灵活性，并通过运用概念的扩大法和缩小法等逻辑方法，提高运用、演绎概念的正确率和效率。

多维度解读和理解概念，是通过学习文化科学知识，全面而正确地认知客观事物的唯一路径。在文化教育和文化学习活动中，应该树立多维度解读和理念概念的教育理念、学习理念，应该将多维度解读和理解概念列为直接的教育目标、学习目标，引导教育者和学习者自觉地养成多维度解读概念、多维度理解概念的思维习惯，使得对概念的解读和理解更能反映真相与真理。

理解概念的思维过程，既是认同、领会概念内涵的思维过程，也是一个注入自我人格品质性能、注入自我观点主张，去解读概念的个性化思维过程。所以，每个人对同一个概念的理解和解释都会形成个性差异。

第二节　形成概念

形成概念或说概念的形成，是一种运用概念进行思维并表述思维内容的思维性能，是知性认识知性智慧的重要标志。能够形成概念并熟练运用概念准确表达思维内容（思想），标志着人的认识已从感性认识上升到知性认识，并开始迈进理性认识。科学的认识成果，真理的发现，都是通过形成系统的概念来总结和概括的，每一个科学理论、科学原理都是一个自成一体的概念体系。

所谓形成概念，主要是指人们能够准确迅速地运用概念，标注和表述对思维对象特征、特性及其态势的发现、见解和观点，使读者、听众能从中获得充分的认知。从象体思维角度讲，所谓形成概念就是准确地选用一个或一组概念指代对应事物的特征、品质和性能。一个人如果不能对思维对象形成概念，就可判定他对思维对象没有真正地理解，没有

形成有意义的认知。能够通过形成概念，准确迅速而又系统地标注和表述自己的发现、发明、研究和创造成果，才能将别人的知识、书本的知识转化为自己的知识、为我所用，形成自己的才干、本事，才能创立自己富有个性的理论体系或学说。

形成概念也即认知成果概念化，是一个围绕特定思维对象整合相关的知识资源，将相关知识提炼成指代概念的思维过程。一般可分为三个步骤：第一步，对特定的（一个、一组或一个系统）思维对象，搜集离开原属概念的个性特征、特性（超常点、超常性），归拢后作出一个定义评判，赋予一个合适的命名；第二步，界定这个命名的功能作用和外延；第三步，将新的命名重新归类，界定其内涵和属性。至此，一个新概念就已告形成。形成一个概念相当于打造了一个知识功能包。形成概念的思维过程，也是表达个人的观点主张，用自己构建的一组概念，去描述和解释指代事物特征特性的过程。

培养形成概念的能力，要求重视三方面的养成：

（1）认真刻苦学习文化知识尤其是新的科学技术知识，养成从不同维度解读和理解知识点的概念，拓展知识面，尽量多地积累知识，尽量多地掌握概念的组合结构方法。也要掌握形成概念所需的语法、词汇、逻辑方法。

（2）养成从不同角度、不同层面细心地观察事物特征、特性的思维习惯；养成分析研究事物本质、规律和相互关系、相互作用的思维习惯；养成对分析研究成果认真进行概念化整理、归纳和概括的思维习惯。

（3）培养大胆运用概念组合方法形成新概念，准确而又系统地标注和表述观点看法的思维方式，加强写作训练、演讲训练、辩论训练，在形成概念、运用概念进行表述的演练中试错改错，不断提高形成概念的个性能力。力戒不懂装懂，乱用概念去描述和解释不对应的事物。

第三节 构建个人知识体系

一、 知识体系

知识是概念的内容，概念是知识的形式。知识有简单与系统之分，知识的功能也有简单与系统之分。知识的简单功能也即简单知识的功能，知识的系统功能也即系统知识的功能。简单知识的功能是对简单事物的标识和命名，系统知识的功能是对系统的事物及其相互关系的概括性标识、命题或解释。

对于人的智慧和智慧化思维，知识和知识系统主要有六项功能：①作为心理思维的对象；②作为心理思维的工具；③作为个人与思维对象交流、沟通的条件和平台；④作为智慧能量的源泉；⑤作为心理思维的成果；⑥作为人类文明、文化传承和智慧的载体。

知识体系也即文化理论知识功能体系，是指经由人们学习内化而获得，能正确反映客观事物存在与运动变化的系统的标识、表述和解释。标识或表述必须是公认的规范的，可验证、可复制、可传播的。标识或表述的工具形态，有音声、韵律、语言、文字、图画、符号以及概念、判断、推理等。标识或表述的内容包括：客观存在与运动变化、人类社会文明、文化、理论观点与原理学问及科技成果。总之，知识体系是客观存在的主观映照的聚合，主要表现为有丰富内涵和明确外延的概念体系和原理体系。

二、 个人的知识体系

个人的知识体系是个人所拥有的知识结构，主要是由文化知识概念原理的学习、思辨悟通学习获得的知识构成，也包含技能模仿学习的成果，是概念演绎和知识重组的结果。一个人的知识体系是其认知、评判、适应、改变思维对象（社会环境），并与之交换能量的最重要的思维工具，担负着智能思维能量库的角色。

构建个人的知识体系应该从三个层面努力：第一个层面是依据自己的理解和领悟，对习得的概念进行演绎、重组和试用，形成运用概念表

达认知、表达需求、表达人格的思维方式。第二个层面是依据知识内在的系统性和规律性，将习得的知识按学科和专业分门别类，形成个人不同学科、不同专业、不同面向的多个知识系统，如生活常识、历史知识、地理知识、文学知识、政治知识、军事知识、经济知识、专业知识等。第三个层面是通过持续不断的学习，获取新的更高层级的技能和文化科学知识，适时更新个人的知识系统，改进和优化知识系统的功能。

个人知识体系是按需求面向的特点，将习得知识重新组合、重新构建的各类知识功能系统的合成。按需求面向和功能指向不同，可将个人知识功能系统概括为九种：

（1）按兴趣爱好的需求构建的知识功能系统。根据兴趣爱好，尤其是首要的几项兴趣爱好的需求，人们在经验和技能之外，会主动将相关性能的文化知识重新组合，构建成与兴趣爱好对应的知识功能系统，供践行兴趣爱好时采用。

（2）按事业（职业、专业）的需求构建的知识功能系统。即依据所从事的事业、职业或专业的需求，将相关性能的知识排序组合，构建成与事业、职业、专业对应的知识功能系统，供践行时采用。

（3）按角色职能的需求构建的知识功能系统。人尤其是成年人都需担任多种社会角色，担当多重职能职责，而每一种角色都有其独特的需求。人们会依据各种角色的使命和职能职责特点，将相关性能的习得知识排序组合成角色知识功能系统，供践行角色使命和职能时采用。

（4）按创新创造的需求构建的知识功能系统。对于人的智慧化思维而言，创新与创造既是一种意愿、一种信念，同时也是一种欲望，一种改造环境、改造思维对象，整合资源，创建新的利益链价值链的欲望。有创新或创造欲望需求的人，都有或大或小的愿景规划与设计。有了创新或创造的愿景设计，就会自觉去学习有关的文化知识，并将相关性能的专业知识排序组合，构建成与愿景对应的知识功能系统，作为知识储备，供践行时采用。

（5）按谋利需求构建的知识功能系统。每个人都有多种谋利渠道与谋利方式，每一种谋利方式都需要对应的文化知识作支持，才会有高效率，才会有利益最大化的成果。没有文化知识的智能智慧支持，单靠人格智慧的运作，谋利实践很难有高效率、高收获。

所以，人们会按每种谋利渠道与方式的特殊需求，学习和配置对应的文化知识功能系统，供践行时采用。

（6）按创造人生价值的需求构建知识功能系统。与谋利渠道和方式相似，每个人都有多种创造人生价值的渠道与方式。因此会按每种创造人生价值的渠道与方式的特殊需求，学习和配置对应的文化知识功能系统，供践行时采用。

（7）按审美的需求构建的知识功能系统。人人都有审美（欣赏美、审鉴美、创造美、展示美）的需求，都想一方面能够欣赏、审鉴别人的美，另一方面又想展示、表演自己的美。有文化知识支持的审美活动会获得更广范围、更多人的社会共鸣、欣赏和认同；有文化知识支持的审美活动才能提升审美层级，从中获得情操级的愉悦，获得情感与心境的升华。因此，人们会将对应的文化知识排序组合，构建成审美的文化知识功能系统，供审美时采用。

（8）按工具手段转化的需求构建的知识功能系统。有一定文化知识的人，不论践行何种需求，都会十分重视运用相对应的工具或手段，以求达到事半功倍的效果。很多工具手段都是从习得的文化知识中转化（制造、组合）而来的。因此，人们十分重视将习得的文化知识转化，构建成有一定功能的工具或手段，并学会运用这些工具或手段的技能与办法。

（9）按排解难题险害的需求构建的知识功能系统。人们在践行各种需求中，都会遇到各种各样的难题或险害。排解难题和险害，不但要有强大的人格意愿意志和相应的技能，还必须有相应的文化知识智能智力的支持。在这里，文化知识既是技能的能量源，又是智能智力的能量源，还是办法的能量源。因此有一定文化知识的人，都会针对难题或险害的特征，适时组建对应的文化知识功能系统，让人在应对难题险害时，能够沉着冷静、理智且办法适用。

三、 个人知识体系功能化

个人的知识体系建成后，要努力使知识体系功能化。要根据需求和动机，将习得的知识按性质和功能整合配置成知识的功能系统，形成与需求和动机相适应的知识系统功能包，如态度功能包、技能功能包、观

念功能包、判断功能包、愿景规划功能包、办法功能包等。

知识体系功能化过程就是知识能量向功能组团、功能包转化的过程。知识能量如果不能尽快转化为功能包，长时大量以符号、概念形式占据记忆库，就必然会随时间逐渐从记忆中消失。同理，旧有的心理思维品质功能如果不能持续得到新的知识能量的更新和改造，就会导致功能逐渐退化。因此，智慧化思维的一个重要任务就是，将已习得的千万种知识能量系统化，并尽快尽量转化成各类功能结构，组建成各种知识功能包、功能组团。

知识体系功能化过程可分为三步：

第一步是知识释义。首先是分析、解读和研究各知识点，尤其是概念的含义和联系，然后根据心理思维态势与社会环境态势相对应原则，将各类的概念、判断、原理、观点等知识点整合配置成意义包（意义串），或进而演绎出新的有创造性的意义包（意义串）；再按相关性原理将各类意义包整合配置成一个个知识功能系统。

第二步是功能整合。根据需求指向和思维对象的实际，将知识意义包整合配置成适用的知识功能包、知识功能组团，使知识向概念、判断、推理、观点、原理、观念、办法、计谋等功能包转化，成为思维的工具和手段，进而创建新的高效的思维方式，实现思维智慧化。完成知识的功能整合，建成了完整的知识功能体系，就能真正体验到"知识就是力量"！

第三步是功能归位。根据不同的相关性和当下思维取向，使各知识功能包进入思维应对的准备状态，也就是建立起可供随时调用的能力（智能、智力）和能力系统，形成主动的充分的思维应对态势。

第十七章　构建知识智能化思维体系

知识智能化思维，是一种以文化知识为动力源和工具的智慧化思维方式，是指将习得知识内化建立的知识体系、知识功能包，转化为分析、解决问题与难题的智力和能力的思维过程。在这里，智力和能力的区别在于：智力主要指运用知识功能分析、解决问题与难题的思维力，侧重于制订和执行解决方案的思维过程，主要表现为蕴含搜索、学习、选择、适应、组织管理、规划设计、制订解决方案（执行程序）、调适转换程序等多种功能的思维系统、思维方式；能力主要指解决问题与难题的执行力，侧重于运作解决方案的执行过程，主要表现为勤劳、担当、负责、意愿、果敢、毅力、技能、技巧、技术等思维品质性能。因此，知识智能化思维包含知识智力化和知识能力化。将习得的科学文化知识转化为智力和能力，具有多项标准和原则，下面列举主要的十项：

（1）真知。真知一方面是指习得的知识是真理性的认知；另一方面是指运用真理性的知识去认知思维对象，能获得真理性的认知。

（2）联通。联通即相互联系相通，是指通过概念指代事物的性能，将相关的事物尤其是同一利益链上的多个思维对象相互连接起来；将需求与思维对象连接起来，使它们相互作用，能量交换渠道顺畅通达。

（3）力量强大。不论智力还是能力都要内含强大的能量、功能，能够准确快速分析和解决难题。

（4）工具化。工具化是指围绕目的性，将相关的知识原理进行归类整理，组合成方法论意义很强的知识工具，用于分析和解决对应的问题与难题。

（5）简易化。简易化是指运用知识工具将繁杂的信息、事情转化成简单、易明、易办的信息和事项。

（6）高效。高效是指分析、判断、选择、应对各个思维环节都能产生高效率，减少内耗并消除低效的思维与劳动。高效的核心是利于自

我需求的实现，使利益最大化。

（7）适合。适合是指以适合自己（己方）特点和需求为终极标准去选择取舍利益标的，选择思维方式、活动方式和生活方式。只选取适合自身特点和需求的，不适合自身特点和需求的，再好再优也不选取。

（8）有信息数据库。具有强大的信息记忆力、信息储存与提取力。

（9）程序化。这是指有简明、高效的运作程序，将各种执行力和资源条件整合配置在解决方案的执行流程上面。

（10）系统化。系统是指能够按时序连续加工、变换数字信号，或将资源条件配置成执行力的功能转化运作中心。系统化也就是要求运用系统去应对处置复杂、综合、系统的工程、项目或难题。

符合上述标准与原则之一的，才可称为知识智能化的智慧化思维方式。符合越多项标准原则的思维方式，智慧含量越高。

知识智能化的思维体系，是由很多具有智慧化思维标准和原则的思维系统构成的。我们可以将其中比较常用的思维系统归纳整理为十大思维系统，即学习思维系统、内容思维与形式思维系统、适应思维系统、逻辑思维与辩证思维思维系统、道理思维系统、结构化思维系统、资源整合思维系统、工具化与技术化思维系统、方法论化思维系统、人格文化思维系统。

第一节　学习思维系统

学习思维是指在一定的文化知识积累基础上，以文化知识为工具，以获取更多文化科学知识为目的，采用适合有效的方式继续学习新的文化科学知识的思维活动。学习思维的要点有：①循序渐进，由浅入深学习基础知识，打好知识基础。②博览群书，拓宽知识面。③将概念、词语与指代事物紧密连接。通过概念指代，认知更多更广的客观事物，认知不同事物的相互关系。④尽量多地启用悟性，让悟性参与学习思维，加强对所学知识的领悟、理解能力，增强文化知识的内化、转化。⑤加强训练和强化记忆力，让所学知识都能够记得下、存得牢、存得久、忆得出。⑥适时更新认知样本，不继提升学习功效，提升文化知识水平。

及时地对习得的文化知识进行归纳概括，形成合乎社会规范和标准的概念，然后充实或替换原有的认知样本及其系统。这是一种很重要的学习能力。缺乏认知样本更新意识，或者没有更新认知样本的能力，就标志着一个人的学习能力很弱。

学习社会科学文化知识的本质，是适应社会、融入社会。学习的过程是自觉地按社会（民族、国家）需求的样子，塑造自己、提升自己，使自己成为优秀的社会成员，成为民族、国家优秀的公民。

第二节　内容思维与形式思维系统

内容与形式是一个事物结构中互为条件、不可或缺的两个部分。内容是形式中的内容，形式是内容的形式；形式是承载、盛装、储存内容的框、载体、容器类事物，包括方式、模式、路径、外延、载体、媒介、系统、体系、程式、方法、策划、谋略等。内容是形式承载的能量体、信息、品质类事物，包括主题、思想、内涵、利益、价值、资源、能力、性质、功能、任务、目标、活动事项等。

内容思维是指从各类与需求相关的能量资源中，开发、整合、组合、加工、创建能够实现需求的能量体、信息、品质类事物的心理思维方式。内容思维能力强的人善于内涵创新（内涵面向上的发明创造），善于追求事物价值最大化和人生价值最大化。

形式思维是指从各类与践行需求相关的经验、知识原理、关系运变规律及其可能性中，开发、整合、组合、加工、创建能够承载、传递、表达和实现内容目标的框架、载体、路径、方式类事物的心理思维方式。形式思维能力强的人善于外延创新（外延面向上的发明创造）、路径创新、模式创新，善于将思维内容落实、贯彻、执行，变现为实实在在的利益、成果，善于追求成本最小化、功效最大化、利益最大化。

应当强调，内容思维与形式思维必须紧密结合，构成一体；每个人都有不同程度的内容思维能力与形式思维能力，都建有内容思维系统与形式思维系统，但有智慧化程度高低之分别。智慧化程度高的内容思维与形式思维都是智能性和悟性很强的思维方式。就单个人而言，内容思维能力和形式思维能力两者皆强的人很少，一强一弱的人却很多。所

以，内容思维能力强的人与形式思维能力强的人应该联结合作，取长补短、强强联合，组成一个功能完整的团队，构建一条完整高效的产业链、利益链。否则，思维内容将无处安置、无物承载，再好的思维内容都将无法运作、无法变现、无法转化为利益，好似"米无巧妇不成炊"；思维形式也将空洞无物，空有形式资源却无所作为，好似"巧妇难为无米之炊"。

第三节　适应思维系统

适应即适应环境、适应社会、适应团队、适应互动对象。适应思维是指在科学文化知识的指引下，能够自觉地以社会环境的特点，以团队、角色和对象的需求、标准、规则来改造自己，便自己的需求、标准、行为方式与上述思维对象相融通、相适应。知识智慧相较于人格智慧，因为有语言文化优势，所以在适应思维上更主动积极，更快适应。但也可能正因为有语言文化优势，而更加不愿意改变自己，更难适应环境。

适应思维的要点：一是要尽快认知和评估新环境新团队新对象与自己相通相同的共同点，评估适应的难易度。二是认知和评估双方可以互相利用的价值点，找出利益（能量）交换的平衡点，选用适合的交换方式，构建对己有利的平衡态势。三是努力寻找改变对方，让对方妥协、主动适应自己的路径和方式；改变对方或支配对方，在本质上就是建立与对方力量对比的优势平衡态势。四是在不能改变对方时，努力改变调节自己，使自己主动适应对象。

与合作对象或归属团队的适应有一个融合过程。双方或多方融合的根本是找到相互之间的平衡点，找到相互之间平衡点的过程就是相互融合过程。找到了相互之间的平衡点，相互融合就达成了，相互之间就建立了能量平衡态势（可以是优势平衡、均势平衡，也可以是弱势平衡），相互之间也就适应了。

第四节　逻辑思维与辩证思维系统

任何事物都是由两个以上元素结构而成的，有两个以上元素就必然有一个核心元素在起支配主导作用，这个核心元素的质量和属性决定这个事物的本质和运变。同理，一个系统、群体也是由核心元素的质量和属性决定这个系统、群体的本质和运变。

任何事物的内部和外部都是一组关系，一组互为条件的能量平衡关系；都有平衡与失衡的过程，平衡时表现为本质不变的静态，不平衡时表现为本质变化的动态。动与静是相对而言的。事物总是以本质不变的静态信息或本质变化的动态信息作用于人的大脑，使人的思维要么以本质不变的静态信息作为认知、评判、推理的思维前提，要么以本质变化的动态信息作为认知、评判、推理的思维前提。与之相对应，人的心理思维便产生了以本质不变为正确前提的逻辑思维方式和以本质动变为前提的辩证思维方式。两种思维方式各有所能、各有所长，各有适用范围，在很多思维节点上相互交集、相互兼容。

本节所讲的逻辑思维与辩证思维不是哲学、逻辑学的概念与原理，而是哲学、逻辑学的概念与原理在个人智慧化思维实践中的应用，是对"我化""适用化"的逻辑思维与辩证思维原理的探讨。本节所讲的逻辑思维与辩证思维各自的长处和短板，也是就个人智慧化思维实践角度来探讨的，并非对哲学、逻辑学的逻辑思维与辩证思维的评说。

一、　逻辑思维方式

逻辑是一个外来词语，指的是反映事物因果关系的思维规律与规则。逻辑思维是指运用概念、判断、推理等形式反映事物本质、事物之间关系及其运变规律的思维方式。逻辑思维不是指按逻辑思维，而是指有逻辑的思维或思维的逻辑，指思维有逻辑且符合客观规律与规则。

从智慧学的智慧化思维角度看，逻辑思维的逻辑是指因果通达的思路，即制订需求践行方案或难题解决方案的思路，思路也即思维的路线与轨迹，内含需求、原因、难题、举措、程序和目标六要素。原因、目标即需求的根据与目标愿景；难题、举措和程序是指践行需求实现目标

的难题、举措和程序。

凡是需要和欲望都有原因根据和目标愿景。逻辑思维似乎有一个"金规铁律"叫"前提正确"，没有正确的前提就没有逻辑思维。所谓"前提正确"是指必须有正确的前提、必须保证前提正确，坚守以不变的事物本质为正确前提，由此而开始思维。在实践中，前提正确会演化为首先认定自己的需求及其原因和目标都是正确的，需求标的物也因此被认定为具有不变的事物本质。

逻辑思维的使命是为践行正确的需求与目标，解释原因、明确难题、整合资源、制定举措、设计程序，建立思路。可将履行这一使命的思路具体化为五项思维任务，即建立需求与目标、讲道理解释原因、找难题、定举措、定程序。

（1）逻辑思维的第一项思维任务，是建立需求与目标，使之正义化、正确化。需求与目标的核心是获取更多利益和资源，使自己持续保持强大优势。建立需求与目标的智慧点，是使自身需求的能量属性与交换对象的能量属性相符合，使践行思维的思路与交换对象的运变规律相适应，并遵循社会规则与秩序，循客观规律办事，借势借力顺势而为。

（2）逻辑思维的第二项思维任务，是讲道理解说自我需求及其原因，使之合理化、道德化，解释他人对需求合理性的质疑。此项任务的要点是舆论先行、争取民心、争取相关各方的认同和支持。

（3）逻辑思维的第三项思维任务，是找难题，明确阻碍自我需求实现的难题、障碍、危害、威胁等不利因素。此项任务的要点是正视难题和挑战，知此知彼，明确对手与困难，为制定举措提供依据，激发士气与斗志。

（4）逻辑思维的第四项思维任务，是整合资源，制定排解难题的举措，选择办法谋略与建立解决预案。举措主要包括在内部施行的措施、办法、政策、工具和手段，如广交朋友，拓展合作方，壮大己方阵营并使之顺应和维护自身需求（即前提事物的不变本质）；包括制造和采用先进技术与工具，建立己方优势；包括在外部施行的措施、办法，如为对手设计难题障碍，贬损、惩罚、打压、瓦解对手，阻碍对手发展变强，甚至强力毁灭对手。此项任务的要点是"两手抓"：一手抓强化己方优势；一手抓弱化对手，阻止对手发展，防止或排解他们成为改变我方需求、改变我方前提事物本质的难题障碍。

（5）逻辑思维的第五项思维任务，是设计排解难题、执行任务的程序。要点是制定可行可控的标准、流程和规则。

逻辑思维完成上述五项思维任务就会形成思路。把需求、原因、难题、举措、程序和目标六要素的因果条件关系理顺、联系相通的思路就是思维逻辑。

逻辑思维隐含着核心强者的利己意图：使整个思路全程凸显前提的正确性；凸显需求原因道理充足、道德公允的正义性；凸显应对举措和程序的唯一性；凸显目标结果的必然性；为"唯我正确"赋予原理属性和正义性，吸引合作者认同并拥护。

逻辑思维以事物本质不变或维持事物本质不变为思维的前提和出发点。逻辑思维惯常将假设的"前提正确"视同于"唯我正确"。这一"唯我正确"往往是对系统、集团内的核心强者而言的，主要是指强者自我的需求、态度、观点主张、政策举措都正确，不可违逆。在强者认定的观点正好符合真相或真理时，判断推理能够得出正确的结论；在强者认定的观点不符合真相或真理时，判断推理就不可能得出正确的结论。

在"唯我正确"前提下，逻辑思维强调世界的同一性，非矛盾性和排中性，认定前提事物本质的唯一性、排他性；崇尚必然性，追求将必然性变为现实；十分重视思维的当下功效，追求当下的利益最大化。

逻辑思维以"唯我正确"为前提，强调以自我权益为中心的优势平衡，强调由强者制定和解释规则，要求相关各方认同和遵守。逻辑思维崇尚"优胜劣汰、强者生存"法则，强调优胜劣汰、强者为王，认为适应是优强的手段和条件，优强是适应的目的。逻辑思维让追逐优强、崇拜强者成为一种信仰。

逻辑思维重过程。在前提正确之下，只要判断推理合程序合规则，结果就一定是正确的、必然的。所以十分强调过程必须合程序合规则，十分强调必须争取标准、程序和规则的制定权、解释权。

逻辑思维的长处主要有：

（1）使人们较容易认知相互关系运变中的因果条件关系，抓住前提事物运变的规律、程序和规则，快速理顺思路。

（2）在处理人际关系开展社会博弈活动时，以"强者红利"共享观念为吸引力去整合资源，通过协约拓展合作对象，壮大己方阵营，建立由核心强者主导的强势集团，使阵营成员在自觉拥立核心强者前提下分享强者红利；然后建立共识随核心强者统一行动，开展与其他系统、集团的竞争博弈。

（3）在处理人与物的关系尤其是从事自然科学研究方面具有优势，有利于整合人才与资源，通过创新创造的工具、方法和手段，以本质不变的客观事物为研究对象，从中分解提取或合成获取新的利益能量体，并建立起新的利益生产链，进而达成需求目标。

逻辑思维的短板主要有：

（1）很多人经常认为，事物发展变化的动力源来自需求的驱动和环境的压力。这种世界观容易让人通过偷换概念，将"前提正确"曲解、演变为"唯我正确"，以自我为中心，先入为主，以自己认定的观点为思维的前提。

（2）容易将必要条件误认为是充分条件，将系统、复杂的事情简单化。

（3）容易盲目自信、妄自尊大，不愿承认其他系统、群体需求的正义性、正确性。

（4）兼容性较差，不愿承认自己的错误，不愿采信别人的观点；不重视事件之间、团体之间、人与人之间互为条件、相互制衡的作用。容易导致阵营、集团内部出现认知与评判矛盾、利益分配矛盾，各方难以形成战略性和高度互信的应对共识。

（5）变通性不足，总爱以不变应万变，要变也强调你变他变我不变。这很不利于阵营内部整体实力、竞争力的提升，容易丧失很多取人之长补己之短、合作共赢的机会。

（6）在阵营、集团运作中，维护"唯我正确"、强者主导的成本太高。

（7）过于强调当下直接的得失，不重视谋略与战略。

如果缺失逻辑思维能力，人们在分析问题时就很难抓住要点，很难找出问题的主要原因，忽视事物运变发展的必然性；在表达自己的认知时，经常偷换概念转移主题；在解决问题时很难理清思路，往往不敢走简洁高效路径，反而愿走复杂低效的弯路。

也有观点认为，逻辑思维擅长并适用于认知、应对人与物（自然事物）的关系；有助于自然科学研究，可极大提高从自然事物中开发、剥离、提取或合成人类需求的新能量体的发明创造功效。用于认知、应对人与人的关系时，如果总是以不变应万变，也容易犯错误事，功效大大低于辩证思维。用于认知、应对人与社会事物的关系时，容易混淆动态社会事物与静态自然事物的关系，以专一不变的需求态度和观念应对多变的社会事物，经常会事与愿违。

二、 辩证思维方式

在哲学上，"辩证"一词为和制汉语，由日本学者根据西文翻译而来，有"争辩与证明"的含义。辩证法则是一种为了化解不同意见的研究问题的方法，经常被用作思维的工具、方法。

辩证思维最基本的特点是将思维对象作为一个整体，从其内在矛盾的运动变化及各个方面的相互关系中进行考察，以便从本质上系统地、完整地认知思维对象。

辩证思维以事物本质的可变性为思维的前提和出发点，以认知、适应和运作思维对象变化、动态的本质特性为使命。辩证思维强调事物结构的矛盾性、对立统一性、运变性、各自运变发展的合理性。认为事物发展变化的动力源来自自身内部结构的矛盾性，是各要素相互依存、相互斗争、相互制约的结果。对立统一既是事物存在的依据也是发展变化的依据。人们的需求应该服从和适应客观规律。

辩证思维主张围绕社会事物结构的完整性大局，规范各要素（系统、群体）利益能量受授交换的路径与方式，并使各要素利益能量对比关系平衡协调；主张各要素互为条件，分工合作，适度竞争，可以在总体归属一致之下，各自拥有个性；可以有多条利益能量交换的路径，而且多条路径可以调节，可以兼容，可以相互益利。

辩证思维主张用对立统一的观点、变化的观点、发展的观点、联系的观点看问题，强调从思维对象的内在矛盾及其相互联系中进行考察，以便从整体上、本质上完整地认知，肯定主要矛盾或矛盾的主要方面在相互关系运变中的主导作用；强调以变应变、主动调节、主动适应、相

互制约；强调遵循对立统一规律、质量互变规律和否定之否定规律；强调因果可以相互转化。

辩证思维在坚守必然性和现实性的同时，十分重视运作偶然性和可能性，追求将可能性变为现实性；十分重视思维的长远功效，重视为下一个目标的运作和实现创造条件；重视办法、谋略、战略思维。

辩证思维也是建立在一定的文化知识基础之上的思维方式。辩证思维是唯物辩证法在思维中的运用。唯物辩证法的范畴、观点、规律完全适用于辩证思维。辩证思维属于从需求和实际出发，寻求对应的正义和真理的发散性思维或逆向思维。辩证思维的实质就是按照唯物辩证法的原则，在联系和发展化中把握思维对象，在对立统一中认知和应对思维对象的变化。

辩证思维的核心是"适者正确"、"益利、舒适即正确"、适者为尊，遵循"优胜劣汰，适者生存"法则，认为优强是适应的手段和条件，适应是优强的目的，并以此指导认知、评判和应对思维。因此，辩证思维重结果，强调结果的正义性、益利性，过程则主张自主性、灵活性。

辩证思维的长处主要有：①使人们偏爱于认知并抓住事物相互关系运变中最能适应环境和态势变化的主要矛盾；②认知并抓住最有利于自我生存与发展的资源、条件和机会，善于取他人之长补己之短，开展与他人的互利合作，将一切可利用的力量（因素）运作起来为我所用；③善于抓关键点、抓重点、抓典型，集中力量由点及面实现突破和创新；④在系统、群体内部结构上同样以优强为尊，但更崇尚利益价值的互惠共建、互利共享之观念的吸引力、号召力、凝聚力。

辩证思维的短板主要有：①容易因果倒置，有时视原因为结果，有时视结果为原因。这是由对因果相互转化原理片面理解导致的。②容易将充分条件误认为是必要条件，将简单的事情复杂化，错失时机。③应对一个确定的问题、事项时，容易弃简从繁、思路不明、疑虑太多、事倍功半。

缺失辩证思维能力，人们就容易固执己见、死搬硬套，难以适应思维对象的变化。在履行角色使命和职能时，难以为自己定位、定思路，容易犯顾此失彼、无所适从、盲目蛮干的错误。

也有观点认为，辩证思维擅长并适用于认知、应对、处置人与人的关系。用于认知、应对人与自然事物的关系时，如果总是以变应不变也容易犯错误事；如果总是认定事物的本质和属性是变化不定的，则不利于发明创造的自然科学研究活动，功效会大大低于逻辑思维。

逻辑思维是形成我想要如何如何的思路的思维方式，属于主观赋义式思维。辩证思维是形成我应该如何如何的思路思维方式，属于主观合义式思维。对逻辑思维和辩证思维的认知困惑、选用困惑，是文化学历高的知性人群难以超脱的困境、难以规避的智慧盲区。解决这一难题的路径是：①擅长逻辑思维者自觉尊重辩证思维，并加强辩证思维的学习与修养；擅长辩证思维者自觉尊重逻辑思维，并加强逻辑思维的学习与修养。②在社会实践活动中，擅长逻辑思维者与擅长辩证思维者组合成一个合作团队，相互取长补短，共商谋略，共图大业。

第五节　道理思维系统

道理这个概念，指代的是事物发展变化的因果条件关系和基本规律，反映事物之间相互作用的关系、联系的规律性。道理源自事物存在相互作用变化发展的正义性、正当性、合理性、合法性、公益性和可行性。

讲道理，就是从不同需求、不同角度、不同层级去解释事物之间的关系、联系和相互作用的原因、根据与发展变化趋势。在人际互动中讲道理，就是从自我需求和认知的角度，解释一个事件、一个行动、一组关系、一个问题的原因、根据、影响作用，强调其正义性、合理性、合法性和公益性，吸引互动对象的认同和理解。

道理思维是指人们围绕自我需求，表达一种态度、提出一项主张或一个解决方案、诉求一个目标、进行一项活动时，有意识地探求和归纳其中的原因、理由、根据和价值作用，以充分的理由和依据，证明自身主张和诉求的正义性、正当性、合理性、合法性、公益性和可行性，并向相关的互动对象表述解释清楚。

讲道理有三大功能：一是理清自己的思路和诉求，使自己处于自觉、自信的状态；二是争取各类受众（互动对象）的理解、认同、支

持和配合，为实现目标造势，创造更好的条件；三是挤压、排除竞争对手的主张和诉求的正义性、合理性、正当性、合法性、公益性，让对手丧失竞争的有利条件。

讲道理的道理思维是有文化、有知识，重视人格文明修养的表现，也是尊重事实、尊重规律、尊重互动对象、尊重社会规范和规则的理性表现。中国人崇尚有理走遍天下，无理寸步难行；蛮不讲理一事无成，歪理横理终将害人害己。

一个事物（事件）的道理没有唯一性，只有权威性。不同的需求、不同的角度有不同的道理。同一事物（事件）如果大家都从自我认知和需求的角度或层级讲道理，就会"公说公有理，婆说婆有理"。这既是道理思维的局限性，也是民主议事的局限性。所以在没有权威性前提下讲道理，最难的就是争取互动对象的认同、理解和支持。

道理思维的要点是：凡事认真找道理，找出其成立或改变的理由和根据；必要时借助工具、手段或归属团体的力量与地位，构建道理的权威性，使互动对象的心理先形成敬畏意识；行事时不可以权压人、以势逼人，要耐心地讲道理，争取互动对象大众的理解认同和主动的支持配合；自己要诚恳地敬畏和尊重，不做也不支持没有道理的事情，自觉做一个讲道理、维护道理、维护正义的理性人。

道理思维也有局限性，不适用于情感主导的不重视道理证明的思维领域，如夫妻生活、家庭生活、友情交往、审美等领域。在上述领域执着道理思维，思维就难以智慧化。

第六节　结构化思维系统

任何事物都是由两个以上互为条件的元素结构而成的。结构的目的有三：一是使自身品质更优，更能适应环境；二是使性能更强大，而且更具个性；三是使自身在与他事物的竞争博弈或合作中拥有优势或均势。事物结构的依据，主要是一个占支配主导地位的因素，以利他性能的吸引力，吸引属内其他元素的加入并依序排列，结成一个相互依存相互制约的整体或系统。当占支配地位的主导因素的利他性能减退、吸引力减弱时，其他元素就可能从结构中分离、出走，导致事物结构的分化瓦解。

结构化思维是指人们遵循事物结构的特性和规律，一方面以一个目标或愿景主动去整合资源，将闲置分散的资源、因素聚拢，因势利导组合成一个有强大性能的整体或系统；另一方面主动将那些阻碍整体或系统聚能和性能发挥的因素进行改造、调整或从结构中分解出去。

结构化思维的主要特点有五：

（1）运用相关性原理，探求事物尤其是社会事物、事件、团体组织，成立的原因、条件，掌握其结构的特性和规律。

（2）建立全局意识、全局观念。从事物整体结构的本质和性能入手，分析各构成要素的性能；分析各要素在整体结构中的权重、地位和功能作用；了解各要素对整体的需求，了解整体对各要素的需求。

（3）从事物构成要素之间的关系入手，探求事物内部各要素之间相互依存、相互制约、相互作用的运变特点和规律，找到介入、融入结构或与之合作、与之竞争的结合点。

（4）运用结构原理规划事业、规划人生、规划项目、制订解决方案。首先规划一个目标或愿景，建立一个目标架构，根据因果规律列出目标或愿景成立的必要条件，并将这些必要条件列为实现目标或愿景的分目标，然后依据分目标成立的必要条件，制定标准、程序和规则，安排部署工作任务。

（5）结构思维可以引导人们通过调整各要素在结构中的权重，实现调整事物整体结构的目的；通过改变或重组一个事物结构的性能，达到创新创造一个新事物的目的。

第七节　资源整合思维系统

所谓资源即闲置的蕴含能量的物体或要素，是指那些暂且闲置但能够转化为适合自身需求的潜在能量体，这些潜在能量体是已被认知的内含可被取用或利用的利益价值或条件的思维对象。可见，待整合的资源具有利益能量与条件能量的双重性能。

资源整合，是指围绕需求目标或愿景，将那些潜在能量体，依相关性和功能排序，构成一条因果贯穿、条件连续的利益链或价值链，或将其纳入已有的利益链或价值链的结构中，成为其中一分子。资源整合实质上是对那些闲置、间接的资源进行赋能、激活与转化工作。资源整合的目标是将闲置资源激活转化为可用资源；将损害性因素转变为益利性因素；将间接资源转变为直接的利益能量体或条件能量体；将他人拥有的资源条件转变为自己的可控资源。也即将间接性转变为直接性，将可能性转变为现实性。

整合资源思维的关键是在闲置、间接或他属的资源、事物中，发现和捕捉到适合自我目标或愿景的利益点、价值点或条件点，并将其转化为自己可操控的思维对象。

第八节　工具化与技术化思维系统

认知事物的特征、特性和功能是学习知识的重要目的，但这并不是最终目的。学习和掌握知识的最终目的是把习得的知识智能化，转变成工具与技术手段，用于正确而又迅速地分析和解决面临的难题。

知识工具化，是指知识向工具转化。具体包含三方面：第一方面是指以文化知识为工具，去认知问题、分析问题和解决问题；第二方面是指以现有的文化知识为工具，去学习、理解新的文化知识，拓展学习知识的深度、广度和高度；第三方面是指运用习得知识的原理和现有技能，制造或组合出能够践行新需求、新愿景的物质工具或思维工具，去运作资源，形成生产力。知识转化为工具，能够直接、快速解决对应的难题和直观难题。

知识技术化，是指为了构建一项产品或服务，运用相应的专业知识原理，去规划、设计产品或服务的一整套标准、规范及其指标，编列对应的工艺流程和操作程序，适配全套设备、设施和工具，合成完整的、有质量保证的、可复制的产品生产线（利益链）或服务模式。知识技术化是人们在专业知识原理指引下，运用现有事物（资源与条件）构建一项新事物，或是改变现有事物（物品）的特性与功能的方法和能力。

对于一个团体、企业、国家而言，知识技术化的关键是人才，是拥有一大批高水平的专业人才；对于个人的智慧而言，知识技术化的关键是专业知识拥有量和专业技能程度，可否成为有几门专业技术或能够操作几门技术工具（产品）的人才。

知识工具化与技术化的实现，使得科学文化理论知识已经切切实实地转化，成为人们利用资源环境、改造世界、益利自我、益利社会的工具和技术手段。

知识，尤其是科技知识的根本性能，就是成为人们思想言行最基本、最重要的工具与技术手段。不但要成为人们直接分析和解决难题的工具与技术手段，而且要成为人们制造、组建和运用工具与技术的工具与技术手段；不但是分析解决简单问题的工具与技术手段，而且是分析解决复杂难题、系统难题的工具与技术手段。成为人们的工具与技术手段是科学文化知识的使命所在、价值所在，是知识转化为智能智力的标志。如果知识只能记入忆出、复述背诵、游戏文字，不能用作工具与技术手段，就证明知识还没有完全内化，还没有完全转化成自己的智慧能量。

离开文化知识这一智慧能量源泉，离开知识这一工具与技术手段，人们就只能靠人格力量、人格智慧、生理体能和动作技能去直接从事满足需求的简单活动了。

知识智能化的关键环节是知识向工具与技术手段转化。知识向工具与技术手段转化，是指将获得的文化知识与碰到的难题对接，运用知识的对应指代性能去分化瓦解和排除难题的损害性能，或者运用某些知识（事物）的性能去整合、改造、转化其他相关知识（事物）的某些性能，以系统知识（事物）的系统性能去分化瓦解和排除难题事物的损害性能，最终使学到的知识变成分析、解决难题的工具与技术手段。

实现知识向工具与技术手段转化的思维要点是：

（1）认真分析知识（事物）的性能结构及其适用范围、作用方式，全面掌握知识（事物）性能的分解、组合、转化、转移的方式方法。

（2）碰到难题不可畏惧，要认真分析研究难题事物的性能结构及其作用方式，掌握难题事物的本质和演变规律。反对把难题上交、外推或逃避难题、畏惧难题的思维方式。

（3）学会运用适当的知识性能解决适当的难题，减少或消除将知识与难题错配、乱配，提高运用知识工具的针对性、准确性和效率。

（4）将对应的知识系统化、程序化，根据知识与难题的相关性、紧密度，并根据解决难题的思路，将对应的知识重新编排组合构建成有的放矢的知识系统、程序系统，专用于解决对应的难题。

（5）学会运用习得的知识制造、组建和改进新的工具与技术，学会运用习得的知识操作使用新的工具与技术。只有熟练地制造和运用新的工具与技术分析解决难题，才能有效地运用和发挥知识的性能，实现知识的价值，最终运用知识实现人生的价值。如熟练运用专业知识围绕需求目标和难题障碍，建立数据中心、设计技术标准、技术指标、工艺流程、资源与设备配置、作业程序、执行规则和办法，建立解决方案，指导开展高效的生产经营和组织管理活动。

第九节　方法论化思维系统

任何理论知识、任何概念原理都是由总结实践而来，都是为指导实践而去；都是从实践的经验和感悟中抽象概括出真理性的理论知识，又将真理性的理论知识用于指导实践。源于实践又用于实践，是一切理论知识的本质和规律。必须明确的是，被总结的实践是无数前人和他人已经完成的实践，总结出来的是无数前人和他人的实践经验和感悟；被指导的实践则是知识的学习者将要开始的实践。知识的学习者可以学习广博精深的理论知识，却不可能进行全部所学知识所指代、对应的实践。可见，对于某一个人来说，不是所学到的全部知识都具有指导实践的方法论意义。

从运用的角度，可将文化理论知识划分为两类：一类是世界观类，即实践总结类，这类理论知识的功能作用是告诉学习者，世界是什么、有什么、因为什么、会怎样；另一类是方法论类，即指导实践类，这类理论知识的功能作用是告诉学习者怎么办、为了什么。方法论是关于人们认知世界、改造世界的方法的理论。方法论的本义是以真理性认知指导实践强质增效。从指导实践角度说，方法论是指能指导制订解决方案、找出解决难题的路径与办法的理论，是让人知道怎么办、为什么这么办的理论知识。

对于人的思维来说，方法论是一种工具，一种能够指导思维、构建思维方法（思想方法）的理论工具，一种教人解决难题、学会怎么办的工具。

从学习者个体的实践角度看，方法论不是来自书本理论知识，因为书本上的每个概念原理都有方法论意义，但那是对整个人类、整个社会而言的。对学习者个体而言，如果先从书本上选出能够指导自己实践的方法论，然后再去认真学习，就如同大海捞针。方法论来自学习者对所习得的理论知识中概念原理的领悟、理解、演绎、组合、试用，从而得到的适合适用的那部分理论知识。笔者的主张和观点是，具有社会价值的方法论并非都具有个人价值；具有社会价值的方法论蕴含于书本理论知识之中；具有个人价值的方法论是自己习得的理论知识演绎、重组出来的，是根据自身需求和人格特点，对所习得的理论知识进行再加工、再创造的结果，具有显著的个性特征。

理论知识的方法论化，指的就是学习者根据自己的需求和人格特点，对所习得的理论知识进行再次领悟、理解，然后演绎、重组成适合适用于己的系统观点和原理。因此，理论知识的方法论化具有明显的个性特征。

理论知识方法论化有四个要点：一是有意识按需求选学对应的理论知识，使学习内容与需求连接。二是必须学以致用，用于指导实践，切忌拿来空谈；以习得理论知识增添谈资、辩资，不是方法论的本意。三是有求解难题的意愿，没有求解难题的意愿，理论还会是理论，不会转化成方法论，没有求解难题的意愿，什么理论原理都没有实际意义。四是有的放矢地运用理论原理解决难题。能够解决对应的难题，方法论才能最终成立。理论知识才能最终转化为方法论。

第十节　人格文化思维系统

人格文化即知识的人格化，是指用习得的文化知识，更新和改造人格的各种品质及其性能，使人格的品质性能蕴含科学文化知识能量。人格文化也是人格社会化的必然结果。人格持续地文化，将导致人格智慧的持续提升。

人格文化主要体现在以下五个方面：

（1）通过学习文化科学知识，使人逐步文化起来，逐步从自然人进化为文明的社会人，从个人的单打独斗过渡到群体的分工合作。

（2）文化科学知识的学习过程正是人格社会化的过程。在学习过程中，人们在认同社会规范、社会正义的同时，按社会的文化道德规范要求自己、改造自己，使自己成为社会需求的样子。个人知识智能思维体系的建立，标志着人格社会化达到了一个新的高度。

（3）文化科学知识的学习过程也是人格个性化的过程。在学习过程中，人们会根据自我的需求和动机，有选择地学习适合自己的知识内容，有选择地运用适合自己的学习方式，实现自己想要的那种学习效果和学习目的。这就使人格的个性能够不断地得到培育、优化和强化。

（4）人们会用习得文化知识的智慧能量，更新和改造自己的人格品质，构建更符合人际交往互动实际需求的人格品质系统；根据团体的需求、互动对象的需求和自身的需求，更新人格品质的性能；调适人格态度、情感、意愿、意志、诉求的表达方式，进而更新人格互动样本，提升人际交往互动的功效。

（5）持续不断地学习文化科学知识，使人们的文化程度、知识积累和智能智力不断地增长。人们更能运用文化知识工具，拓展思维的宽度、深度和广度；更能运用文化知识工具，去认知思维对象、评判思维对象、适应思维对象和改造思维对象；更能简易、有序、高效地实现自己的需求目标。

第十八章　知识观念化

如前人格内涵章节所述，智慧学讲的观念有两个层级：一个是具体的基本的人格观念；另一个是抽象的高级的智能观念。智慧学的观念正是由人格观念和智能观念有机组合而成的。本章讲的观念是指智能观念。

社会文化知识给予学习者的启迪，首推将作者及社会对事物、对世界的看法和态度广而告之。这不但为知识学习者提供了观察分析世界、观察分析事物的方法论，而且直接为知识学习者提供了构建与完善自我世界观的标杆和参照系，引导知识学习者自觉地接受社会文化知识的改造，将社会文化知识内化为自己的世界观，并转化为自己的言行方式。

观念首先是对客观现实的认知观点，然后是根据认知观点再现或创造认知对象的意念。观念是理念和方法论的模式化，当世界观的某一观点反复用于指导某一类实践，反复获得成功或失败，时间长了、次数多了，就变成了模式化的观念，包括成功的观念和失败的观念。也可以说，理念经反复运作形成模式化习惯，就转变成了观念。观念思维是以已经检验证明正确有效的观点、理念、方式指导后续思维言行。

观念的形成有两个阶段：第一个阶段是由认知的见解观点与表达运用见解观点的意念融通结合组成理念状态，形成理念功能包。理念是标志见解观点与事物的真相相适应，与社会主流的见解观点相融通，与社会正义、道理相融通的一种初级观念状态。理念状态能使人们进入一种简易、有序、高效的思维态势。第二个阶段是理念向观念演变。理念是经得起社会实践检验的念想根据和理由，能吸引和激励相关各方参与同一理念指导下的能量交换活动。理念经过反复运用并证明行之必然（成功或失败），就会形成稳定的思维方式和行为方式，形成稳定的观念状态，形成观念功能包。观念状态能够使人们的思维程式和过程得到进一步简化，使思维的效率得到进一步提高；观念也是平衡或求要平衡的一种心理思维常态，是适应环境和互动对象的思维功能包，是智慧化

思维中维持平衡态势、适应环境和互动对象的定海神针。

观念也是一种执念，即执着的念想、意念，是人的心理思维中最矛盾的人格品质之一。观念一方面可以在定指的点面上唤醒和启动悟性创造性，另一方面也会严重束缚悟性创造性能量往其他点面上释放，束缚悟性的发散性思维；使人们的思维走向狭隘、懒惰和保守，对既定的见解观点、念想和方式产生依赖，不愿放弃，不愿进取和创新。因此说更新观念，必须先改变看法和观点、重组意念、更新理念。伟大思想家马克思认为："观念的东西不外是移入人的头脑并在人的头脑中改造过的物质的东西而已。"

见解是思维过程运用知识，对事物存在与运动变化状态作出认知评判和解释，是个人对事理评判表达出来的理解与解释的主见和主张。见解经概括构成观点。

观点，一指对见解的概括；二指客观真相的主观认知点或主观认知的客观真相点，是对客观真实的主观真知。见解和观点是思想的初级形态、初级功能块。

意念，即执意表达。意即意愿、意图、态度，念即反复再现、表达与创造。一指对事物的系统观点指导思行应对活动的意愿和态度；二指多次反复运用观点指导思行应对活动，再现旧事物形态或创造新的事物形态。

观念功能包在一个人的思想体系中，是一种以不变应万变的稳定的驱力性功能组团。人们思维认知的历史阶段局限性，使得先前的认知会因时间的变迁而出现与时代不符合的意念。从这个意义上说，观念更新与否是区分旧观念与新观念的分水岭。新观念的建立，需要对新事物、新愿景产生和涌现的新见解、新观点、新意念作出系统化整合。旧观念的舍弃或更新，需要先行激发学习精神、自我否定精神和创新精神。悟性思维恰好是观念的催变剂。

观念功能包一般以两种形态存在于人的思维并作用于人的思维：一是系统观点形态，二是表达与运用观点的意念形态。前有认知知识的观点化，后有观点的意念化，观点与意念融通结合就形成了观念。观念是已经稳定下来的知性认知成果及其运用模式，是方法论定式即问题、难题与解决方案的配对习惯。

综上所述，人的观念有两层含义，有两个功能包：第一层含义是认知观念（包含认知理念），是指对某类思维对象形成稳定的认知方式与习惯，形成稳定的系统的看法与态度，集中表现为以价值观为核心的世界观。认知观念形成认知观念功能包，成为对同类思维对象的认知样本。第二层含义是应对观念（包含应对理念），是指对某类思维对象形成稳定的应对意念、行为意念，形成稳定的言行表达方式和习惯。应对观念形成应对观念功能包，成为对同类思维对象的应对样本。

观念在智慧化思维结构中的实质，就是对某种问题与难题形成系统而又稳定的认知观点和践行理念，再以这种观点理念应对类似问题与难题并形成习惯与模式；是世界观与方法论在具体问题应对处置方式方法上的辩证统一；是典型的思维智能系统。观念思维的关键是"前提正确、条件成立"。在"前提正确、条件成立"之下的观念思维，简易、正确且高效；在认知、判断错误，条件不成立或已改变的情形下，必须更新观念，改变思维方式，否则会误己误事。

人的观念主要包括世界观、人生观、价值观和应对观念。

第一节　世界观

本章所讲的世界观，作为人人都具有的思想智能体系，非指专家学者严谨的哲学世界观，而是指平常人对世间人、事、物及其关系的系统看法和态度构成的具有方法论功能的具体世界观。人们的具体世界观也就是人们对某类具体事物的认知观念和应对态度。

辩证唯物主义的世界观强调用发展、变化、联系的观点看事物、看世界。唯物辩证法强调站在发展、变化、联系的角度应对和解决难题。智慧学的世界观强调从适用自我、发展自我的需求角度认知事物、认知自我、认知思维对象，应对自我与思维对象的能量平衡关系的变化，构建自我与思维对象的能量平衡关系。因此认为，世界观是对思维对象的真理性认知、判断与态度。

作为思想体系的功能库，我们可将世界观分为宏观和微观两部分，把宏观世界观称为世界观体系。微观世界观由对某个、某种事物系统的看法和态度构建而成，是对各种具体事物的看法和态度聚合的智能

系统。

一个世界观体系的构建过程，是一个由具体到抽象、由微观到宏观、由单元到系统的认知真理化升华过程，再由抽象到具体、由宏观到微观、由系统到单元的认知真相化体验过程，这两个过程都是缓慢而又曲折的。开始是少儿时代对家庭、对周边人际和生活环境条件的学习认知，尤其是对利益、获取利益的方式和办法的经验积累；然后随见识、知识的拓展，逐步向抽象、宏观、系统拓展升华，并指导对具体、微观、单元对象的应对处置。最终不一定能达到哲学的高度，但都是对人生哲理的理解和解释，都会对创造和实现人生价值有定海神针的方法论意义。

世界观的本质是真理性认知与判断。一个完整的世界观体系由事物观、性能观、社会观、利益观、人生观、价值观、方法观、生活观、学习观、家庭观、审美观、婚恋观、事业观、幸福观等具体世界观组成。世界观的本质是性能观（即对事物结构的性质、关系和功能的看法和态度），核心是利益观和价值观（即事物性能的用途、意义），生命力在于方法观。因此，世界观是人的思维智能系统的核心。建立完整的与时俱进的世界观体系是智慧化思维的重要环节。

平常人的具体世界观更关注认知内容的功能性，不单是指认知世界存在与运变形成的看法和态度，更为重要的是指对适应和改造世界的方式、办法所持的看法和态度，是认知和应对的统一，是认知观和作为观的统一。这并非将世界观与方法论混为一谈，而是在平常人的思维中，认知是什么、有什么、为什么和怎么办，是一组连贯融通、瞬间完成的思维程式，是一种理念（当坚信某一方法论一定能够成功时，世界观的某一观点就变成了理念）；而且，方法观本身就是世界观体系大家庭的一分子。当认知成果向实践作为转化，世界观和方法论相融通，世界观就成了对问题与难题既能认知又能解决的智能系统。

第二节 人生观

人生即人的生命、生活、生存与发展，人生观也即观人生，是站在自己的位置、从自己的需求角度看人生；观过去、观当下、观未来，总结成功与失败，形成理念与愿景，用于指导对未来需求和路径的思考与选择。智慧学的人生观，是指对人性、命运、生存与发展条件、人生使命及其意义的认知观点和态度。世界观是站在自己的位置、从自己的需求角度看世界，看世界终究还是看人生，适应环境、改造世界终究还是建立和提升自身生存与发展的条件。所以，人生观是世界观的出发点和归宿。

人生观的核心是要构建一套做人做事的理念和准则。这套理念和准则是人生价值观、创造人生价值的终极样本和依据。理念也即念理，做人做事的理念是指在做人做事时念想、执念着某一道理、原理，并以之指导操行。一个人做人做事的理念，是其需求、角色使命、理想信念、意愿、道理原理等人格内涵要素，融会贯通后形成的人格品质。理念是动力型观念，是理性的积极心态的标志，是启动意念、唤醒悟性的内生动力源（与需求、情感、使命感并列）。一个人做人做事的准则是指在做人做事时坚守一个标准、原则、底线，如利我准则、利他准则、互利准则、公益准则；又如与合作方互动的善意准则、与竞争方互动的恶意准则等。做人做事的准则是约束情感和意念的取向型观念。做人做事的准则一旦获得社会互动各相关方（包括己方、对方、团队管理层、团队成员、政府部门）的认同，就会转化为互动规则，规范相关的社会互动的方式与过程，形成公共秩序。

为什么有些人钱财不多、生活不富裕，却能经常体验到充实、快乐、幸福；为什么有些人钱财很多、生活很富裕，却难有充实、快乐、幸福的心理体验。原因有很多，但最根本的原因是人生观不同，做人做事的理念和准则不同。即使钱财不多、生活不富裕，但能以益利自己同时益利他人，尤其是家庭及家人、合作团队及队友为做人做事的理念和准则，就会自觉忠诚于家庭、自觉忠诚于团队，认为做每一件事都是角色使命内应该做的，都是有益、有意义的。完成了、成功了就一定会体验到充实、快乐、幸福；做错了、失败了就会内疚、自责。尽管使钱财很多、生活很富裕，但如果以益利自己不顾及他人，或损人利己为做人做事的理念和准则，就会心中只有自己，经常与他人逆向而行，精神无归属，做事再成功也很难真正体验到充实、快乐、幸福。

依据理念和准则做人做事是理性（理智）思维的特点。自己无理念、

无准则又不认同采信他人的理念和准则，就会导致思行失据、丧失理性；无理念、无准则，做人做事就会感性、随意、盲目，容易导致自卑、自虐、自损，事与愿违，很难真正益利自我、益利他人。无理念无准则是一种人格缺失，理念错配、准则错配则会导致人格错乱，自暴自弃。

一、 人性

人性即人的基本属性，每一个正常人都既是社会的又是自然的，都具有社会性和自然性双重属性。逐利、避害、竞争、合作、勤劳、享受、勇敢、怯弱、贪婪、嫉妒、仁爱、恼恨、善意、恶意、守成、创新等都是人的基本属性。生发释放正能量、益利能量时，转化为人性的优点；生发释放负能量、损害能量时，转化为人性的弱点。

为应对自我需求与能量交换对象的变化，将多种属性结构融入思维言行，并主导思维与言行方式时，便形成了人格。当自然性主导人的思维时，人就会以能量平衡需要为言行的出发点，一切以保障自我与能量交换对象的能量平衡关系为取舍依据，尽力谋取利益能量和生存条件，抗拒一切损害能量平衡关系的人、事、物。当社会性主导人的思维时，人就会以创新创造欲望为言行的出发点，一切以保障突破原平衡、改变现状、创新创造为取舍依据，尽力谋求更多能量和更好的生存条件，抗拒一切对创新创造条件有损害性能的人、事、物。从人性的角度看，人的需要是有限的、遵循规律的，人的欲望是无限的且随意性强。人的需求是对有限需要和无限欲望的整合、适配。体验认知自身需要与欲望在人生各时段的权重，为建立可行性强的需求选项提供可靠依据，也是人生观的重要使命。在整合与调适需要与欲望的同时，人性的自然性与社会性在心理思维中不断融合，生成人格心性这种人格特性，表现为人生各时段的心态、心境、胸怀、气度。

人的社会性和自然性相互依存、相互制约的对立统一，使人经常能保持与社会互动对象的竞合关系，总体维系能量平衡态势。存在就有合理性，从人性的社会性角度看人生与从人性的自然性角度看人生，会得出性质不同但都合情合理的观点和结论。人的属性是动态的，会随角色的切换而改变。所以，对一个人的人性认知不能轻易定性下结论，应该随其角色的改变而调适。

二、 人生命运

命运即运作生命原理与生活原理。命运由命与运两大要素构成。命即命理、生命原理、生存原理，包括遗传天赋与生存的客观条件（家庭条件、家族条件、地理环境、社会环境）两部分。运即运作、运营，指对生命原理的运作经营。对生命原理的运作经营就凝聚成生活原理，生活原理源于对生命原理的运作经营。命是客观的合理存在，是人生的基础；运是主观思行作为，是主观反作用于客观，将客观条件转化为需求践行条件与成果的智慧化思维过程。命产生需求，运产生实践行动。命与运由相关性（缘分）连接连通，当人的智慧找到命理需求与践行运作的相关性和结合点后，就可以整合资源与条件，构建成能量双向通达的利益价值链，将自己的命运掌握在自己手里，实现自主、自由与自为。找不到命理需求与践行运作的相关性和结合点，就不能掌握自己的命运。可见，相关性及其结合点是命运的钥匙。找到并把握命运的钥匙，正是人生观智慧的使命所在。

人的一生是命运的一生。人生观的本质就是对自我命运的观点和态度。人生价值实质上就是运作经营生命原理的成果和意义。

三、 生存与发展条件

生存与发展条件也即保障生存与发展原生需要的条件。创造生存与发展条件的念想，为命理生存客观条件的演绎与拓展提供动力。每个人因为所处的社会环境不同、所受的文化教育不同，生存与发展所处的层级基础就不会相同，概括起来可分为三个层级（阶层、阶级）：低层级的安全生存、适度发展、自然生活；中层级的适宜生存、高度发展、舒适生活；高层级的优质生存、自主发展、自由生活。不同层级的生存与发展，所需求的条件也会有差异，留下层级的烙印与特征。

总体来说，人们为了践行生存与发展的原生需要，便产生了八大基本需求，即需求利、适、强、序、智、乐、爱、健这八大类基本条件组合的必要条件。必须强调，不同层级的人们对利、适、强、序、智、乐、爱、健的品质、量度、程度的观点和态度都会有很大的差异，具有明显的层级组合特征和个性特征。

四、 人生使命及其意义

人生使命是人生各个时段、各个角色使命的合成。每一个人、每一个社会角色都有天赋使命。每一个人的使命虽然都是演绎和获取利、适、强、序、智、乐、爱、健八大基本需求，但各人求要的侧重点、次序和权重不同，当下的角色使命也就大不相同。

概括起来说，人生的使命和意义在于坚守践行八大基本需求，在于不放弃目标与信念。具体地说，人生的使命和意义可以划分为利己、利他、互利、损他四类。利己即为己，以自我为中心，把人生的使命和意义定位于获取自我的利、适、强、序、智、乐、爱、健，把他人或团体的活动和作用定位于为我服务，是为我的资源，利用他人和团体实现自我需求。利他即为他，以他人为中心，把人生的使命和意义定位于益利他人、帮助他人和团体实现需求，从中创造和提升自我人生价值。互利即互为条件、互相合作、互相益利、共享资源、共享成果。损他即为了某个目的而损害他人。每个人都会有时成为某些他人实现需求的有利因素、有利条件，有时成为某些他人实现需求的障碍难题、不利条件。因此，为了排除障碍难题，损他也是每个人必须肩负的人生使命，人的一生没有人不损他，也没有人不被别人损。只是各人要损害的对象及其性质和程度不同而已。

每一个人都会担任多个多重社会角色，担当多个多重角色使命，主要角色是什么、如何切换；使命如何组合适配、如何切换，核心使命是什么；担当履行这些角色使命必须承担哪些任务和责任，担当履行这些（或某个）角色使命对人生、人的生存与发展有什么意义和作用，应该如何去担当和履行。这些问题都是人生观的内容和选项。

不同层级、不同类群的人，会各有各的观点、各有各的态度、各有各的选择。每个人的人生观都会深深地留下所属层级、类群的特征和烙印。观点决定态度，态度决定选择，选择决定人生使命与意义，这就是人生观的功能。

第三节　价值观

一、价值

价值，即事物价值。智慧学的价值概念，是对事物相互益利关系的一个命题，是指用于交换的能量体性能对双方需求的益利功效的体验和评价。事物价值的实现由人的动机发动，将相关能量体用于交换，使能量与交换双方需求对接并产生益利功效，进而对能量体的益利功效作出心理体验和满意度的评价，形成事物价值判断与认定。价值的本质是事物性能对于需求的益利功效（适用性）。创造与实现价值的目的，是要求取利益能量之外的价值能量，达成能量的优势平衡。

价值命题有五大要件：人的需求、能量体的益利性、交换模式、心理体验满意度、价值评价。具备这五大要件并融为一体，就是事物的价值。对这五大要件及其融为一体的过程的系统看法和评价态度，就是价值观。

人的需求，指参与交换双方的需求。人的需求包括需求的产生原因、指向、时效，也包括人对能量品质、属性、量度的需求，还包括人对交换模式、交换手段的需求。人的需求是事物性能走向价值的动因。

能量体的益利性（适用性），指能量体对交换双方适用的益利性，即交换的能量体的性能及其功效，能量体的益利性包括能量源、能量的品质、性质、功能，包括能量的适用性、能量对于需求的益利功效、可转换性、可控性、可交换性，还包括交换方用于交换付出的能量和想要获取的能量。能量体的益利性是价值的源泉。

交换模式，即能量交换双方进行能量交换的共同模式（方式），包括交换的能量体名称、交换对象（付出方与获取方）；交换的渠道、平台、标准、程序、规则、评判机制和其他条件。交换与交换模式是事物价值实现的唯一方式。在交换环节，能量交换即价值交换。

心理体验满意度，包括能量交换双方对能量交换过程和结果的满意度的心理体验。满意度是交换能量体的价值品质与量度的核心指标，具有改变或取代其他四大要件权重的功能。如儿女在中国父母心中的价值，就主要由父母的心理满意度决定，如果心理体验满意，其他要件都可忽略；如果心理体验不满意，其他要件就很重要。

价值评价，是对能量体益利功效的评价，也包括对能量交换过程与结果的合理性、公平性的态度和评判。价值评价包括个人评价、交换参与各方的评价、大众评价、主办方评价、过程评价、结果评价。价值评价有主观标准和客观标准：主观标准是能量交换双方的诉求和心理满意度；客观标准是社会规范与道德。能量交换双方当时的主观评价对能量交换的达成起关键作用；主办方评价对能量交换的价值性有终极裁判功能。

二、　价值观

价值观也叫价值观念，价值观所指的价值包括人生价值和事物价值，本节侧重探讨事物价值（人生价值另述）。价值观是指人们对事物的益利性能与功效，稳定的系统的看法、评价和应对态度。价值观既是对事物益利性能和功效的认知，又是对事物有无价值及价值大小的评价，也是选择合意的交换对象的态度和意念。人们对各种事物益利性能与功效的看法和评价，以及在需求动机中的主次、轻重的排列次序，就是价值观体系。价值观代表一个人对需求取向的执着和信念，通过对事物价值的看法、评价、态度和行为取向反映出来，是世界观的核心。

正是因为价值观是对事物益利性能和功效的认知，人们通常将利益观纳入价值观的范畴，使价值观包含利益观。在日常生活和诉求表达中，人们通常将有形事物的益利功能、有益利功能的有形事物称为"利益""利益标的"，将事物益利功能的作用意义和边际效应称为"价值""价值标的"。事物益利功能的作用意义，主要指可转化为实现新需求目标的条件或平台的功效。

价值观体系是通过人格社会化培养，并随着个人知识的增长和生活经验的积累而逐步建立起来的。家庭、学校、团体对个人价值观的形成起着关键的作用。处于同一社会环境、同一生存与发展层级的人，会产生类似的价值观念。个人的价值观一旦确立，便具有相对的稳定性，形成一定的价值认知定式、价值评判定式、价值取舍行为定式，不易改变。但就社会和群体而言，由于成员的更替和环境的变化，社会或群体的价值观念又是不断变化着的。传统价值观会不断地受到新价值观的挑战，这种价值观冲突的结果，总的趋势是前者逐步让位于后者。价值观念的变化既是社会改革的前提，又是社会改革的必然结果。

具体价值观也即微观价值观、个人价值观，是指人们在具体生活中，对具体思维对象（具体的人、事、物）的益利性能与功效的见解和评价。人生对过往无数的人、事、物的益利性能和功效的见解和评价的归纳概括，就构建起了自我的具体价值观体系。

抽象价值观也即社会价值观，是指一个团体或国家对内属成员较长时期的具体价值观的归纳和抽象概括，目的在于规范和指导内属成员个人价值观的培养与建立，引导内属成员之间的价值（能量）交换活动和价值实现活动平衡、协调、有序进行。

正义、社会正义是社会价值的依据和内核。因此，正义感、正义观也是人生观、价值观的依据和核心。正义观具有鲜明的群体差异和个人差异。群体或个人职业的社会合作程度不同、能量（利益）交换方式不同、人格社会化程度不同、文化（文明）程度不同、信仰不同、生活方式不同，他们对正义的理解和解释都会具有明显的差异。不同的国家、民族、地域、阶层、团体，他们对正义、社会正义的观点、理念、观念及其求要方式，都有鲜明的差异，很难同化和统一。

社会价值观是每个人建立自我具体价值观的标杆、参照系。人们如果没有或忽视社会价值观的指导和标杆作用，就不可能建立自我完整的具体价值观体系。

三、 价值观的应用

在一个人的世界观体系中，价值观和人生观一样都具有显著的方法论意义。价值观的应用是指人们在具体生活中以价值观为样本，对具体思维对象的益利性能和功效作出认知和评判，建立与事实真相相符、与规律真理接近的道理、道理系统、道理功能包。在道理的支持和指导下，选择适当的取舍应对方式。

站在生存与发展的具体需求视度上看，一事物的价值可从能量交换、能量益利性、可为性和满足需求四个角度去考量和评价。从能量交换角度上看，价值是指对能量交换的等价性、公平性的认知评判；从能

量益利性角度上看，价值是指对能量体对交换双方的需求有益利作用和意义的见解和评价；从可为性角度上看，只有自我可为、能为、可控制、可操作的，才是我要的价值；从满足需求角度上看，价值是指能量体对需求满足度的心理体验和评价。任一角度考量得出的正面结论都可使一个思维对象的价值成立。如果四个角度的考量都得出正面结论，那么这一思维对象的价值就可被认定，价值观也就转化成了道理。人们通常就是这样应用已经道理化的价值观，去识别、考量和评价具体事物价值的；就是这样以道理化的价值观作为方法论来指导思维及言行，去选择利益价值标的和实现方式的。

第四节　应对观念

文化知识既是人们认知各型各类思维对象的结果，又是人们应对各型各类思维对象的方式和经验的总结。因此，学习文化知识获得的智慧能量，必然会转化为应对观念，用于应对相应的思维对象。应对观念是指将之前多次成功应对同类对象而养成的应对模式，习惯地用于应对之后的同类对象。应对观念内含应对理念、应对经验、应对方式、应对办法，是理念、经验、方式和办法的结合体。应对观念导致应对模式。

广义的应对观念，包括事物观、利益观、人生观、价值观中，具有方法论意义的部分。

一、 应对观念主导动机立项

应对观念的核心功能是主导人们的动机立项思维，进而主导人们的意志行为，使之坚定不移地进行到底。

在日常生活和社会人际互动中，很多人为了获取某种利益价值而很执着地为自己规划设计出一个相应的需求愿景。之后，就以这个愿景的实现作为相应生活领域的需求观念，并系统地为这个需求愿景寻找符合正义、道德与法理的理由。当寻找的根据和理由能够说服自己时，就会以这个愿景和理念作为一个时段奋斗的指引。与这个需求观念相关各方的反应态度和表现，不论赞成还是反对，都会成为愿景目标合理性的理由或借口，成为实现愿景目标的条件、手段。一旦与这个需求目标相匹配的实施方案设计完成，这一组由观念导致的需求就完成了动机立项思维过程。剩下的事情，就是由观念主导的有根据、有目的、有计划、有步骤的实际行动了。

不论是一对夫妻关系的成立或解除，还是一个项目、一个利益共同体的一个合作关系的成立或解除，都能有力地证明观念对人的动机行为的主导功能。

观念对动机行为的主导性，是人格个性化修养到较高水平之后的一种思维习惯，在本质上是使得对动机预案的选择、决策变得简易而且高效，是一种高效的智慧化思维方式。但是，这种以自我观念代替动机预案的选择决策程序的思维习惯，久而久之就会产生副作用，就会使人们脱离实际、脱离科学、观念固化，犯上因循守旧、主观主义或经验主义的错误，从智慧走向自以为聪明的愚蠢。

观念对动机思维的主导性及其副作用，会随个体滥用所掌控的权势、地位、金钱财富等资源的增加而加强。改变观念对动机思维的主导性及其副作用的有效途径，一是通过更新知识、更新观点、更新理念，最终实现更新观念，以新观念代替旧观念去主导对动机预案的选择和决策。二是加强并坚持人格的社会化修养，自觉抑制人格个性对他人、对团体利益的损害。三是养成以兼顾各方需求来主导动机预案的选择和决策的思维理念，坚持遵守必要的决策程序，自觉避免在复杂问题、重大问题上以观念代替必要的决策程序的错误思维方式。

二、 应对观念主导方式选择

应对观念还会主导人们对应对方式的选择。在日常生活和人际互动中，很多的事情、事件原本是有很多应对的方式可供选择的。但在观念的主导下，人们不愿做应有的调查研究，不愿对各种应对方式的利弊得失进行认真的比较，而只凭原有的观念取向，就简单地按习惯选择熟悉的应对方式。这种由应对观念主导的选择，在应对简单的常态的思维对象时，确实能产生简易而又高效的应对效果；但在应对复杂的动态多变的思维对象时，就会经常出现应对失误和利益损失。

第五篇　悟性智慧

在人的认知思维中，有很多表象背后的东西是"感官五觉"无法感知的，必须用悟性去感知、悟通，才能真正做到认知、适应、运用与改造思维对象。

人的智慧化思维过程之所以能使智慧不断升级、不断强性增效，根本原因就在于人的悟性，在于有悟性思维的支配主导作用。而悟性思维对智慧化思维过程的支配主导作用，是通过认知、把握和运用事物的相关性、结合性与分离性，使智慧化思维过程的各环节、各系统、各品质性能相融通转化来实现的。悟性思维能力的强弱，完全有赖于悟性思维性能的开发培养和运用。

悟性思维有一项核心使命和宗旨，就是寻求更适合自我需求与智慧特点的能量和平衡交换方式，让自我更强大、更适应环境、更好地生存与发展。因此，寻求适合经常是激发、启动悟性的内在动力和目标。

在人的整个智慧结构中，悟性智慧对需求智慧、人格智慧、智能智慧具有改造升级功能。在同等社会环境条件、同等教育培养力度下，悟性的强弱将决定一个人的智慧提升高度。悟性智慧能够使人们达到智慧的最高境界：按自己的需求和态度创新创造，改造思维对象，构建与思维对象的能量平衡关系，把自己的命运掌握在自己手里，最大限度地实现和提升人生价值。

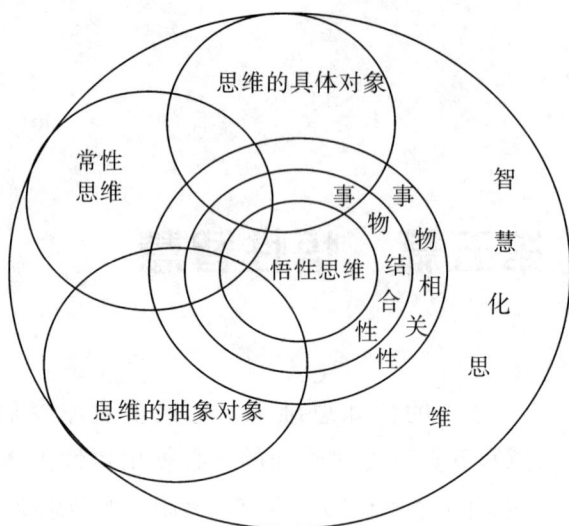

智慧化思维结构图

如上图所示：

（1）智慧化思维分为常性思维和悟性思维，思维对象分为具体对象和抽象对象。

（2）悟性思维在智慧化思维结构中居于核心地位，起支配和主导作用。

（3）悟性思维比常性思维更关注事物的相关性（尤其是结合性和分离性）。

第十九章　事物的相关性

任何事物都必须满足自身存在与发展的需求，向外界寻求释放能量与摄入能量的能量交换。交换能量必须有合适品质的能量体、交换对象、交换条件和交换方式。任何事物都会因与能量交换对象交换能量而构成相关性，这是事物运变的内在动因。

社会事物的相关性承载着人的需要与欲望，吸引着人的智慧能量流向。社会事物的相关性既是智慧生长的源泉，又是智慧能量（能力）抒发释放的"用武之地"。

第一节　相关性概述

人们在心理思维过程中，经常会被眼前错综复杂的现象和关系搞得昏头晕脑，难以抉择。究其原因，主要就是看不准、理不清事物之间的相关性，看不清、理不清自我与思维对象之间的相关性，不知道如何应对各种相关性。

所谓相关，是指与能量交换相关、与能量交换对象的需求相关、与能量交换的条件相关、与能量交换的方式相关、与能量交换的过程相关。事物之间的相关性是指两个以上事物（元素），因能量交换而相互联系、相互作用的性质。人与人、人与社会事物之间的相关性主要有两方面：一方面是因需求取向、交换方式、交换条件能够兼容或互补而相互吸引，产生相互接近与合作的结合性；另一方面是因需求取向、交换方式、交换条件不能兼容或互补而相互排斥，产生相互疏远与离散的分离性。

事物因相关性构成的关系，包括结合关系、分离关系，结合的条件关系、分离的条件关系。形成结合关系就会走向相互合作、融合、同化、结构。形成分离关系就会走向相互竞争、博弈、对抗、损毁、解构。联通结合关系才能实现正能量的交换，形成分离关系就可能会进行负能量的交换，或解除能量交换关系。

此外，世界上还有很多事物（系统），因相互之间不具备能量交换的相关性而各自独立存在和发展。

一、 相关性的客观性

事物之间的能量交换可分为主动寻求交换和被动接受交换，被动接受交换又可分为愿意接受交换与不愿意接受交换。因此，相关性也可分为主动相关性和被动相关性。

广义的相关性包括可直接交换的直接相关性、可间接交换的间接相关性、可转换、可替代、可利用、可参照、可传承等性能；包括支持、拥护或拒绝、抵制交换等性能；还包括保持中立或走向分离等性能。广义的相关性因其性能产生原因的不同，大致可分为三类：一是自然界一物生一物、一物降一物，互为需要、互为条件、互为标的或手段的天生相关性，也即事物生存（存在）固有的相关性；二是人类社会赋予社会组织之间、成员之间、成员与组织之间的社会文化相关性，即社会规定的角色相关性，也即精神文化相关性；三是事物结构运变过程新生的相关性，也即运变相关性。

狭义的相关性可称为系统内相关性或圈内相关性，也就是直接相关性，主要指同处一个生存与发展活动圈、生活圈的能量交换性能，即各种事物的相关性在同一时间段可以成为相互交换能量的对象或条件，构成同一个交换系统的可交换性。同系统相关性可随时间更替而消长，使一事物在不同时间处于不同的交换系统。当下同处一个交换系统（交换圈内）的事物便结成紧密联系的生活圈。一个事物往往同时有多种需要，必须同时或连续与多种事物交换多种能量，因此一个事物往往同时存在多种不同系统相关性，同时处于多个交换系统（圈），同时担任多个角色，人的社会活动尤其如此。

两个或多个事物之间因可以相互交换能量，产生相互作用的相关性表现于内外两个层级：一是外显于事物表象特征的现象相关性；二是隐藏于事物本质规律和趋势中的内在相关性。

二、 社会的相关性

在人类社会，人们为了生存与发展，在调适自我、认知思维对象、评判思维对象、适应思维对象、改变思维对象这五大领域开展互动与能量交换活动，个人需要与社会需要、个人对社会的需求与社会对个人的需求交互作用，生发出各式各样的相关性。人与人、人与社会、群体与群体的能量交换主要是利益或价值的交换，产生各种需求与利益价值目标的相关性。人们因利益或价值交换的需求而结合成家庭、团体、集团、民族、国家等结合体（联合体）。同样也会因利益或价值交换的需求从结合体走向分离。

三、 相关性的主观性

（1）作为思维对象，事物的相关性是指问题、问题的原因与条件、问题之间的作用点与平衡点。事物的相关性是认知、协调、解决问题的依据。事物的相关性具有矛盾的两面性：既是难题（实现目标满足需求的困难与障碍），又是解决难题的机会、工具手段或条件；A 种相关性既是解决 B 种相关性（难题）的工具手段或条件，又是 C 种相关性（工具手段或条件）要解决的相关性（难题）；既是原因又是结果；既是矛又是盾，是矛盾统一体。相关性的运变趋势要么从结合走向分离，要么从分离走向结合，常态现象也只是分离与结合的过渡期。

（2）作为思维对象，相关性可分为常态思维对象的相关性和超常思维对象的相关性。常态相关性是指已知思维对象之间的相关性和现实性联系（包括在可知范围、程度内的变化）。常态相关性产生常性、常点和常态，是常性思维常性智慧的适用领域。超常相关性是指未知或在知思维对象之间的相关性和可能性联系，包括已知对象之间生发的新奇特异等超常变化，包括已知或在知对象与未知对象之间的可能性联系。超常相关性产生超常性、超常点和新常态，是悟性思维、悟性智慧的"用武之地"。

（3）对于人的生存与发展的各种需求来说，事物的相关性集中表现为益利性和损害性，是智慧化思维整合配置资源、选择与决策的根本依据和理由。

四、 常见的相关性

人类社会普遍存在的相关性包括人际、心际、物际、事际、理（道）际之间的相关性；人际、心际、物际、事际、理（道）际内部各元素之间的相关性；过去、现在、未来的时段相关性和因果相关性。在日常生活和社会互动中，人与人的相关性又被称为缘分、缘由。

人们经常面对的相关性也可称为常态相关性，可概括为三大类：第一类是自我内部的相关性，包括心内相关性和心身相关性。心内相关性即心理思维各品质、各性能、各环节、各系统之间的相关性。心身相关性即心理思维活动与身体生理活动之间的相关性。第二类是自我与外部世界各种人、事、物、团体组织、文化信息之间的相关性。第三类是外界各种人、事、物、团体组织、文化信息之间的相关性。第三类相关性之所以会经常面对，是因为人们经常想介入、想参与其中，并欲将之转变为与我相关的第二类相关性。

三类相关性的核心点是利益价值点、需求、实现方式三者之间的因果关系。人的生存与发展各种需求的满足，都必须从上述相关性中选择合适的对象并与之相结合来实现。因此，上述三类相关性也正是人们最经常面对的结合点所在。从思维的取向看，常性思维主要追求眼前现实的利益价值，因此主要关注常态认知对象之间的常态相关性变化；悟性思维主要追求未来可能的利益价值，因此主要关注悟性认知对象之间的超常相关性变化。

第二节 事物的结合性与分离性

事物之间的相关性是结合性与分离性这对矛盾的对立统一体，结合性和分离性相互依存、相互制约、相互转化，共存于相关性之中。

一、 事物的结合性

事物的结合性是指相互作用的两个以上事物（元素），可以相互吸引、相互联通而组合成一个事物或群体的性质。结合性导致事物之间的结合点。事物的结合性结合点，主要表现为事物的常性、常态，是常性

思维、常性智慧的主要思维对象。

一个可以与另一个相关性对接联通的相关性，我们称之为相关点（相关方）。一个相关点就是一个可以成为与另一个相关点相结合的对象。结合对象，就是指具备可联通相关性的相关方。可以是两方也可以是多方，结合对象中有一个是主动方，通常由主动方发出结合意愿信息。结合对象可以是人与人、人与物、物与物。凡能对两个或多个结合对象实现能量交换的联通，产生直接作用的因素、原因，我们称之为结合条件。两个或多个相关点同时具备对方所需求的能量（性能），可以进行能量交换的性质，我们称之为事物的结合性、结合关系。

不同结合对象在合适条件下相互交换能量的联结点就叫结合点。具备结合性的结合对象，不断与合适的结合条件对接融通，就会不断建立新的结合点，使能量交换持续进行，使各个结合对象的目标逐步实现、需求逐步得到满足。在日常生活与社会活动中，结合点通常还被称为结点、切入点、热点、爆发点、场景、平台等。

根据因果辩证原理，一个结合点既可以是另一个结合点的原因，也可以是另一个结合点的结果；既是待解决的难题所在，又是解决难题的机会、条件或手段。能量交换的每一条件的建立都需要具备另一组条件，因此，每一次能量交换都会有很多结合点。但是，由人的智慧主导的社会活动的能量交换，是动态的连续进行的。已经完成的能量交换为后续新的能量交换建立了很多条件，当下要做的是通过补足或调整条件结构，建立新的能量交换结合点。

作为思维对象，各种结合点可分为常态结合点和超常结合点。常态结合点指的是常性思维能够掌控的对象之间，常存的结合性及其有序更替或再续的结合点。超常结合点则指超出常性思维掌控之外的，由超常相关性、结合性构建的结合点。

二、 社会人际结合

社会人际结合，是指人与人、人与团体组织、人与社会环境，因能量交换而达成的结合。由人际结合点构成的结合体，通常又被称为平台、通道、机会或联合点、融合点、作用点。

（一） 结合条件

社会人际结合条件主要包括各方诉求、各方态势、交换标准、规则与程序、时机以及媒介六大类条件。每一类条件都有很大的变数，需要一定的智慧才能掌控得当。

（1）诉求是需求的主要表达方式。各方诉求是结合的动力，诉求决定各自所要交换取舍的能量性质。某一方的诉求既是为对方开列的获取利益所应支付和承担的成本代价，也蕴含着己方为获取利益愿意支付和承受的成本代价。

（2）各方态势，主要包括各方可以支配的资源、可以使用的工具手段、拥有的地位与势力。各方态势是各方实力和可控资源的标志。主动方的诉求决定结合各方的态势。能量交换的竞争说到底还是实力的竞争，如果主动方处于强势，结合就容易运作和实现，否则就容易导致结合流产或失败。

（3）交换标准，主要包括对利益价值品质、量度、时效的判断和认定标准，各方都采用同一套标准，结合才易运行。各方采用不同的标准，结合就难以进行。

（4）规则与程序，必须是各方认同并可操作的，是各方生存与发展运变规律的综合反映，是各方能量有序交换的依据。

（5）时机。对于主动方，时机的选择决定结合能否实现、效果是否理想。对于被动方，时机和效果都是被动而又不可控的。因此，应该努力争做结合的主动方，主动寻找能量交换的结合时机。

（6）媒介。一般而言，各方能量交换的结合必须有一个媒介，来承担寻找、集拢和连接各方的职责，为结合各方提供一个信息交换、能量交换的平台、通道或机会。媒介包括媒体、媒人、媒介物。媒介物又包括场所、平台、氛围、机制等条件。

社会人际结合的各项条件通常以条件组合结构的形式出现。这种条件组合结构通常表现为：生态链、利益链、价值链、分配链、人际群体、人际关系圈、人际部落等形态及其运营系统。为了一个目标而事先建立或调整一个相关的条件组合是人们经常面对的任务与选择。

（二）　结合方式

社会人际的结合方式是有目的选择的结合方式，主要可分为联合方式和对抗方式。对抗方式是指谋取、剥夺对方权益或抵御对方谋取剥夺己方权益的结合方式。联合方式又可分为联合共享方式和联合对抗方式。联合共享方式是指以资源共享、权益共享为目的的结合（合作）方式。联合对抗方式是指两个以上结合对象以对抗、抗衡某一结合体为目的的结合方式。在社会生活中，各种结合方式都以一定的社会组织团体形态存在，都以一系列角色职位吸引和召集团体成员。每个人都会因能量交换的需求，选择一种合适的结合方式，加入某个团体。

三、　事物的分离性

与事物的结合性、结合点相对立的是事物的分离性、分离点。事物的分离性是指相互作用的两个以上事物（元素），相互排斥、相互逆抗而分解离散或相互损害的性质。事物的分离性、分离点，主要表现为事物的超常性、超常点。两个以上事物的超常性、超常点（分离性、分离点），因能够交换能量而产生超常相关性，进而形成相互之间的超常结合点或超常分离点。

事物的分离性产生的原因主要有四点：第一点是能量交换的双方或其中一方因可供交换的能量较少，吸引力、凝聚力减弱；第二点是共同拥有的能量资源逐渐衰减，不能继续满足原有成员的能量交换需求；第三点是出现了一个更具吸引力和凝聚力的能量交换对象（能量资源），或者能量交换的双方或其中一方已经找到更好的能量交换对象；第四点是现有的能量交换方式、规则阻碍了能量交换的正常进行，使能量交换的双方或一方另寻更好的能量交换方式和规则。事物的分离性使能量交换的相关方脱离现有的能量交换轨道，加入新的能量交换方式及其轨道。

事物的常性使事物保持稳定性，保持常态和惯性。事物的分离性使事物产生不确定性，容易引起事物的突变和失衡，表现出异常状态，为常性思维、常性智慧制造出很多意料之外且难以克服的难题障碍。这就为悟性和悟性思维提供了激活和激发的条件。可以说事物的分离性及其超常性、超常点和超常结合点是悟性思维和悟性智慧的主要思维对象。

社会人际关系的结合与分离，都是事物相关性原理运变的结果。人们可以通过运作人与人之间的吸引力和结合性，引导人们相互接近、相互结合、相互融通、相互适应、相互合作，通过分工合作构建相互益利的人际关系链（圈）和利益链（圈）；也可以通过运作人与人之间的排斥力和分离性，在团队内部引导团队成员之间相互竞争、相互监督，进行团队（企业、单位）人员结构的调整和改组；在团队外部引导本团队与对手开展竞争、对抗，将对手排斥出同一利益链（圈）；还可以通过运作事物的结合性和分离性，开展创新创造思维活动，创建新的事物。

第二十章　悟性思维

第一节　悟性

一、悟

悟，是心理遗传基因激活后生成的一种心理基因反应性能，心理学称之为悟商。这是人的内心对外界事物运变生发的能量信息，能够先知先觉、心领神会的天赋秉性与资质。

悟，又是心理思维能够与思维对象的本义、真相、本质相通达的性能，是自我超然通解之心、先知先觉之心。

悟有三层含义：

第一层含义，是人的心理超常性、超然通解性，指心理思维中超越常态、超然通解的心理态式。一个人的心理常性常态、思维定式、守成观念，既是简易高效的思维方式，又是约束心理思维活性和创造性的负面性能。只有超脱自然现实，超越心理常性常态和思维定式，才能领会通解已经变化的思维对象的本义、真相和本质。

第二层含义，是先知先觉的心性，指吾心证道，心知事道，心外万物在我心中，万物运变我心能感知、能领会、能预见的心性。通俗地讲，悟是对思维对象的相关性想得到、想得通、想得透的一种心性。

第三层含义，是一种心理（精神）状态，是指在心理思维过程中，心理处于一种兴奋、激情、超脱、专注、灵感、通达的悟性状态。在这种心理思维态势下，人的悟性被完全激活激发，思维异常敏捷、活跃、专注，充满想象力和联通力。

二、 悟性

（一） 悟性概述

人类有一种通过感官联结而认知、通晓思维对象的常态心性。悟性则是一种心物相通、心事相通、心心相通、心理相通的超常心性。这种超常心性也即不经感官连接，只需思考与想象就能够知晓、通达相关事物本质与规律的心理思维特性。悟性是心理基因反应性能"悟商"经培育演化而成的，无须通过感官连接，就能够对事物相关性、事物运变态势敏锐感知、触类旁通、超然通解的心理思维特性。悟性这种特性，是整合和操纵自身智慧、思维对象、客观资源条件三者相结合的高效思维性能。悟性的强弱程度标志着人的心物相通程度。心物相通度高，悟性就高强，心理思维智慧化程度就高。每个正常人都有悟性，都会启用悟性，只是程度高低强弱不同而已。

1. 超然

"然"即客观现实、当下态势。所谓超然，就是站于"然"之上：一指超越，即超越现实常态、超越自我、超脱当下态势和当下利益的束缚；二指超高，即跳离已拥有的平台和利益，将视度提升至上层高台，站在各方结合点之上、站在当下利与害之上，高瞻远瞩；三指超前，即专注事态演化运变的必然性或可能性，预先认知和掌握即将发生的相关性；四指超常规，突破现有结构、规则、制式和观念，寻求创新。超然的前提是需求和理想追求远大、明确，且具空杯心态、开放心态。超然的结果是拓展思维，放飞智慧，飞得高看得远，站得高看得清。

2. 通解

"通"即联通、通达。"解"即理解、解释、分解、化解。所谓通解，是指明心见性、顿悟知真，在超然的基础上见微知著、知著而明、触类旁通，迅速找出解决难题的方式与办法。具体来说有四个方面：一指能准确认知与自我需求相关的各种疑、惑、困、难的义与意；二指能触类旁通，准确领悟各种相关点的因果缘由、相互作用及其运变趋势；三指能使此点与彼点联系相通，使现在与未来联系相通，使低视度与高视度联系相通；四指答疑、解惑、断事更接近真理，评判选择更合理。

总之是能够明晓、通解思维对象之间的关系及其运变趋势。

醒悟、感悟、领悟、顿悟、参悟、觉悟、灵感等都是悟性的表现形态。醒悟是指悟性被激活，心理思维脱离困惑、迷离、昏睡状态，进入清醒的工作准备状态；感悟是指能准确感知思维对象之间关系、需求、态度及其特点；领悟是指能准确理解、领会思维对象的信息能量并吸纳内化，与之联通融合；顿悟是指对百思不得其解的疑惑难题，突然知晓、破解并能由此及彼、举一反三、触类旁通；参悟即参透领悟，即通过思考明白了事物蕴含的道理，掌握了事物运变的规律；觉悟即明悟，是指心理思维处于一种理智、灵敏、超然、自觉的悟性活跃状态；灵感是指心理思维处于一种超然通达的创造性思维状态。

（二）　悟性的制约因素

如上所述，悟性的高低强弱主要受心理欲望、角色担当意愿和理想信念的制约。此外，悟性的高低强弱随着人们的年龄、经历、学识、角色地位和所处环境的变化而变化。对于同一个事物的同一种相关性，一些人视之为常态、常性、常识，以常态思维去认知和应对；另一些人却会视之为超常性、超常点、未知点，以悟性思维去认知和应对。同一个人也会在不同的年龄时段、不同的环境，对事物的相关性表现出不同的认知和应对的态度与方式。以常态思维（如习惯思维、观念思维）去认知和应对时，悟性就不但会被压抑而得不到展现，还会逐渐式微和退化；以悟性思维去认知和应对时，悟性就会得到充分的展现和强化。

第二节　启悟

一、启悟概述

启悟即激发、启动悟性。悟性是开启思维智慧化之门的金钥匙，悟性的启动是思维智慧化的第一步。启悟有四层含义：第一层含义是开启、培养、强化悟性。人人都有悟性基因（资质），有的人开启培养机会多，悟性基因得到了充分开发培养，悟性强化、性能高强；有的人开启培养机会少，悟性基因得不到开发培养，悟性性能低弱。第二层含义是唤醒、启用悟性。人人都有或强或弱的悟性，在欲望不强、困难不大、心态涣散或思维不清醒时，悟性是被压抑、隐藏的。只要具备一定的条件、信息刺激，就能唤醒、激发悟性，使人进入悟性思维状态，启用释放悟性性能，产生悟性思维功效。第三层含义是吸引、诱导悟性。悟性是一种对事物的超常性、超常点非常敏感的心理思维性能。只要接收到标志事物超常性、超常点的信息刺激，悟性就会被吸引、诱导。第四层含义是引发人的觉悟，将人导入觉悟状态。觉悟状态是指心理思维进入高速运转态势。在觉悟状态下，悟性性能、灵感被激活，思维能力和功效都会极大提升。

启动悟性的动力源，有客观事物的吸引力、排斥力和主观心理的驱动力。客观事物的吸引力和排斥力，主要指事物相互吸引、相互排斥的相关性信息，刺激心理思维品质产生的吸引力和排斥力。主观心理的驱动力，包括化解难题障碍的欲望产生的驱动力、情感态度取向、角色担当意愿和理想信念产生的驱动力。情感态度取向、角色担当意愿融合成专注意识，专注意识是启悟的主观前提，离开专注意识，悟性的开启就无从谈起。

（一）悟性受事物超常相关性唤醒和启动

人们在践行需求、践行能量交换的过程中，最容易被超常相关性的结合性和分离性所诱导。诸如利与害、因与果、舍与得、现象与本质、真与假、善与恶、美与丑、现实性与可能性、必然性与偶然性、方式与目的、动机与效果等结合性或分离性都会唤醒、诱导人的悟性，改变人的思维取向。换一个角度讲，一个人在悟性高强的时候，很爱去捕捉、识别、研究思维对象相关性中的超常点和超常性，总想将其转化为实现自我需求的资源、条件或手段。

如果你授予思维对象与其需求强相关的超常信息（如利益点、价值点、条件点信息），提供让其认为可满足利益价值需求的超常相关性信息，思维对象的悟性就会被唤醒和诱导。思维对象就会因需求取向被诱导而被你掌控，走你为他设计的路径，让你通过利用他而获得成功，让他也觉得在利用你而获得他的成功。因此，不论角色地位、年龄性别，每个人都会诱导和利用别人的悟性，自己的悟性也同样会被别人诱

导和利用。

（二）悟性受化解难题障碍欲望唤醒和启动

人们在践行需求的过程中，必然会遇到各种各样的难题和障碍。在难题障碍面前产生放弃意念、产生依赖或顺从他人抉择，悟性都会受到压抑和冷藏。在难题障碍面前产生征服和化解的欲望时，悟性就会被唤醒和启动，人的兴趣就会集中和专注于难题与障碍的化解思维上，心理思维就会进入兴奋、超脱和高能高效的灵感、悟通状态。

（三）悟性受情感态度取向唤醒和启动

在人的心理思维活动中，情感态度取向经常都能够指引需求的定向定点、指引智慧能力（精力）和资源的投放。兴趣、爱好品质标志着情感态度取向，如果对一个事物没有产生兴趣爱好、不喜欢，即使这个事物的利益价值含量很高，心理思维也会对其视而不见、无动于衷；如果对一个事物产生了兴趣爱好、很喜欢，悟性就会被兴趣爱好激发，心理思维就会受悟性指引，将精力专注于此，将资源投放于此。

（四）悟性受角色担当意愿唤醒和启动

任何角色都有特定的使命和职位职能，愿不愿意担当或担当的意愿强不强，悟性在心理思维性能中的权重是不一样的。角色担当意愿强烈，人的悟性就会被担当意愿唤醒和启动，人的思维和言行就会全身心地投入角色使命和职位职能的履行之中。角色担当意愿低弱，人的悟性就会被压抑和冷藏，就会丧失进取心和责任心，心理思维就会进入消极被动和低能低效的状态。

（五）悟性受理想信念唤醒和启动

一个人如果理想信念低弱，或者丧失理想信念，悟性就会受到极大的压抑。一个人一旦建立了明确而又坚定的理想信念，悟性就会被唤醒，使人进入兴奋、专注、醒悟、灵感、悟通的心理思维状态。

悟性的开启激发有四大必要条件：一是明晓思维对象之间的关系及其运变趋势；二是明晓所处环境的优劣利弊、许可与禁制；三是需求强盛且心理思维专注于求解；四是使自我需求适应、融入环境。启悟的最终目的是找到突破现状、创新创造，实现需求的可行路径和高效方式。

二、 启悟学习

如前文所述，启悟学习是思辨学习的入门阶段、初级阶段。启悟学习是指在学习技能（体验学习）、学习文化知识（文化学习）、思辨学习的思考钻研时，唤醒和启动悟性，使自己进入悟性灵动的学习状态，让悟性主导学习的全过程，让学习活动事半功倍。启悟学习是高效的吸能思维。

启悟学习，是把经验技能和理论知识转化为方法论来学，是提出问题、求知原理、求解难题与疑惑的学习方式，提出问题是要问为什么（原因），求知原理是要问是什么（结构原理、运变原理），求解难题与疑惑是要问怎么办（解决路径与方式）。启悟学习的动力来源于求解难题与疑惑的需求、情感的兴趣爱好、角色使命感、信念等多种渠道。有内驱力才能唤醒和启动悟性，成为启悟学习。

能够产生学习动力的需求，主要包括拓展求解难题与疑惑的认知需求、竞争的需求、破解难题的需求、谋取利益与价值的需求、对工具手段的需求、自我培养与提升的需求。有需求且取向对应才会唤醒和启动悟性，有需求但取向不对应、"不同频道"、"心不在焉"，就不会唤醒和启动学习悟性，起码不会唤醒和启动与当前的知识内容相对应的学习悟性。

能够产生学习动力的情感兴趣爱好，主要是指能够为当下带来情感放松、愉悦与成就感体验的兴趣爱好。

能够产生学习动力的角色使命感，主要包括为胜任某种社会角色职位而学习相关的知识；为事业（职业）而学习相关知识；为储备某些专业知识而有选择性地学习。

能够产生学习动力的信念，主要是坚信：知识就是力量，有知识就有智慧，有文化走遍天下，没文化寸步难行，学历越高选择越广，机会越多，成功概率越高。

启悟学习的特点主要有六：

（1）学习目的明确。学习目的即需求目标，其最重要的功能意义有二：一是启悟，吸引悟性融入学习过程；二是为吸纳文化知识、内化知识能量建立一个联结点、一个承载框，使知识能量与学习目的构成一条能量通道，使得学习过程可以有选择地吸纳，符合目的要求的知识能量，将习得知识内化转化为方法论。根据目的指向不同，我们可将学习文化知识的目的概括为八大类，即学为知、学为博、学为优、学为专、学为技、学为智、学为创、学为明。每个人在担任不同角色或不同时段，都会根据当下需求切换学习目的，使学习内容与当下需求构成一条能量通道。

①学为知，为知而学，即为更广阔、更深刻认知世界而学。力求通过学习科学文化知识，懂得更多知晓更多，能够认知和掌握更多的自然事物与社会事物。

②学为博，为博而学，即为掌握更多文化知识而学。不为其他，就为尽量多地掌握各门类各学科的文化知识，经常会成为一些人博览群书，对纷繁复杂的文化知识强化记忆的理由和目的。

③学为优，为优而学，即为提升个人竞争力、创建个人优势而学。在广泛分工合作的现代社会，时时、事事、处处都存在人与人之间、团队与团队之间、企业与企业之间、国家与国家之间的竞争与博弈。文化知识水平不高，竞争力就得不到提升。只有习得更多更专业的文化知识，才能保证竞争力不继提升，才能创建和维持与他人竞争博弈的优势地位。

④学为专，即是专门学习某一专项需求所需的知识，形成专科、专业知识体系。启悟学习围绕专项需求，排除、放弃与专项需求不相关的其他知识，选择与专项需求紧密相关的专业知识，吸纳其知识能量，以提高践行专项需求的功效。学习专业知识是训练专业技能的基础。

⑤学为技，为能够熟练制造（组合或分解）、使用工具的技能而学。在个人的生产生活中，技能主要是指制造和使用合适工具获取利益价值的能力。在广泛合作与竞争的社会活动中，不借助功能强大的专业工具，单靠人格意愿来运作体能体力，谁都无法在合作与竞争中取胜。而要借助工具参与社会合作与竞争，就必须通过学习和训练掌握专业技能，以便能制造出适合专项需求的工具，并熟练地使用工具去获取更大的利益与价值。

⑥学为智，为培养和提升分析难题解决难题的智力而学。人们高强的智力是由习得知识转化而来的，拥有高强的智力才能准确地分析各种复杂的难题，找出难题的因由和本质并快速高效地予以排除解决。为此，人们必然会主动自觉地学习各种科学文化知识，储备知识能量，以备不时之需。

⑦学为创，为培养创新创造能力而学。所谓创新创造就是运用科学文化知识的性能，围绕人的欲望需求去改造环境、改造思维对象、改造能量体的品质性能。期望将环境和思维对象构建成更有利于自身生存与发展的样子。而要实现创新创造的目标，人们必须努力学习更多的科学文化知识，尤其是某些精深的专业、专科知识，努力培养和提高创新创造的能力。应该强调，科学文化知识是创新创造的基础，没有知识积累，创新创造根本无从谈起。

⑧学为明，为明悟通达而学。对外明悟思维对象的因果运变联系，明悟思维对象对自我需求的益、损及其方式，明悟适应和应对的思路与方式。对内则要在文化知识的支持和指引下，认知自我，发现并正视自己的缺陷、短板和错误，真正做到有自知之明。然后内化文化知识的原理能量，更新自我修养的样本，更新观念，改进思维方式和言行表达方式，弥补或修正自己的缺陷、短板和错误，使自己能够不断地进步和提升。

（2）启悟学习善于感悟和领悟事物之间的相关性，尤其是超常相关性、可能性；善于感悟和领悟事物结构内部各元素之间相互作用的特点和规律性；善于感悟和领悟事物的益利性和损害性，尤其对事物的利益点、价值点及其交换方式特别灵敏；善于感悟和领悟事物能量（性能）转化、转换、组合或分解的可能性及其方式；善于感悟学习内容与践行自我需求之间的方法论关系。

（3）启悟学习对问题、疑惑有强烈的求解兴趣。启悟学习意识强的人有一大特点：好提问，联通力、想象力特强。凡有疑惑、不理解的问题一定会向师者、知者发问、请教。求解疑问有几个启悟点：首先心理思维被一个课题启悟，全神贯注于这个课题，心理思维处于灵感状态，这是发现问题的前提；其次是发现学习内容的超常性、超常点，并将超常性、超常点归纳概括为问题、疑问；再次是为发明发现、创新创

造而发现问题、提出问题，而不是因为听不懂、看不清而提出问题。一个人如果不能在学习中发现问题、归纳问题、提出问题，也必然不会有解答问题的研究与成果。

（4）善用样本更新法。在以认知样本对照学习内容的学习过程中，一旦发现学习内容的真理含量高于样本，就果断予以采信，及时更新或更换样本。这种学习方式的启悟点，在于使样本与学习内容实时对接，实时比较、实时采信、实时更新，使优质先进的学习内容实时内化。

（5）在工作和事业中的启悟学习，特别重视借智借力，拜认一些敬服的智者、达者为人生导师，以便在认知和选择关口为自己解惑答疑、指点迷津。

（6）启悟学习对知识能量的内化力特强，善于通过分析演绎和归纳概括，形成系统的观点和见解，构建个人的知识体系，尤其是构建个人的方法论知识体系。

从启悟学习的上述特点可见，启悟学习的核心使命是透过现象看内质、认知事物之间的关系尤其是因果关系、认知事物运变的超常性和可能性。启悟学习的关键是对概念内涵、原理、事物相互关系和运变规律快速领悟、感悟和内化；对适合自身需求的知识能量和益利能量快速吸纳、内化，转化为自己的智能智力；对不适合自身需求的知识能量和损害能量及时避免。启悟学习是讲求快速、讲求突破、讲求效率的学习。启悟学习不会把精力和时间消耗浪费在文字的一般意义上，不会计较概念一般属性和外延的罗列，不会认真考究文章的词语组合、语法运用和表述方式的美感，不会死记硬背书本知识。

当启悟学习养成习惯、养成理念、养成观念之后，不论经验技能的体感体验学习还是文化概念原理的解读学习，都会因悟性强大性能的指导作用而成效倍增。

三、 启悟教育

启悟教育是指专注于激活、开发、培养和启发受教育者悟性的教育方式。启悟教育是施教者抒发、输出、授予受教者精神能量的赋能思维。

启悟教育是对施教者提出的新要求。要激活和培养受教者的悟性，施教者必须自己先通晓悟性及其运作原理，以悟性思维状态从事启悟教育。启悟教育是心理咨询、心理引导工作的本质。一个优秀的启悟教育者，将会成为受教者的人生导师，让受教者终生受益。人生导师即人生智慧导师，可以是先知之师、先悟之师、先达之师，是指点引导智慧提升之师。人生导师给出来的指导观点往往能让人一点就通，催生人的感悟、顿悟与明悟，让悟性引领智慧产生质的飞跃与提升。启悟教育的主要特点体现在以下六个方面：

（一） 以启悟为教育的出发点和归宿

只有激活、启发受教育者的悟性，引导其将兴趣爱好和精力专注于学习内容，接受教育时才会听得懂、看得懂，才能快速领悟和内化所学科学文化知识的含义与能量。教育的效率与成果不是考量教师教授了多少，而是考量学生领悟或感悟了多少、消化了多少、会用多少。施教者必须在传统施教方式基础上重视启悟教育，把激活、启发受教者的悟性作为施教的出发点和归宿。

就答疑解惑方式而言，启悟教育不主张通过大量讲述渠道，使学生经由听懂而明白道理；而是主张通过示范、实验、点评渠道，使学生经由模仿、练习、操作的体验感悟、领悟道理。启悟教育认同"听能明理"，认为"体验更能明理"。启悟教育更认为，让学生明白道理的最终目标不是能够复述、解释道理与规律，而是能够演绎、运用道理与规律。

要着力培养学生提出问题和解答问题的兴趣与能力。安排专门的时间，创造机会组织引导学生们相互提出问题与疑惑，然后让学生们大胆探讨和解答，利用学生们相互提出问题与疑惑，相互讨论和解答问题与疑惑的形式，激发和培育学生们的悟性（尤其是感悟）思维能力，激励学生们的学习兴趣、思考兴趣、研究兴趣。

（二） 为构建新需求施教

所谓新需求是指因社会发展和个人发展，产生的对科学文化知识的新的需求。

传授、告诉受教育者关于人类社会历史的、已成型的科学文化知识

是教育和施教者的重大任务。但是，培养和引导受教育者构建面对未来、开拓未来、经营未来的文化知识功能系统，更应该成为教育和施教的核心任务。将已有、已知的知识传授、告诉受教育者是一种赋能教育，启发引导受教育者去主动探索未知、创造未来也是一种赋能教育，为此，施教者先要研究和掌握社会发展产生的新需求，要研究和了解受教者未来发展对文化知识的新需求。进而依据新需求，重新整理、编排相对应的教材与教案，创建教育内容的前瞻性和预见性。然后将与社会和个人发展新需求相对应的知识原理和运用方法传授给受教者，使受教者能够学到更多新知识，做好知识储备，积累智能和技能，以便更好地面对未来、适应未来、迎接未来的新挑战和新机遇。

欲望型需求是教与学的结合点。受教者无需求则无兴趣、无求知欲、无求解念想，对无求知需求者施教犹如对牛弹琴；施教者无需求则无使命感、无担当、无自觉履职意愿，施教者无传教赋能需求则会词不达意、语不着调、乱弹琴。

（三）　以节点联通法施教

所谓节点，是指相关的两个（或以上）事物，能相互联通结合或相互排斥分离的那个点。相关性很强的任何两个事物（两个概念）之间，必然会产生品质元素的结合性或分离性，必然会产生性能的转换性，进而产生相互联通结合或相互排斥分离的节点。

节点联通法是指施教者通过深入浅出、简明扼要、言简意赅的讲授方式，将两种事物或两个概念之间的特性及其关系、联系的节点讲授给受教育者。同时传授识别和把握事物结合点与分离节点的方式方法，着力培养受教者的想象力、悟通力、创造力等超常思维能力。

（四）　注重培养学生的意志力

学生的意志力是自觉学习、专注学习、勤奋学习的前提条件。然而，离开对文化知识功能的深刻领悟，离开对文化知识功能与人生价值之因果关联性的深刻领悟，学生学习意志力的培养就难有成效。

（五）　注重培养学生的判断力

只有具备准确的判断力，才能制定出既符合个人智慧能力特点，又适应社会需求的职业（事业）规划；才能围绕职业规划，有选择性地集中精力和资源学习相关的科学文化知识。

（六）　注重培养学生的想象力

爱想象、爱联想才会激发创新意识、凝聚创造力。

启悟教育方式的创新、演绎，可以形成启悟咨询、启悟引导等启悟教育的新方式，应用于心理咨询、创业咨询、人生规划咨询、企业战略咨询等多个领域。

四、　启悟应对

应对，主要是指人们以某种方式方法，应对社会互动对象的需求、态度与运变态势。应对方式主要有评判应对、选择应对、适应应对、合作应对、竞争应对、逆抗应对、改造应对、创新应对等。启悟应对是指唤醒、启动悟性，以悟性思维去选择成本最低、最能产生功效的应对方式。相比之下，非悟性的智慧化思维总是以适合自身特点与需求为应对方式的选择原则；悟性的智慧化思维则总是以适合自己施展智慧，却不适合对方施展智慧为应对方式的选择原则。只有自己做得到而对方却无法做到，自己才有核心竞争力，才能胜而不败。

社会实践经验昭示：在与各类能量交换对象的互动应对过程中，开启悟性，思维海阔天空；悟性不启，万事碌碌无功。

（一）　启悟应对的核心理念

启悟应对的核心理念主要有二：一是取长补短、互惠互利；二是避长制短、以长击短、优胜劣汰。

（1）合作互助态势中的应对理念，是在深刻认知互动对象的长处与短处、需求与态度的基础上，与互动对象相互取长补短、友好合作、互惠互利，通过合作结成优强团队。

（2）竞争、博弈或敌对态势中的应对理念，是在深刻认知自己与对方的长处与短处、力量对比态势的基础上，避其长处、优势的同时，想方设法建立自己的优势，然后运用自己的长处优势克制、打击对方的短处，淘汰或战胜对方。

（二）　启悟应对的特点

相对于常性思维应对，启悟应对强调牢记自身需求，排除其他诱惑与干扰，根据对象特性和环境条件的许可度，在应对理念与方式上创新创造，减耗增效。可以说，启悟应对是一种超常而又创新、简易而又高效的应对思维。启悟应对主要有七个特点：

（1）超然应对，是指超越现状，站在双方或各方互动态势之上，从全局之高度和发展之角度，中肯分析与评判双方互动态势，选择利于大局整体发展的应对路径与方式。

（2）联通应对，是指使需求、知识或技能、难题三者相互联系相通。经常根据需求念想和探讨解决难题，就会很容易产生悟性灵感，形成解决难题的思路与方案。

（3）超常应对，是指应对那些复杂、强势、难缠的对手，应另辟新径，不按常理常规出招，在节点、时机、方法、方式等方面出其不意，让对手难以预料、难以招架。启悟应对重视运作超常性。通过运作超常性，发明、创造出可令对手敬畏的科技成果，研发并采用高性能的新工具、新设备、新手段、新路径、新模式，创建并维持优强的竞争态势。以对方最畏惧、最难承受的方式击垮对手，解决难题。超常应对是一种思路创新的悟性思维，经常能获得奇效、高效。

（4）优势应对，是指对于竞争对手，应集中己方资源能量于竞争对抗的节点上，以优强态势压制对手，赢取竞争。

（5）变通应对，是指对于那些用常性思路、常态方式应对而难有成效的对手，应及时改变思路、改变诉求目标、改变工具手段、改变应对方式。变通应对的关键是更新观念，以不变应万变行不通就应改为以变应变，使对手在变化中出错而受挫。

（6）借力应对，重视借智借力借势，整合具有超常性能的资源。尽早发现并掌控那些既具有超常性特征又可为我所用的资源（因素），如利益点、价值点、条件、机会、路径、方式和方法等。要尽早对这类因素进行整合，纳入自己对应的愿景目标规划，作为功能包或条件组合或二级解决方案储存备用。在应对互动对象的需求与态度时，重视借用对方或第三方的力量、资源和条件，增强壮大自己的竞争力、战斗力，保证互动应对行动成功。

（7）诱导应对，对于比较被动、消极迟钝的合作对象，或自作聪明、自以为是的竞争对象，最适合采用诱导应对方式。诱导对方一般有两个目的：一是按自己的意愿改变对方；二是迷惑对方，为自己获利获胜创造条件和机会。诱导应对的要点是：

①给对方设立、传递一个与其需求目标强相关的能量标的或信息，激发并吸引他的兴趣爱好。

②给对方暗示，传递一组简易高效的获利渠道与方式的信息，引导对方的思路和着力点。

③给对方提供一个可谋大利、可获大胜的机会，引导对方深信不疑，尽心尽力去抓住机会。

④对那些顾虑重重、压力沉重、丧失信心或偏执保守的思维对象，诱导其解开疑惑，放下心理包袱，跳出现行思路与思维模式；另辟新路，另立需求目标，选择能够发挥自身优势的谋利渠道与谋利方式。

第三节　悟性思维

一、　悟性思维的概念

悟性思维是指在悟性主导的心理状态下，认知真相和真理，调适自我，努力化解难题障碍，创新进取，高能高效实现需求目标的心理思维活动。悟性思维以常态事物信息的难题（超常性、超常点）、新生事物信息和未知事物信息为思维对象，充分运用知识和经验，超越现实常态去探究未知，将思维基点提升到各方态势、利益诉求、环境条件的结合点之上，着力打造新愿景和新的利益链，追求利益和价值最大化。悟性思维导致悟性智慧，导致智慧提升。

二、 悟性思维特性

悟性思维是一种能够发现和悟通事物运变的超常性和可能性，并将超常性转变为创造性，将可能性转变为现实性的思维方式。

悟性思维有四大特性：超常、悟通、一心多用和创新创造。

（一） 超常

悟性的超常特性有两方面的含义：一方面是指以发现认知和运用事物的超常性为使命。悟性思维对事物稳定的特征和常性常态不感兴趣，而对引发事物失衡的超常性超常点、难题障碍特别感兴趣，对引发事物之间关系失衡的超常相关性（超常结合性、超常分离性）特别感兴趣，对事物运变过程产生超常利益、超常价值的可能性特别感兴趣。悟性对事物超常性的认知，能够引领人的兴趣，引领人的需求取向、利益价值取向、人格态度取向。另一方面是指以超越常态常规的视角思考问题。悟性思维能够让人站在现实基础之上，超脱眼前利益好处、眼前事务、当下态势的诱惑和干扰。从超常层面和角度分析当下、设计未来，以超常手段和方式解决常性思维不能解决的难题。

（二） 悟通

悟通也叫明悟或悟明，是指由疑惑到明白、由阻隔到通达，触类旁通，心理思维与思维对象相通达。可见悟性思维的本质是通达思维，因此可将悟性思维称为悟通思维、通达思维。所谓悟通思维是指：①通达真相和真理，使心理思维一端与事物真相联通，使思维能够从实际出发，实事求是；一端通达真理，认知事物的本质和规律。②通联与自我需求相关对象的益利性能获取的路径与方式。③通达对思维对象的需求，知晓思维对象的需求动机与目标，制定应对措施，做到凡事都能预见，都有预案。④通达未来愿景，悟性思维总能把当下的诉求与未来的愿景连接联通，赋予当下思维与行为积极的意义和价值，成为实现未来愿景的条件和手段。

悟通思维是破解难题的"灵感"思维状态、"通灵"思维状态。这种心理思维状态不是想要就有的，更不会经常出现，只有在角色使命担当意愿强烈、诉求与愿景目标明确且排解难题的欲望强烈时，悟通思维状态才会出现。一旦进入悟通思维状态，难题的因果关系，解决难题的条件关系和办法就会一一显现。

（三） 一心多用

一心多用是指一个人能够同时专注、同时践行操作多个事项；或能够做到专注一项同时关注多项，在做好一项的同时预设一项或多项的解决方案，提前做好切换项目的准备。一心多用导致的思维与工作的高效率是非悟性思维望尘莫及的。

（四） 创新创造

创新创造即创造性思维，是指打破思维定式，想他人难想通的事、做他人难做成的事。创新创造包括发明、发现、创新和创造，是想象、规划、设计及其努力践行兑现的过程和结果。创造性思维是与常性守成思维相对的一种思维活动。它能突破常规和传统，不拘于现有的结论和现状，以新颖、独特的方式解决新的问题，具有开拓性、独创性、先进性、灵活性等基本特点。主要有横向思维、求异思维、发散思维、逆向思维、联想思维、想象思维、规划思维、设计思维等表现形式。创造思维源于悟性思维及时发现事物新的相关性，创造思维贯穿于悟性思维的整个过程及各个面向。创新创造的冲动与念想来源于对"双需"的领悟。一需即自我内心的需求，二需即互动对象的需求。无欲不想创，无悟不能创。

悟性创造思维以创造发展条件为使命。悟性的创造不是以解决多少问题、获得多少利益为目标，而是以解决问题、获取利益为手段和平台，以创造发展条件为目标和使命。悟性创造的一切成果都将及时转化为实现更大目标的条件和手段。

三、 悟性思维层级

依据悟性在心理思维过程中的权重，可将悟性思维能力分为高强级、中级、低弱级三个层级。

高强级悟性思维的主要特点是：①对大家都很关注的课题，很容易

进入悟性思维状态，诉求明确，思路清晰；②在一个群体中比他人更能认知和运用事物的超常相关性，观点、结论和解决方案更能令人信服；③在竞争对抗中更能创建优强态势，能快速找到克敌制胜的手段和办法；④对未来愿景规划设计能力更强；⑤善于发明发现、善于创新创造；⑥战略思维、全局思维、资源整合统筹思维能力更强。具备上述一个以上主要特点，就可被认为悟性思维能力高强；能将几个主要特点集于一身的人，是非常优秀和令人敬服的；将上述六个主要特点集于一身的人，是极其罕见的。悟性思维的最高境界是通过创新创造改变现状、打破旧平衡，并在更高层级上建立新平衡。

低弱级悟性思维与常态思维、一般思维没什么明显的区别，智慧含量较低。在与思维对象的能量交换互动中，从认知、评判到应对的各个环节，都按部就班，按既定程序和规则循序渐进，不愿打破平衡，少有新的发现和突破，言行表现总是那么平淡、常态，偶有意外收获。

中级悟性思维介于高强级与低弱悟性思维之间，其程度因人而异、因时而异、因事而异。中级悟性思维智慧含量较高，能够使人在团体生活中保持中等的智慧水平，能胜任角色职位，能较好地实现个人需求和团体需求，能较好地创造和实现人生价值。

第二十一章　悟性思维的性能

悟性思维对人的智慧提升有五大贡献：一是通过超常认知，迅速准确认知与需求相关事物的真相、本质和运变趋势，无限拓展智慧思维领域；二是能够解决常性智慧不能解决的难题；三是悟性思维能够使常性智慧的各个思维系统的能量依需求相互转化，使各个思维系统的性能不断地改进和提升，因此可以说悟性思维是操纵智慧的智慧；四是设计愿景规划未来；五是开拓创新经营未来。

我们可以将悟性思维的主要性能概括为八大项：超常认知性能；诱导性能；对超常性的整合运作性能；媒介联通性能；对思维能量的转化性能；愿景规划性能；创新性能；自省性能。

第一节　超常认知性能

悟性即心理思维的超常性；常性即心理思维的惯常性、平常心。超常性与常性是一对从正常与非正常两个思维领域反映心理思维对立统一关系的智慧学范畴。常性是指人对常态（已知）事物信息的心理思维活动长期积累沉淀和养成的惯常性质与功能。常性标志着人的心理思维对事物信息习以为常的习惯性。习不以为常则是超常性（悟性）。

事物信息总是已知、在知、未知三大能量源混合在一起，总是益利功能与损害功能相随相伴在一起，以信息簇、信息包的形态作用于人。

人的智慧化思维体系为反映和应对事物信息，建有两套认知系统（两条途经）：一是常性认知系统，二是超常认知系统。

常性认知系统，是指以已知世界的惯常对象、常态特征、常态相关性、常态性质与功能为主要认知对象，以符合社会规范的样本为手段，通过正常的学习理解方式和实践体验方式，实现对事物及其变化的正确认知的惯常认知系统。

超常认知系统，是指以未知和在知世界的超常对象、超常特征、超

常相关性、超常性质与功能为主要认知对象，以现有样本及其概念和原理为工具手段，通过悟性的学习、想象与研究的思辨方式，实现对事物超常性、超常点和超常变化的正确认知的超常认知系统。想象、联想、思考、研究都是超常认知的思维方式，悟性的超常认知也因此而经常被称为想象认知、联想认知、研究认知、思辨认知，使未知的多点之间能够联通、通达、结合，是想象认知、研究认知、思辨认知的神奇性能。

常性认知以现有的样本、体验为标准或参考，去认知与需求相关的能量交换对象及环境条件，认知各种能量平衡关系的变化，认知能量交换方式，认知能量转化方式，认知能量平衡关系的构建方式，认知践行操作方式。常性认知对能量信息的理解和解释，注重事物功能的益利性和损害性。常性认知受利益驱动，从自我当下的利益诉求出发，以当下现实为起点，以利益或价值目标为终点。常性认知是以认知、经营现实和现在为取向的惯常思维。

超常认知运用常性认知成果，通过想象和研究进行愿景目标的规划，为自我设立奋斗的旗帜和标杆。超常认知以实现愿景目标的各个层级的必要条件为认知对象，站在各方需求的结合点之上，去考量和研判创造新利益、新价值的可能性。超常认知是以寻找新的利益价值源、认知未来、打造未来、经营未来为取向的悟性创新思维。超常认知最突出的优势，是认知思维对象的超常特性及其与自我需求的益损关系、条件关系。

超常认知对信息的理解和解释，注重事物功能益利性或损害性的演变规律和可掌控概率，属于抽象、概括性理解和解释。它使悟性思维更具逻辑性、理性、准确性，更具深度和高度；使理解更接近真理，解释更接近本质和规律。

两套认知系统互相依存、互相包容、互相转化。常性认知是超常认知的基础、出发点和归宿点。无常性就无所谓超常性。超常认知的思维成果向常性思维转化并沉淀，利于对常性思维的改造升级。在对事对人的具体认知功能上，常性思维主要因应和解决正常生活、正常工作范围内的常态问题。悟性思维主要因应和解决常态范围的新、难、异、特问题，也即常态范围的超常问题。超常认知操控常性认知并为常性认知导航。

常性和超常两套认知系统互为样本、标杆、参照系，人们会因事因时依照适用原则择用其一，或两套认知系统转换运用。但是，在一个人身上的常性认知功能和超常认知功能往往是偏重其一而难能平衡的；双高者可做领袖，双低者难成大业，严重失衡者多数有专长特技。常性认知能够获得经验技能和知识智能，造就常性思维的人格应对能力、文化知识学习能力、实践操行能力、执行能力和管理能力等常性智慧。超常认知能够参悟原理和规律，造就悟性思维的思辨能力、通解通联能力、转化变通能力、策划能力和统领能力等超常智慧。

需要强调一点：常性认知和超常认知是相对的、动态变化的。对某个人而言是常性认知，对另一个人而言可能就是悟性的超常认知了。

第二节　诱导性能

悟性思维的超常特性，使得悟性特别容易被超常的能量信息激发和诱导。悟性思维的诱导性能包括诱导他人和被他人诱导。诱导他人，是指对特定对象释放与其需求强相关的超常的能量（利益、好处）信息，吸引他的情感兴趣与爱好，让其深信不疑地按你的提示行动。被他人诱导，是指对来自他人释放的超常的能量信息特别敏感，特别容易转移利益价值取向和兴趣，特别容易对获取超常利益价值的方式和理由深信不疑，心甘情愿按他人的提示行动。

在日常生活和社会人际互动中，人们的兴趣很容易被他人出示的超常的利益价值标的所诱导。人们的兴趣总是喜欢超越当下利益价值，强烈关注未来的愿景，追求当下与未来达成无缝连接。只要设计一组目标愿景及其程序与规则，使之与思维对象的需求强相关，能够产生相互结合的吸引力，就能把思维对象的兴趣诱导过来。因此，先进的科学技术、工具手段对社会大众具有强大的吸引力和思维诱导性能。

对兴趣的诱导包括激发、吸引、改变、引导多种形式。运用悟性性能诱导思维对象兴趣的程序步骤主要是：

（1）提示、出示或想象一个与对象的需求强相关的利益能量体信息，或一组能通过交换获取利益满足需求的程序（方式方法）。

（2）将利益标的或程序（方式方法）与对象的需求紧密连接连通。

（3）引导对象认知需求与这个利益标的的因果条件关系、逻辑关系。

（4）将这一组利益标的与需求的因果条件关系，编列成可控可操作的程序步骤，称为因果关系程序化。

（5）引导或组织对象尝试践行程序。

至此，对象的兴趣和精力已专注于尝试践行通过交换获取利益、满足需求的程序。

悟性的诱导性能有强弱之分。弱诱导很难让对象深信不疑，强诱导才能让对象深信不疑。

第三节 对超常性的整合运作性能

每个人都遇到过在疑惑面前百思不得其解，在难题面前一筹莫展的困境。造成这种困境的根本原因，就是对事物超常相关性知之甚少。

事物的超常性即事物的超常相关性，是指隐含在事物常态相关性背后，等待条件与他事物发生相互作用关系的性质，也即当前未被常性认知发现或当前未显现，未来可能显现的那些可能性。这种未成现实的可能性，常性思维、常性智慧是难以发现、难以认知的。所以，当这些可能性转变为现实性难题时，常性思维、常性智慧就必然会感到意外、感到迷惑、感到束手无策。

事物的超常性和超常点是悟性思维的主要对象，悟性思维以其超常认知性能和悟通思维性能，通过换取向、换角度、换层级、换思路等方式，发现、挖掘、创建、运作事物（事件）的超常性、超常点，达成与常不同、与众不同的发明发现和创造。悟性思维对事物超常性的整合运作主要体现在六个方面：

（1）发现和认知事物的超常性，并将其挖掘出来、提示出来，予以质疑和解释。悟性思维特别重视搜集、分析和研究思维对象运动变化的新情报、新信息、新特点、新性能、新动向。

（2）从多个因超常性引发的矛盾中，找到并抓住一个超常性最强的主要矛盾。整合和运作资源与智慧能力，集中突破排解主要矛盾，为其他次要矛盾迎刃而解造势、创造条件。悟性智慧的性能，可以有效防止对多个矛盾平均使用资源和智慧，避免浪费时间、浪费资源、浪费智慧能力。

（3）创建和塑造事物（事件）的超常性、超常点，将其描述并表达出来。

（4）将相关事物的超常性、超常点联结联通起来，继而将超常性、超常点与原有的常性常态联结联通起来，使其相互作用；然后将其整合运作成新常态、新形象、新功能、新系统、新事件、新结构、新事物品种。

（5）将事物的超常性、超常点转化运用为创新创造的手段、平台和条件。

（6）及时发现和运作合作对象图谋分离的超常性和超常点，及时采取防范措施，以防不测。及时发现和运作竞争博弈对象标志短处和弱势的超常性、超常点，及时采取针对手段将其击败。

很多文学作品、艺术作品、创新项目、创新成果、发明创造，就是通过对思维对象超常性的整合运作而产生的；很多合作成功案例、竞争博弈取胜案例也是通过对思维对象超常性的整合运作而实现的。

第四节　媒介联通性能

悟性思维的媒介联通性能，是指将与需求有强相关性的事物（元素）媒介联通，形成有序的系统（利益链、价值链），使其能够相互作用交换能量。

悟性思维的媒介联通性能主要体现在四个方面：

（1）依据相关性（含常性与超常性）尤其是因果链、利益链相关性，为各思维对象的能量交换寻找、推介合适的对象，给出各方的结合点，为他们传递信息及其能量，并提供平台、机会或通道。帮助各相关方构建起有序的交换系统（利益链、价值链），实现有序的能量交换，并减少能量交换的盲目性和耗损。

（2）通过媒介联通，把原先不相关的各方变成强相关的对象，为他们开展相互合作、互惠互利的能量交换活动开辟新径。

（3）通过牵线搭桥，发布强相关信息，达到诱导、利用甚至操控思维对象的目的。

（4）及时发现和揭露强相关思维对象，释放损害能量的超常性、超常点，广而告之；使各相关方及时采取防范措施，规避危害；敦促释放损害能量的思维对象改邪归正。

第五节 对思维能量的转化性能

在没有悟性参与的心理思维活动中，心理思维感知接受的能量（信息）总是无序地存储在记忆系统中，习得吸收的真理性内容不能转化成方法论，很难内化和转化成思维性能（性质与功能），记忆的能量信息用不上或不能运用，因此很容易遗忘和丧失。只有在悟性的参与下，才能通过识别和理解感知接受的能量（信息），有选择、有序地予以存储记忆，并将习得吸收的真理性内容转化成方法论，进而内化、转化成思维性能。悟性的高低强弱决定外源能量内化的质与量。

悟性思维对思维能量的转化性能，主要体现在四个方面：

（1）将心理思维感知接受的外源能量信息，有选择地内化为常性思维性能，悟性思维的第一次转化，是将内化形成的性能组合配置成常性思维的单项能力；悟性思维的第二次转化，是将常性思维相关的多种单项能力组合配置成复合能力。

（2）推动和实现心理思维内部各个思维品质之间、各个思维系统之间和各个智慧体系之间的智慧能量转化。如将人格的情感品质转化为意愿品质；将人格道德品质转化为情感品质；将动机与决断思维系统的智慧能量转化为构建人生态势思维的智慧能量；将办法思维系统的智慧能量转化为创造人生价值思维的智慧能量；将知能智慧转化为人格智慧；将悟性智慧转化为人格智慧；将人格智慧转化为需求智慧。通过悟性思维的推动，使智慧化思维的各个品质、系统和体系，内部结构得到及时的调适和完善，性能和功效得到及时的提升。

（3）将思维成果转化为实现愿景目标的工具、手段或平台，将真理转变为方法论，为愿景目标的实现做足准备。

（4）通过整合、运作竞争与博弈对手的短处和弱势，将对手的优强态势转化为劣弱态势；将我方的劣弱态势转化为优强态势，进而转化为胜势。

第六节　愿景规划性能

悟性的愿景规划性能可称为悟性的愿景规划思维。

在人的整个智慧化思维过程中，除了需求、知识、观念、智能、智力、情感、意志等动力源的驱动外，还有一股愿景目标的吸引力和媒介力在强力地拉动，引领着各个智慧化思维系统的运变与升华，这就是悟性思维的愿景规划性能。

愿景规划性能集中体现了悟性思维超常、通达和创造的三大特性。把已知与未知、把经营当下与创造未来、把常性与超常性、把现实与理想、把个人需求与社会需求联结联通起来，使各要素的能量集中于一个目标链，并使目标和条件相互转化，形成一个完整的动机思维预案，为整合适配当下资源与智慧能力，提供一个具有强大吸引力的愿景目标。

一、　愿景规划

愿景规划是指提前对人生或团体组织未来一个较长时段，应该实现的目标及其过程作描述和规划设计。愿景规划常被称为人生规划、战略规划、中长期目标设计等；是立志创造未来、经营未来、经营愿景的悟性思维过程；是对下一个较长时段最应该干什么、怎么想、怎么干的解决方案。愿景规划是悟性思维综合能力的集中表现和高级形态。

值得审视的是：在逻辑思维上，愿景规划是试图从概念原理中推出实在，使事物的演化运变服从于人的思维构造出来的规制；在哲学思维上，愿景规划是在对思辨的辩证研究中预测到了事物演化运变的某些规律，试图通过实践方案的设计与操作予以证明。可信可行的愿景规划，应该是先主观认知客观，后客观验证、修正主观的悟性思维模式。

愿景规划性能的主要任务是：

（1）充分表达高级需求和理想，树立一面旗帜，给定一个奋斗目标，给定一条明晰的发展思路。

（2）为个人打造事业平台而整合资源、准备条件；为团体组织整合和建立资源链、利益价值链提供理论依据。

（3）建立激励源，约束自我惰性，坚定信念向前看、向前走。

二、　愿景规划思维过程

悟性的愿景规划思维也可以称为必要条件双向思维，是指以愿景为出发点和归宿地的逆向、顺向双向结合的超常思维过程；是一个将内驱力与拉引力相结合，悟性思维主导并引导常性思维的思维过程。

愿景规划（见图 21－1）思维过程主要可分为四步：

（1）首先明确自己究竟想要什么、能要什么，然后将其规划设计成一个愿景。

（2）以愿景为总目标，进行逆向思维，给出愿景实现的必要条件。必要条件必须是客观而又符合规律的，不是主观臆断的罗列。

（3）以总目标实现的各个必要条件为各个分目标，再给出各分目标实现的必要条件。如此类推，构建实现愿景的必要条件链。

（4）转换思维取向，变逆向思维为顺向思维；以当下态势为思维对象，整合配置资源条件；从分别满足最下一层的各个必要条件做起，逐层逐级向上，直至满足愿景实现的全部必要条件，愿景就得以实现。

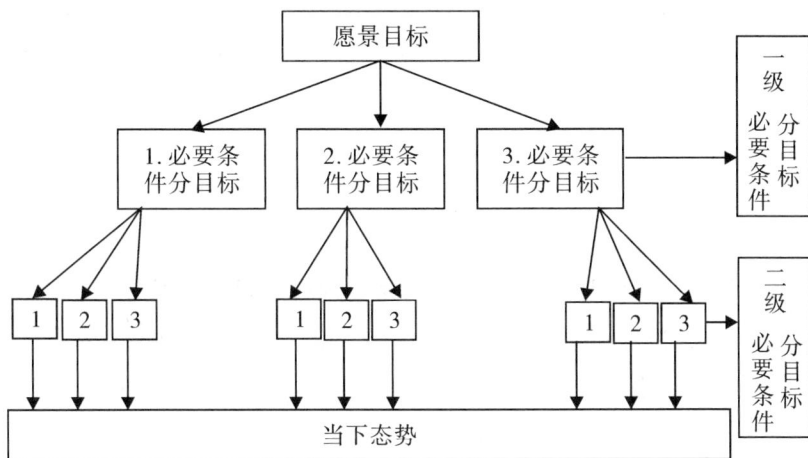

图 21－1　愿景规划图

说明：①愿景目标的实现依赖于一级必要条件的成立。②愿景目标的一级必要条件同时又是一级分目标，是二级必要条件的目标。③一级分目标的实现依赖于二级必要条件的成立。④二级必要条件同时又是二级分目标，是运作当下态势要实现的直接目标；当下态势中蕴含的资源条件，也就是实现二级分目标的必要条件。

三、 愿景规划思维的精妙功效

悟性的愿景规划思维，在实际的工作和生活中有很多精妙功效：

（1）站在愿景规划的高度看问题，也即站在未来的角度看当下，这相当于站在当下回头看过去的经历，极易获得对人对事的真理性认知；复杂、多变的问题也会变得简明有序，极易抓住要点、主要矛盾。明白了各种因素在问题中的角色地位和功能作用，就能超然通解找出解决办法。

（2）在竞争、博弈中，站在双方（或多方）愿景的结合性、结合点之上，很容易看清对方愿景目标必要条件的互补性或相克性。如果能授予对方实现愿景目标的某个或某些必要条件，则可诱导其悟性和需求；如果破坏或阻隔对方实现愿景目标的某个或某些必要条件，则可轻易战胜对方。

（3）养成愿景规划思维习惯，用于工作单位的职业人际交往与沟通，可以迅速而又准确地判断同事的某个观点意见的真实意图，尤其是上级领导的某个指示意见的真实意图，其实就是求取其愿景目标的某个必要条件。在此认知的前提下，你给出的意见和建议必中其下怀、得其赏识或笑纳。愿景规划思维能力强的人，总能站在领导和单位愿景的高台视度思考问题，适时适度地展露才华，创建自我发展平台，获得更多的发展机会。

（4）给自己做人生规划、项目设计、工作计划、学习计划或儿女教育规划，使愿景目标成为激励自己前行的强大吸引力，让自己所做的每件事都有明确的目标和意义，都是在为实现愿景目标创造条件。愿景规划思维能让人们胸怀远大理想目标，经常被愿景吸引和激励而充满激情；自觉抑制懒惰、松散、贪图享受、不爱学习、不思进取的负面品质，经常保持乐于学习、乐意付出、全心全意为愿景目标拼搏的精神状态。

（5）愿景规划思维也是为自己建立信仰的思维过程。信仰的本质就是坚信和坚守一个愿景。拥有并坚守自己的愿景规划，就会坚信自己能够掌握自己的命运，就不会随意将别人授予或授意的愿景立为自己的信仰。但是，愿景规划思维能力弱的人，根本无法完成可作为信仰的愿景规划，他们难有坚定的信念，青睐并将别人授予或授意的愿景立为自

己的信仰。在任何一个团体、群体甚至家庭，谁能获得愿景的规划设计权，或谁的愿景规划方案被采纳，谁就获得了这个团体、群体或家庭的主导权。此外，能积极参与团体、群体或家庭愿景的规划设计，积极参与践行愿景目标的过程，就能更好地实现自我需求和愿景目标，创造更大的人生价值。

（6）愿景规划思维把现有的可控资源条件转化为实现愿景目标的工具手段，引导思维的兴趣、注意力转移到工具手段的制作与运作上，这种充满创新创造的思维过程足以使悟性保持高强态势，使思维功效也保持高强态势。

（7）把当下的努力、付出、劳动及其获得的成果转化为实现愿景目标的条件。这就为当下的辛勤劳动和付出授予了超常的意义和价值，让践行愿景的参与者一步一个脚印，真切体验到过程和结果的双重成就感和满足感。

第七节　创新性能

悟性思维的创新性能，可称为悟性创新思维。主要指悟性思维以新事物、超常性为思维对象、思维目标，积极主动地超越常规，打破局限，谋求改变低能低效的事物结构方式、事物的性能作用方式及其运变态势，创建新的高能高效的事物结构方式、事物的性能作用方式及其运变态势，实现事物品质与性能的重大更新和创建，开拓新的局面。悟性创新的核心是结构创新、性能创新，性能作用方式创新、态势（局面）创新。悟性创新，不是指那些常性思维的被动、零散、表面的小改变与小调整，而是指那些主动更新观念，主动确立创新主题，有愿景规划、有重新整合配置资源的措施，谋求从根本上改变现状，除旧立新的创立与创建；是指那些主动谋划开展的发明发现和创新创造。以创新思维的智慧含金量来衡量，凡是不触及事物本质、不改变事物根本性能的调整、重组、变换都不属于悟性创新，都不是悟性思维的创新性能，而仍然属于常性思维范畴内的量性改变式的创新。但是，悟性创新思维与常性创新思维可以相聚相融于一个选项、一个目标之中，获得从量变到质变的渐进过渡的美感。

一、 悟性创新模式

不论在自然科学领域，还是社会科学领域，抑或是思维科学领域，悟性思维都会通过超常认知，不断发现新事物或事物新的相关性、新的运变性质和原理，从而不断发现新的创新主题和创新对象，归纳整理出新的创新模式。我们可以将千百种悟性创新概括为四大模式：

（一） 结构创新模式

结构创新又可分为内容（内涵）创新和形式（外延）创新。结构创新的思维前提，是认知通晓现结构的标准、规划和运变态势。知晓现结构的缺弱短劣，才能有的放矢，补缺扶弱，补短除劣。结构创新模式是要通过改变、重组、新建事物结构或系统，创建新的内容或形式，进而引发事物性能的创新改变或程式的创新改变。结构创新通过对创新对象基本结构的内容或形式进行重大改革调整，改变各品质（元素）尤其是主要品质（元素）在结构中的权重，改变内部各品质（元素）的序位和协调机制，改变创新对象对外释放能量的方式，改变创新对象与其他相关对象的结合方式和相互作用方式。实现对创新对象结构的重建或新建，完成创新对象的质变演化，以新事物代替旧事物。通过构建新的事物结构，创造新的事物性能和运作方式，实现以新的事物代替旧的事物。在结构创新模式中，有一些属于性质的量变创新，有一些则属于性质的质变创新。

（二） 制度创新模式

制度创新模式是指改变创新对象之间相互交换能量的渠道、方式、规范和规则，剔除阻碍和损害能量交换的因素，建立新的能量交换渠道、方式、规范和规则。通过制度创新激发创新对象的强大性能，压制和消除创新对象的损害性能。

（三） 条件创新模式

条件创新也称为环境创新，是指通过重新整合配置资源，改善或变换创新对象运行和发挥性能作用的条件、环境，使创新对象的运行获得

更好的条件、更好的平台、更好的环境，从而发挥出更优更强的性能作用。条件创新还可以通过将新获取的成果及时向新条件转化的方式来实现。

（四） 态势创新模式

态势创新是指在双方或多方的竞争态势中，通过加注、消减某些关键因素或条件，改变其中一方参与对比的能量比重，实现这一方在竞争博弈中的态势转换，构建于己有利的竞争与博弈态势。一般地讲，在两方或多方的竞争博弈中，任何一方的一项举措只能改变一方而非双方或多方的能量比重，可以是改变甲方的能量比重，也可以是改变乙方的能量比重；可以是增加增强能量比重，也可以是减少减弱能量比重。态势转换，可以是使之由劣势弱势向优势强势转换，也可以是使之由优势强势向劣势弱势转换。总之是使整个竞争博弈态势向有利于己方的方向转换。

二、 悟性创新的基本思路

思路，是指对一个主题事物（事件）的思维路线、程式。思路的构建过程，是先研究一个主题事物（事件）的结构特点，然后找出与相关事物（事件）的内在联系，找出这个主题事物（事件）向愿景目标转化的可行性，作为设计动机预案的向导和路径，构建成从当下事件、预案向愿景目标运变的清晰思路。思路构建的是关于价值取向的路径，是当下态势与愿景目标的通道。它决定着针对愿景目标的规划取向和行为取向，是自觉行为的指南。

悟性创新的思路，是在超常认知和悟通思维的创意指导下，从实际出发，把愿景目标与现实环境条件、自身实力、可控资源联结起来，围绕构建新的利益链、价值链，谋划设计实现愿景目标的方案的思维路线、程式和步骤。

不同环境、不同行业（职业）、不同角色地位的人，他们所站的位置、高度和角度各不相同，导致他们具体的悟性创新对象、悟性创新目标和悟性创新思路也各不相同。

我们可以将悟性创新的基本思路概括为七步（见图 21－2）：

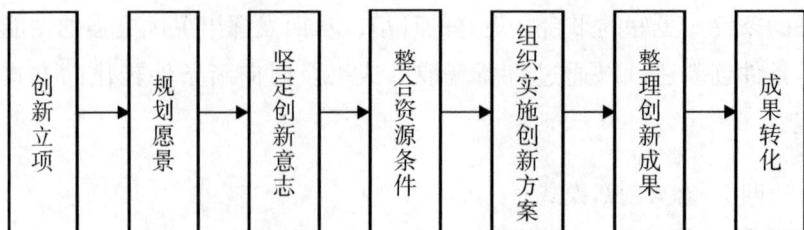

图 21 - 2　创新基本思路七步法

第一步，创新立项。创新立项主要有两条路径：一条路径是启用悟性思维性能，设计创新的课题和项目；另一条路径是运用创造技法，确定创新的课题立项。创造技法是指激发人们创造力的各种技术方法。据《辞海》（第六版第 264 页）介绍，经世界各国归纳开发的常用创造技法主要有四种：

（1）检核表法，根据需要解决的问题，用一览表列出各种思考项目，逐一研究讨论，以获得解决问题的关键和创造发明的启示。

（2）缺点列举法，寻找某种产品的缺点，有的放矢地加以改进。

（3）希望列举法，收集人们对新产品的希望和要求，加以归纳，从中选择有生命力的希望点，提出具体的创造发明或改进方案。

（4）形态分析法，亦称"排列组合法"，将不同产品的形态结构、参数值列举出来，进行各种排列组合，从中选择合乎需要的有价值的方案。

通过运用创造技法的甄别，将急需创新的课题立项确定下来。

第二步，规划愿景。根据创新的课题立项，建立可行的创新规划，明确愿景目标、创新任务、创新标准、创新程序和步骤，形成可行的创新方案。

第三步，坚定创新意志。任何真正意义上的创新实践活动，都不会是一帆风顺的，都不会那么容易就梦想成真，都会充满艰难险阻，一路坎坷。因此，需要坚定的意志和持之以恒的毅力。坚定的意志主要包含：

（1）坚定地更新观念，抛弃旧的落后观念和保守观念，树立创新理念。观念不更新就无兴趣创新，反而有兴趣抵触创新。

（2）坚定果敢的行动意念。意念不坚定，就不能自觉抵御其他诱

惑，兴趣和精力就不能专注于创新，创新就无持续的动力。

（3）坚定的信念。信念不坚定，遇到困难就会怀疑自己的选择，怀疑自己的能力。因此要坚持相信自己的选择，相信自己的能力，相信通过自己的努力一定能够实现愿景目标。

（4）坚定克服困难的勇气和决心。向困难低头，创新就会夭折、半途而废。因此要始终保持克服困难、战胜艰难险阻的勇气和决心。

第四步，整合资源条件。将各种可控的资源和条件整合配置成配套措施，构成良好的创新条件，有序有力地为创新方案的实施提供支持和保障。

第五步，组织实施创新方案。成立专门的团队，集中人力物力财力，组织实施创新方案，逐步完成创新任务，逐个实现创新目标。组织要有力，指挥要畅通，执行要紧紧围绕创新主题，做到有序展开、高效运作。

第六步，整理创新成果。创新成果的核心意义是将未知变成在知，将在知变成为已知。在转化过程中，必然还有很多不够完善、不尽如人意的地方。因此，要对创新成果进行系统的归纳整理，及时地予以改错和调适，并使创新成果尽早地原理化、系统化，具备推广应用价值。

第七步，成果转化。创新的最终目的是成果的应用与推广，让成果益利社会。要尽快让创新成果融入生产和生活，成为生产或生活更高效的工具手段，有序地持续地为人们的生产、生活释放益利性能。

从悟性思维创新性能的解读中，可以得出一个结论：在悟性思维能力优强的智慧态势下，人们的智慧完全可以对所辖范围内的各种社会环境条件、社会事物结构、社会事物性能、各类思维对象的竞争与博弈态势，施行有效的引导、操控和创新。

第八节　自省性能

自省是指自我评价、自我反省、自我批评、自我调控和教育，是孔子提出的一种自我道德修养的方法，出自《论语·里仁》。人生有千难万难，自省自悟是第一难。人的常性思维有一种由思维定式和惯性累积的观念：认为自己总是对的，错误总是别人造成的，失败总是环境条件不如意造成的；总在想方设法去改变他人、改变环境，使环境和他人适应自我、服从自我；很少思考如何改变自我，如何去适应他人、适应环境。这种犯错不知错还自以为是的观念，是自己为自己精心设计的人生第一大障碍，这也正是常性智慧的最大局限。解除这种观念的束缚，就是悟性自省思维的使命。

自省是一种主动自觉的反思、释怀与超脱，是悟性对外因与内因地位逆转、因果功能转换的顿悟。当遇到无法改变环境、无法改变别人的困境时，悟性就会启动自省性能，通过反思调适自我、改变自我。自省思维要求认同并锁定客观条件，以首先改变内因的理念代替总想改变外因的理念。

自省思维的关键是知错，即认知自己的错误与缺点。实现知错主要有四条途径：第一条途径是通过学习获得真理性认知来修正或替代原有的错误认知；第二条途径是听取和采信师者、达者的观点，通过分析比较发现并修正自己的错误认知；第三条途径是通过"吾日三省吾身"式的自查分析与思考，发现自己的错误；第四条途径是从失败和挫折中分析与思考，通过省悟发现自己的错误。知错即改是悟性自省性能的最终目标。

自省思维的主要任务：

（1）超越正确的自我，经常否定自我、调适自我，为悟性思维抒发功能建立超然心态、空杯心态。

（2）在失意失势的逆境中反思。造成失意失势的因素一定是常性思维难以认知和应对的难题和障碍。此时，应该改变观念，激发和启动悟性的超常认知性能，找到能够真正解决问题的超常结合点，实现竞争博弈态势向优强方向转折。

（3）在得意得势的顺境中反思，戒骄戒躁，保持冷静，保持清醒。警惕常态思维对象产生不利于自己的超常性、超常点，防范由超常性、超常点的损害性能生发的风险和危害。

（4）经常感悟、分析自身智慧能力结构状况，及时发现自身的不是，找到弥补的办法，从更高更新的视角和层级，为自我超越、自我提升提供更高的标准和目标，及时发现不足，找到努力改进和提升的新路径。

（5）实现自我调适。调适即调适思维的品质结构，尤其是人格品质结构。调适人格品质结构不应以完善、优质为目的，而应以适应为目的。适应即适应自我需求、适应社会需求、适应环境需求，把不适应需求的人格品质调出去，把适应需求的人格品质调进来。通过调适，使人格思维智慧化。

通过自省调适，才能修炼出高水平的智慧，把自己的命运掌握在自己手里。

第二十二章　办法思维

　　办法是认知、分析和解决难题，实现需求目标的技法、方法和圆法的统称。难题和办法是一对矛盾，凡有难题必有解决办法。在日常生活和社会活动中，办法通常指可行的路径、方式和办事的方法与计谋，包括那些按一定路径和方式，运用工具手段认知难题、分析难题、解决难题的技巧、技艺、方法、计谋、对策、策略、谋划、算计。由于办法的目标是认知、应对思维对象的变化，促使能量向需求目标转化。因此，可将办法称为知变术、应变术、转化术。

　　办法思维有三个要点：一是制造和运用工具手段，包括根据需求制作和选用工具；将强相关的客观资源、条件、人际关系转化为手段；将心理思维系统的相关品质性能组合构建成工具手段；有的放矢地使工具手段与难题障碍相结合，即运用工具手段解决强相关的问题。二是为解决难题障碍和实现目标创造条件。通过建立和创造条件，将当下的努力付出和劳动与目标紧密联系起来，形成因果关系、必然关系。又将相关各方（小团体）的努力付出和劳动与全局共同的目标紧密联系起来。为各方同心同德、合作协调提供充足的依据和理由。三是为对手设计、制造难题障碍，阻碍对手解决难题障碍，以便消耗对手的力量与资源，削弱或解除对手的优势，让对手陷入困境，为战胜对手创造条件。

　　办法思维主要指为认知难题、分析难题、解决难题的谋算思维，是制订解决方案并组织实施、保证实施的思维过程。办法思维在智慧（思想）体系中，是运筹帷幄、方圆在胸、进退自如、成败皆可控的功能包、功能库。包括制定目标的办法、分析难题的办法、寻找或制造工具手段的办法、解决难题的办法、防御风险的办法、拓展功效的办法、制约办法的办法、保证办法实施的办法、制定办法的办法等，无事不及。

　　办法思维是悟性思维的各种性能灵活运用、有的放矢的结果。办法思维能力的强弱是一个人能否成功、能否成大器的关键性因素。

　　按思维渠道不同，办法可分为两类：一是由见闻体验之知、知识习得之知转化来的主司服从、执行和操作的办法；一是由悟性思辨之知转化来的主司谋算、规划和设计的办法。

　　作为思想体系的一部分，办法主要由技法、方法和圆法（谋略）三大智能包构成。

　　在熟悉的条件下、循熟悉的途径和程序、运用熟悉的工具手段、反复从熟悉的对象中获取利益价值的办法叫技法；为实现当下的需求目标，运用可控的条件和工具手段，针对明确对象，认知并解决主要矛盾（难题）的办法叫方法；为实现战略或策略目标，整合资源与条件，运用方法并保证方法有效执行，认知并解决复杂难题、系统矛盾，开创新局面的办法叫圆法。方法与圆法可以而且经常相互转化。可以认为：技法通巧，方法通妙，圆法通玄；技法融入方法可致巧妙，方法融入圆法可致玄妙。

　　方法与圆法的重大差别是：第一个差别，是单一性和系统性的差别。为直接解决特定难题而采用的一种手段或方式的办法就叫方法，功能倾向于一个方案解决一个难题；为保证某种手段或方式既能有效地直接解决某一特定难题，又不影响或有助于对其他难题的解决而采用的办法或方法组合就叫圆法，功能倾向于一个模式或一套（组）解决方案解决一类系统性难题。简单地说，单独运用的办法叫方法，组合运用的方法叫圆法。同一个方法，不考虑与其他方法的联系而单独运用时叫方法；与其他方法协调配合运用时就叫圆法，圆法是方法的系统化。第二个差别，是确定性和不确定性的差别。圆法尤其是战略的意图、目标和原则都是确定的，不能轻易地作出改变。如果你不经认真论证而轻易改变战略，就会使你在一个较长的时段成不了大事。方法尤其是战术的意图、目标和实施方式，都可以而且应该根据实际情况的变化而作出调整和改变。如果你不能依实际情况的变化及时调整或改变方法（战术），你也成不了大事。

　　技法蕴含于方法之中，经常是方法的手段；技法和方法都蕴含于圆法之中，都经常是圆法的手段。用技法时可以用，但不一定要用方法和圆法；用方法时可以用，但不一定要用圆法，却一定会用技法；用圆法时必定会用方法和技法。三种办法的共同点是运用、实用、变通、增效。技法偏重于实用，方法和圆法则偏重于变通。各自的特点特性都是共同点、共同性的演绎。办法结构如图 22 - 1 所示：

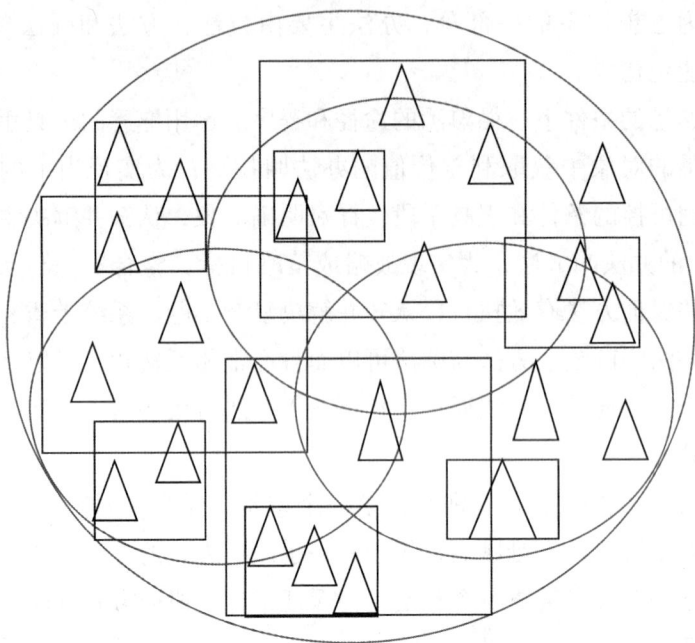

图 22 - 1　办法结构图

　　注：①办法由技法、方法和圆法构成。△代表技法；□代表方法；○代表圆法。②技法蕴含于方法之中，方法蕴含于圆法系统之中，圆法系统蕴含于大圆法之中。③不同的方法可以兼容配合运用。④不同的圆法系统也可以兼容配合运用。

第一节　技法

　　技法是指熟练运用工具手段或技能，提高工作效率的技巧、技艺、技术等实操手法和诀窍。技法是专业的技术，是办法的精致妙用，具有专业属性。一个专业有一个专业的技能技法，很难离开专业范围与条件向外移植、复制和推广。技法在同专业范围内与同等条件下，可以移植、模仿、复制和推广，且有非常高的时效性和审美意义。

　　技法的主要适用区间有四：①工作对象稳定、工作条件稳定、标准确定、程序确定、工具手段确定的手操工作、手艺活（包括精密器件

的精工活）；②技改创新事项；③各种语言、知识及文学艺术的表达方式；④各种工具、手段或资源的巧用。

技法的主要特点：①专属性与局限性。一事一技，专业属性强，在同专业范围内技法可复制推广；在专业范围之外技法只有参考价值，不能够复制推广。②模仿练达性。人各有技，巧于仿效练达。技法是熟生之巧、练达之术，只能通过效仿、练达式的学习获得，又必须反复、经常运用才能巩固。正所谓"闻道有先后，术业有专攻"。

技法可向方法和圆法升华，技法的训练和巧用需要方法或圆法的指导帮助。

第二节　方法

方法是指按一定路径和方式，运用工具手段认知、分析和解决难题，实现需求目标而采用的对策、计划、计谋等办法。工具手段、标准、程序、规则、条件、目标是构成方法的重要因素。方法思维是在一定的条件下，循一定路径和方式，按一定的标准、程序和规则，运用工具手段排解难题障碍，实现需求目标的计划思维过程。方法思维有一项重要使命（宗旨），是要从不同角度、不同层级开创出可行而又高效的践行需求的路径与方式。

一、 方法的特性

方法的主要特性：

（1）灵活性。方法最讲究灵活变通，强调随机应变、出其不意，追求过程奇妙、结果奇效。

（2）可操作性。方法要求工具、手段、程序、规则及条件都必须是可以操作、可以控制的。

（3）谋利性。方法以能直接谋利为目的，只图实利不求虚名，只求事成不求好看，只看结果的利益含金量，不计较过程完美与否。

（4）单独性。指经常不与其他办法进行组合，而单独运用。

（5）直接性。直奔主题，抓主要矛盾，解决主要问题，立竿见影出成效。

二、 方法的适用范围

方法的适用范围，一句话，凡是有难题必须解决、有任务必须完成的地方都是方法的适用范围。主要的适用对象是重大难题、既定项目、硬性任务、治理和管理事项。如调查方法、组织方法、管理方法、检查方法、监督方法、协调方法等。

三、 方法的表现形式

方法的表现形式主要有：各种战术，各种计划、安排和部署，各类解决方案，各种标准、制度、程序和规则，具体的政策、计策和对策。

第三节　圆法

圆法是指通过挖掘、整合、调度资源与条件，运用方法并保证方法的制定与执行顺利、高效、美化的办法或方法组合。圆法主要包括战略、谋略、策略，重大项目、长远项目的谋划、规划。

一、 圆法的特质

在本质上，圆法具有三大特质：

第一，它是在战略目标愿景的旗帜下，将众多方法有序排列组合而成的"办法树"。它是整合和运用方法的办法，强调方法的组合配套，强调保证措施的谋划，强调方法的运用技巧。

第二，它是资源、条件、手段、方法之间相互转化的运变中心。它强调借势、借力，强调资源和条件的挖掘、整合、转化和调度，为方法的制定和推出造势准备最好的环境与条件。

第三，它是办法思维、悟性思维、审美与艺术思维融会贯通而成的领导艺术、管理艺术。它要保证方法的执行既顺利高效又有审美价值，强调天时地利人和，强调参与各方的协调性和共赢互利，强调风险控制，强调低成本高附加值和边际效应，强调执行过程的审美享受。因此，圆法是那种胸怀全局、超然通解、未雨绸缪、高瞻远瞩、多谋善断、四两拨千斤、举一反三、灵活变通、连环计之类的领导艺术。

二、 圆法的特性

圆法的主要特性：

1. 谋划性

谋划性是指事前先谋划、先作可行性论证、提前形成预案，供决策时选用。

2. 确定性

确定性是指战略、规划的意图、目标和指导原则，必须明确，不能随意调整和更改。让下属各部门、各部分执行者，明确角色的使命任务，明确战略目标，坚定不移地践行职守。

3. 系统性

一种圆法内含能够相互支持配合的多种方法和技法，是多种技法、方法的有序组合，是方法的系统化。

4. 掌控性

圆法对方法（战术）的掌控主要体现在：第一，在整个战略谋划中明确分配各种方法的角色、地位、任务和要求；掌控各种方法（战术）的整体协调性。第二，将各种方法当作工具手段使用；让一些方法成为另一些方法的手段或条件，有意让一些战术行为失败，造成假象以迷惑对手；故意以牺牲局部利益作为实现全局利益、全局目标的代价。第三，不干涉具体方法（战术）的执行过程，让执行者有很大的灵活性和可塑性，但要掌控方法（战术）的实施时机、执行程度与结果。

5. 审美性与艺术性

圆法讲究奇妙点缀，以小博大；讲究委婉流畅，曲径通幽；讲究合作与协调，追求系统和全局效益；讲究过程与结果的审美享受。

三、 圆法的适用范围

凡是方法解决不了的复杂难题和系统难题都是圆法的适用范围。主要的适用对象是涉及面广的系统矛盾、系统工程、重大难题、宏观难题、战略及策略问题、长远规划、机制建设、造势工程；牵涉面广的人际关系的协调、心理疏导工作；只可意会不可言传的事项。

四、 圆法的表现形态

1. 圆法的一般形态

圆法的一般形态主要有：规划及规划书、设计及设计书、指导方针、指导原则、策略、计中计、连环计、局中局等。

2. 圆法的高级形态

圆法的高级形态是战略（谋略）。战略是一种站在全局高度，设定远大目标，进行长远的谋划并组织实施的谋划思维。战略思维是典型的愿景规划（谋划）思维，属于领导者的悟性智慧、艺术智慧，是一种理性的大智慧。

战略思维可分为对抗博弈战略与社会（产业）发展的战略两类：

对抗博弈战略主要适用于激烈的矛盾对抗态势、激烈的竞争博弈态势。领导者通过深入的调查研究，制定明确的战略目标和规划。谋求最大限度地运用己方实力和资源，创建优强的态势，以最小的代价打击并战胜对方，赢得最大的利益和最后的胜利。

社会（产业）发展战略主要指国家、大企业集团，对重大课题、长远目标、全局利益或重大项目进行调查论证后确定的战略意图、战略目标、战略规划和指导原则。社会（产业）发展战略是通过明确的远景规划，把当下与长远目标联通，凝聚士气，整合适配资源，创建优强态势。

战略思维应该有三个递进目标：第一个目标是论证和整合各种事关重大的相关性和可能性，构建明确的战略意图、战略目标和指导原则；第二个目标是制订规划，通过优化配置各种重大资源和条件，创建优强态势，构建战略利益链；第三个目标是制定贯彻战略意图和战略目标的力量部署、组织管理和调控的程序、规则和策略。

第六篇　智慧的实现

智能化思维各环节各系统产出的智慧能力，将在悟性引导下通过动机和决策向内、外两条途径运作：第一条途径是向内部各思维环节、系统反哺回授，将各样本、品质、性能及其系统结构的性能转化升级为能力，包括内为实现能力和外为实现能力；第二条途径是向外部思维对象抒发、释放，践行自我与思维对象的互动和能量交换。

智慧实现是指智慧化思维的品质性能向思维对象转化和释放，解决各种难题障碍，产生益利自我的功效，实现智与慧、能与效相结合的思维过程。智慧的实现过程也是实践过程，对内表现为构建和提升自我需求智慧、人格智慧、智能智慧、悟性智慧的内为实现过程；对外表现为围绕需求目标，使思维的品质性能向行为转化、能力向功效转化、功效向成果转化的外为实现过程。

实践是检验真理的唯一标准。不论体验认知、概念认知还是思辨认知，是不是真理，有没有权威性，都要经过实践的检验才可定论。能够指导实践取得成就，认知才会转化成真理，才具有权威性；实践成就越大越具真理性和权威性。同理，实践即使有重大成就，如果成果不能转化为理论原理，也难有示范推广意义，也不能创造出应有的社会价值。

第二十三章 智慧能力

人类的能力总体上分为体力和脑力。体力是人体具有的物质力量，它独立于心理思维之外，又受心理思维支配的，对身边物质实体的作用力和反作用力。脑力则是人的心理思维活动产生的精神力量，也即智慧能力。智慧能力是整合和操控体力的能力。离开智慧能力的操控，体力能自发释放能量作用于身边的物质对象，但不能自主自为，不能主动对人的生存与发展产生有意义的作用。在智慧能力的整合操控下，体力可以融通转化为人格智慧的执行力，专用于执行智慧对物质实体类思维对象的掌控与运作。

考量心理思维的过程和结果，我们会发现能量转化是智慧的一项重要使命，能量转化的结果是形成智慧能力，智慧能力的使命是运用条件和工具实现需求目标。

智慧化思维的能量转化过程具体表现为：①在需求思维中进行的内生能量的激活和强化过程；②在人格思维中进行的人格社会化与人格个性化和人格品质修养过程；③在文化知识学习和智能思维中进行的知识内化、知识智能化过程；④在悟性思维中进行的超常认知、悟通与创新思维过程；⑤在办法思维中进行的资源整合、条件转换与运作过程。

各个智慧化思维系统在能量转化的思维过程中，必然会生成和培育出各种各样的智慧能力。智慧能力有时也简称为能力。

第一节 智慧能力的产生

能力，是指能够顺利完成某些活动所必须具备的个性心理特征，即能力是直接影响活动效率，使活动得以顺利进行的心理特征。美国著名的组织行为研究者大卫·麦克利兰（David McClelland）将能力素质（competency）界定为：能明确区分在特定工作岗位和组织环境中杰出绩效水平和一般绩效水平的个人特征。能力分五个层次：知识（knowl-

edge）、技能（skill）、自我概念（self-concept）、特质（traits）、动机（motives）。

从智慧学角度看，能力也即智慧能力，是指蕴含在心理思维品质性能中，能够成功完成某种活动所必需的能量、力量，是对思维对象的作用力和反作用力、吸引力和排斥力。每种能力都是与当下需求紧密相关并与思维对象相适应的，几种思维品质性能组合配制而成。因此，能力可简称为"性能包""功能包"或"能量包"。可以将相信其存在或能够验证其存在，但仍未释放表达出来的能力称为"潜能"或"潜力"；将正在释放表达和已经释放表达的能力称为"显能"或"显能力"。狭义的能力概念主要指显能力，广义的能力概念包括潜能力和显能力。能力是智慧表现（释放、表达）的主要形态。

人的智慧能力也即智慧能量功能包，是从实践活动和心理思维的能量转化过程中生成并育化而来的。具体来说，构成智慧能力的能量元素主要来源于四条路径：一是接受教育，从社会文化知识的学习内化而来；二是从人格思维在社会人际互动和实践活动中，通过模仿和体验学习培育修养而来；三是从悟性思维的想象、联想、思考、研究中提炼出来；四是从智慧化思维的各个板块、各个系统的性能相互融通、相互转化或重组而来。从四条路径生成的能力元素，再经过悟性思维系统依据与思维对象的相关性，整合配置成各种智慧能量功能包，从而形成各种智慧能力。能力化思维，就是指围绕需求目标，将各种心理思维品质性能中蕴含的能量、力量，转化和整合配置成智慧能量功能包的思维过程。

一个人的能力化思维使生存和发展必需的智慧能量得以凝聚、整合，使智慧能量的释放得以有的放矢，使智慧能量的释放能够以适当的方式适度地进行。利益是智慧的目标与归宿，智慧是利益的依托。能力是一个人智慧化思维的综合成果（实力）的表现，是人们实现需求目标的根本依据和手段。一个人的智慧能力不但可以让人通过主动作为获得利益实现目标，也可以让人通过被动作为而获得利益实现目标，还可以让人通过主动的不作为而获得利益实现目标，总之使人们在获取利益实现目标的方式上有更多更好的选择。

第二节　智慧能力的构成

一、 智慧能力的种类

人们的能力化思维转化和组合配置的智慧能力，是一个普遍存在于学习、工作和生活各个面向、各个层级的能力系统。人的智慧能力为人们在认知、评判、适应和改变思维对象的各项活动中解决各种难题障碍，提供了无穷无尽的力量和机会。个人的智慧能力系统主要由三组六类能力构成，即正常能力与超常能力、单项能力与复合能力、操控能力与被操控能力。三组六类能力可以相互兼容、相互转化、相互配合运用。

（一） 正常能力与超常能力

（1）正常能力即通常的能力、常态能力，是指在正常的、基本的、普遍的各项活动中运用的能力。如：生理系统的体能体力；人格智慧系统的人格魅力、情感力、德力、担当力、意志力、审美力、人际沟通能力、自我调节力、操作力、生活技能、专业技能、合作力、协调力、凝聚力、引导力、竞争力、破坏力、抵抗力、战斗力、毅力、执行力、选择力、决断力等；知识智慧（智能智力）系统的学习力、注意力、观察力、感知力、识别力、记忆力、理解力、解释力、分析力、综合力、概括力、概念力、判断力、推理力、表达力、动员力、组织力、领导力、指挥力等。

正常能力通常以"常识""技能""潜力""生活能力""基本能力"等形态存在。一个勤于思考、勤于动手、试错改错、尊于自立的人，将会习得和掌握很多方面的正常能力。一个人拥有的正常能力越多，就越能克服难题，活动的功效也会越高。当然，习得和掌握的正常能力越多，也会因"能者多劳"，比别人花更多的精力和时间去解决问题而更加劳累辛苦。如果一个人习得和掌握的正常能力少，他就会在遇到难题障碍时，更积极地寻求或依赖别人的帮助。这类人，正常能力不强，利用他人的能力却很强，并有可能转变成超常能力。

（2）超常能力，是指在悟性思维指导下，应对超常的思维对象，应对常态思维对象的新、奇、特、异的超常性、超常点，谋求超常功效的能力。超常能力也指那种超群出众的能力，比别人比对手"技高一筹""棋高一着"的能力，也指身边的人不具备的那种能够知晓因果、能够认知和解决大家都不能认知和解决的难题的能力。如：悟性智慧系统的超常认知能力、感悟力、领悟力、悟通力、思考力、想象力、联想力、媒介力、联通力、预见力、变通力、转化力、创新力、创造力、诱导力、设计力、计划力、策划力、规划力、谋划力等。

超常能力通常以"专长""特长""特异功能""天才""高招""绝技""计谋""奇思妙想"等形态存在。超常能力的运用往往都能产生神奇功效。

超常能力是由悟性思维对事物的超常相关性，进行超常的整合配置得出的思维"性能包""功能包"。一个人如果不能进入或已经离开了悟性思维状态，就不能习得新的超常能力，也不能激活和运用原有的超常能力。所以，悟性思维是超常能力的源泉。好奇心强，好胜心强，喜爱广泛接触新事物、新观念，心有坚定的理想和信念，又能长时间专注于探索和研究一个事物或课题的人，他的悟性思维产生的超常能力一定会非常出众。与此相背的人，他的"超常能力"就是很爱依赖、很爱操控有超常能力的人。

（3）正常能力与超常能力的关系。正常能力是超常能力的基础、参照系和归宿。任何正常能力在最早出现的时候都可能是一个人的超常能力。任何超常能力经多次运用或推广后都会转变成正常能力。这也许就是"少见多怪""多见不怪"吧。正常能力与超常能力具有很强的相对性。对某个人、某个团体是正常能力的能力，对于另外一些人、另外一些团体则可能是超常能力；前一时段是超常能力，当下时段则可能成为正常能力。由此可见，超常能力并非难求，除智障者外，人人都可以习得和掌握超常能力；超常能力难以永存，会随时间的变化而弱化，会随悟性思维能力的弱化而退化。

（二）　单项能力与复合能力

（1）单项能力。单项能力亦即基本能力，是指适用于开展单项活动、完成单项任务的能力。单项能力的主要特点是，能力的功能作用单一，具有很强的针对性、专用性，往往专用于解决特定的难题，具有特定的功效。很多单项能力都是单项技能或精细的单项技巧。如观察力、识别力、记忆力、理解力、内化力、转化力、创造力、表达力、诱导力、情感力、道德力、信念力、意志力、职责担当力、美感力、示美力、获利能力、选择力、决策力、执行力等。每个人都会出于生存和发展的需求，努力地习得、修炼和掌握多种多样的单项能力，使个人基本的普通的学习、生活和工作能够顺利进行。

（2）复合能力。复合能力亦可称为"综合能力"，是指由多种单项能力有序组合配置形成的多功能的能力系统。

人们在实际生活中遇到的难题，通常不是单项问题，而是由各种相关的单项问题构成的系统问题。对于系统问题的认知、分析和解决过程，通常不是一两种单项能力就能完成的。为了高效应对各种系统问题尤其是复杂问题，智慧化思维将上述各单项能力组合成能够在不同领域的系统问题之间通变通用的复合能力系统，用作解决难题的主打手段和办法。因此，上述单项能力都是复合能力系统结构中的要素，都是组合复合能力系统的半成品。

担任不同的社会角色就具有不同的使命职责，履行不同的使命职责就要办理不同的主题事项。如管理者要办理管理事项、执行者要办理执行事项、学习时要办理认知领悟事项、决策时要办理选择决断事项等。管理、执行、学习、决策都需要一些共同的能力，这就是复合能力。复合能力注入管理能量用于管理事项就称为管理能力；注入执行能量用于执行事项就称为执行能力。管理能力和执行能力，都是由基本相同的多种单项能力组构的复合能力系统，都需要认知力、转化力、创造力、表达能力、智力、情感力、道德力、职责担当力、意志力、美感力、美赏力、组织指挥力、目标与利益价值匹配力、决策力等单项能力。

人们正因为有多种单项能力和复合能力系统的思维智慧，才能顺利实现多种社会角色的转换，才能胜任多种不同的社会角色，最终实现多元化的人生价值。

一个人的单项能力总是有限的，总会有"短板"。缺省单项能力是一种遗憾，有了单项能力却用不活更是一种遗憾。将各种单项能力再作

整合配置，使其性能互补；将单项能力用活，将仅有的能力用恰当，这就是复合能力的优势。

（三）　操控能力与被操控能力

划分操控能力与被操控能力的最大意义，是引导人们充分地领悟到这样一个道理：一个人的智慧既可以使人通过主动作为而获得利益、实现目标，又可以通过被动作为而获得利益、实现目标，还可以通过主动地不作为而获得利益、实现目标。是主动还是被动，是操控还是被操控，一切因需制宜、因时制宜、因人制宜、因地制宜。

（1）操控能力。操控能力是指在整个能力系统中占支配地位，主导、引领和管理其他能力的能力。操控能力包括两部分：一部分是操控自我其他能力的能力，一部分是操控他人的能力。如注意力、情感力、道德力、意志力、信念力、审美力、决断力、诱导力、说服力、吸引力、演讲表达力、凝聚力、感染力、动员力、号召力、策划力、组织力、领导力、管理力、整合力、悟性思维能力、办法思维能力等。

操控能力，一方面会主导人的激情、主动性、积极性、自觉性、创造性；另一方面会努力培养人的组织、领导、指挥、经营、管理、用人、借力等才干，使人逐渐积累和强化领袖特质。因此，一个人的操控能力越多越强就越具领导、领袖特质和风范。

（2）被操控能力，是指在整个能力系统中占从属地位，被操控能力引领和管理的能力。被操控能力包括两部分：一部分是被自身操控的能力驱动的能力，包括被自身的认知、需求、习惯、观念、情绪、意念、意愿、信念驱动的能力；另一部分是被别人操控的能力。如接受能力、听写能力、感知力、领悟力、理解力、适应力、自我约束力、自省力和服从力、认同力、执行力、行动力、办事力、技能、技巧等。

被操控能力一方面让人的社会性人格得到强化，个性人格受到制约；让人乐于与他人合作，乐于听从别人的观点、意见、引导和指示，乐于服从团体、组织的角色和职责安排，乐于被别人领导和管理；让人很容易得人喜欢、被人利用、被别人接纳；让人很习惯于享受被别人保护、关心、照顾的工作方式和生活方式；让人能够轻巧地从被动的思维方式和行为方式中获得利益、实现人生价值。另一方面，也培养了一个人的思维懒怠性、被动性、依赖性，养成在困难面前不爱独立思考、不敢出头、不敢担当，总是依赖、等待别人的指示、引导和帮助。

二、 个人智慧能力的组合配置

在需求的驱动和统领下，一个人的智慧能力总是以能力体系、能力系统、思维功能包的形态面对思维对象。每个体系、系统、功能包，都是体能体力、人格力、智能智力、悟性能力按一定比重组合配置的复合能力。

每个人都会根据自身的个性特点和所处环境条件的特点，组合配置适合当下需求的智慧能力，即个性智慧或个性能力。个人智慧能力组合配置的依据主要有：

（1）以需求和动机指向为依据来组合配置能力。

（2）以目标的取向、性质和特点为依据来组合配置能力。

（3）以人格应对方式为依据来组合配置能力。

（4）以当下担任的角色使命职责特点为依据组合配置能力。

（5）以思维对象的类型、特点为依据来组合配置能力。

（6）以对方的反应、应对特点为依据来组合配置能力。

（7）以双方或各方力量对比态势为依据来组合配置能力。

（8）以所处的环境条件为依据来组合配置能力。

（9）以面临难题的难度、类型、特点为依据来组合配置能力。

（10）以适应或兼顾他人、团体、社会的需求为依据来组合配置能力。

（11）以上级领导的指示、命令为依据来组合配置能力。

（12）以活动的专业（行业）特点为依据来组合配置能力。

（13）以活动的任务（项目）性质特点为依据来组合配置能力。

（14）以采取的办法、解决方案的类型特点为依据来组合配置能力。

（15）以自身的生理（性别、年龄、体能、健康状况）特点为依据来组合配置能力。

人们组合配置的智慧能力，一部分以技能技巧的形态存储于记忆库中；一部分按功能作用的释放秩序，排列成能力链存储于记忆库中，供运用时提取。

第二十四章 智慧的内为实现

智慧的内为实现，是指实现智慧能量的内化，即智慧能量向内部各思维环节、思维系统反哺回授，激励各品质性能在智慧化思维过程中获得持续拓展、强化和提升。智慧的内为实现，主要有四条路径和四大作为，即养育悟性、更新思维样本、培养和改造人格思维品质、激励思维品质性能升级。内为实现的结果是造就了人生态势，为与社会互动对象的合作与竞争博弈构建起自身实力。随内为实现的不断提升，自身人生态势、合作力、竞争力也会随之提升。

第一节 养育悟性

养育悟性是指智慧能力反哺、注入悟性思维的各个系统，为悟性思维的各种品质和系统结构提供高级智慧能量；使悟性长盛不衰，感悟、领悟、顿悟性能持续提升；使悟性的品质和性能向更广更高更强演化升华，系统结构向适配和多功能进化，悟通思维能力更具通达性和创造性。养育悟性的目标是，经常性地激活和激发悟性，使悟性渗透和参与到每一个心理思维活动的节点上，全面提升心理思维活动的功效。

第二节 更新思维样本

思维样本是一切心理思维活动的标杆和参照系，一切有意义的心理思维活动都必须有样本作标杆和参照系。没有样本或样本劣质、样本过时，任一思维活动都无法达成智慧。更新思维样本，是指将智慧化思维成果的能量及时反哺、注入相关思维系统的样本中（如认知样本、评判样本、应对样本、转化样本、系统合成样本等），为思维样本授予新的标样和版本元素，使思维样本能够得到及时的更新或升级；同时，智慧能力还会将收获的新成果，精炼成新的样本，植入相关思维过程，填补样本空白。

第三节　培养和改造人格思维品质

培养和改造人格思维品质，是指智能智慧和悟性智慧的能量反哺、注入人格思维的各个系统，转化为人格智慧的能量；使人们能够根据需求和环境的变化，建立和培养对应的人格品质、对应的人格品质系统；更新和改造人格品质系统中与需求、环境不相适应的品质元素，补缺成全、纠偏校正；使人格品质的系统结构从无到有、从片面到完整、从缺损到完善、从低级上升为高级；使人格品质的性能能够随需求、角色和环境的变化而灵活变通转换；使人格品质的系统性能为智能智慧和悟性智慧的培养建立坚实的基础。

第四节　激励思维品质性能升级

激励思维品质性能升级，是指智慧能力反哺、注入各个思维品质及其系统的性能包、功能团组、性能系统。激励各种思维品质性能由劣变优、由弱变强，由单一功能升级为多项功能，激励单项能力升级为复合能力。

将各种思维品质性能升级为系统结构功能，再转化升级为智能，是智慧化思维自我提升与完善的过程。

当品质性能转化升级为智能之后，我们对智慧化思维过程的分析研究就增加了一个再思维的层级。也就是说，人的心理思维过程，既有一个由遗传品质性能主导的低智慧层级的简单思维过程，还有一个由自生能力主导的高智慧层级的再思维过程。分析研究低智慧层级的简单思维过程，可以认知智慧的产生和演化运变原理与规律。分析研究高智慧层级的再思维过程，可以认知智慧的系统化更新和提升原理与规律。只有经过两个层级的分析研究，才能获得关于智慧现象、本质和规律全面的辩证的真理性认识；才能证明智慧既是心理思维活动凝聚的能量、力量，又是推动心理思维活动持续有效进行和升级的内生能量、力量。

第二十五章　智慧的外为实现

智慧的外为实现，是指智慧能力依需求有选择地向外部思维对象抒发释放，排解能量交换过程中的难题障碍，通过获取利益与价值实现需求目标。智慧的外为实现主要包括资源整合思维、难题求解思维、决策思维、操作执行思维、评判思维、成果转化思维六个面向。外为实现的结果造就了适宜自身生存与发展的人生态势场。

第一节　资源整合思维

对于个人智慧而言，资源是指蕴含需求标的的能量体，实现需求目标的基础、能力、条件等因素。与一个人的需求相关的资源分为已掌控的内部资源和还未掌控的外部资源两类。已掌控的内部资源，包括所拥有的物质财富、角色地位、人际关系、环境优势、家庭背景、归属团体背景、可用的社会资源、个人经验与见识、人格品质、文化知识水平、悟性思维能力等。还未掌控的外部资源是指受他人、团体、社会掌控的各种资源；这类外部资源是他人、团体、社会赖以践行其需求的基础、能力、条件；这类外部资源有些与己相关，有些则与己无关；有些是可以通过协商或其他方式予以整合为我所用，有些则无法为我所用。

每个人都在实现需求过程中积累有一定的可控资源，这些内部资源曾经与过往的某些需求是相匹配的条件，但很难再与新的需求匹配。面对新的需求，人们必须重新整合资源，为实现新的需求目标配置适宜的条件。

资源整合思维有两个面向：

一个面向是整合内部资源，即根据当下需求目标的特点，选择和整合与需求目标可以适配的资源，依序编列为实现需求目标的资源链、条件链；激活闲置的资源，将松散或杂乱无序的资源转化为有序、有功能定指的条件或工具手段，使实现需求目标的条件变得完整而有序，组建成一条完整的利益生产链。

另一个面向是整合外部资源。整合外部资源有两种情形：一种情形是自己有需求目标但不具备践行条件，这时的资源整合是在可以为我所用的外部资源中，选择与需求目标匹配的资源并将其要过来，适配为践行需求目标的条件、能力、平台，整合成一条完整的利益生产链。另一种情形是自己本来没有对应的需求目标，只是在认知了他人的资源后萌生了新的需求目标，这时的资源整合是将那些刺激你萌生需求目标的外部资源，通过可行的方式要过来，然后植入新的需求目标使之适配，整合成一条完整的利益生产链。

很多时候，资源的整合都是根据态势的变化特点，以变应变，创造和建立新的条件，以保证实现需求目标的过程能够顺利进行。

围绕愿景目标而进行的资源整合，更强调资源与各层级目标的因果条件关系，更重视各项资源内在的结合性和分离性对大局的影响，因此，更重视对各项可控资源的维护和经营。

第二节　难题求解思维

智慧与难题是一对互为条件、互相转化的矛盾。智慧是为解决难题而生长的，没有难题，智慧就失去了存在的意义；发现难题、分析难题、解决难题是智慧的使命。难题也是为智慧而产生的，没有智慧，难题也没有存在的价值；满世界全是难题与满世界都没有难题是一样的，都是没有智慧的结果。解决不了难题的心理思维活动，始络不能升级为智慧。不用智慧就可以解除的麻烦、障碍，或用尽智慧也无法解除的障碍、险害，不是笔者要讨论的问题。从解决难题的思维取向分析，智慧与难题成反比关系，此消彼长。智慧水平越高，难题越少且越易解决；智慧水平越低，难题越大且越难解决。对于智慧而言，办法总比难题多。

从为对手设计制造难题的思维取向分析，智慧与难题成正比关系，智慧水平越高，设计制造的难题越多，对手解决的难度越大。在激烈的竞争、博弈、对抗中，为对手设计和制造高难度的持续不断的难题，借

难题压垮对手，战胜对手，这是智慧水平高超的表现。

一、　难题概述

智慧学讲的难题概念，有狭义与广义之分。狭义的难题是指在一定的自然环境条件发生的不利于人们践行需求目标，不利于人们与思维对象进行能量交换和社会互动的疑惑、麻烦、困难、障碍、事故、挫折等因素和现象。广义的难题包括在改造和利用自然环境条件的过程中遇到的不利因素和现象。对于那些人类无法抗拒、无法抵御、无法消除的自然现象、自然灾害，人类的智慧主要表现在一方面是主动适应自然环境给定的生存条件，对自然环境和条件进行适度的利用和改造，以便拓展和优化生存条件；另一方面是对自然灾害则提前预防，在灾害来临时，尽力躲避、逃离，尽量减少损害。

本节采用难题的狭义概念，主要探讨狭义难题的智慧应对。

难题产生于践行需求目标的某个环节、节点，使原本正常运作的利益链、价值链、事业链、工作链、生活链上的某些因素，受到难题损害性能作用力的刺激，脱离原有平衡的位序或规则，发生错位、移位或性能变异，阻碍或破坏能量（利益）平衡交换的顺利进行。难题使实现需求目标原有思路和解决方案无法继续贯彻执行，让人体验到逆抗、无序、不适、失衡或损害。

依据难题的属性，可将智慧面对的难题归为十三类：

（1）品质质量类的难题，是指一个事物（物品）的品质质量达不到规定的标准，质量下降或低劣，转化成为人们的包袱、负担导致产生的难题。

（2）条件类难题，指某项条件产生变异、消失或减弱，导致目标不能顺利实现而产生的难题。

（3）目标类难题，有两种情形：一是终极目标缺失或变异，导致做事无的放矢，无法提纲挈领，分目标无法链接而产生的难题；二是分目标缺失或变异，导致工作无重点无思路，大小事项一把抓，无序且低效产生的难题。

（4）错位类难题，指资源、条件等工作对象，未按设计或计划定位，摆错位，造成各种资源条件和人员混乱无序产生的难题。

（5）错配类难题，指一个结构或一个系统，内部要素的品质错配或性能错配或权重错配，导致内部失衡产生的难题。

（6）功能副作用类难题，指一些结构要素在运作中违章释放了损害性能，造成对结构、系统、对象的损害产生的难题。

（7）矛盾类难题，指在一个合作系统或结构中，将具有内在对抗性、矛盾性的元素组合在一起而出现的难题。

（8）机会成本类难题，指因选择、决策的机会成本过高而产生的难题。

（9）失误与过错类难题，指因决策、指挥、组织、管理、执行操作失误或过错而产生的难题。

（10）审美类难题，指因审美差异而不认同、不欣赏审美对象产生的难题。

（11）客观障碍类题，指因客观环境条件改变产生的难题。

（12）险害类难题，指因受外力险灾或事故伤害产生的难题。

（13）竞争博弈对手设计、制造的难题，指对手为了赢取竞争、博弈或对抗的胜利，运作其可控的资源和条件，为对手量身定制和设计的难题。

根据难题造成的伤害程度，可将难题分为小难题和大难题两个层级：小难题是指简单、单独、伤害不大，凭一己之力就可以解决的难题。大难题是指复杂性强、系统性强、伤害大、需要多人合作或多个团队合作，需要运用多种工具、多种手段才能解决的难题。

在践行需求目标的过程中，各种因素都在运动变化，难题也总是层出不尽、无处不在；与之对应，智慧也总是层出不尽、无处不在。

二、 分析难题

分析难题是要通过剖析产生难题的那个环节和节点，辨明难题产生的原因与条件，以便准确定义难题，为难题定性定量；评估解决难题的难度和量度，悟出解决难题的思路与办法，为解决难题制定策略创造条件。分析难题主要有五种思路：

（1）从原因入手分析难题，找出难题产生的原因与条件，找出难题释放损害性能的作用节点和因果关系。

（2）从结构入手分析难题，明确难题内部要素的特点和相互关系，找出难题的短板点和薄弱环节。

（3）从难题的损害性能入手分析难题，统计出难题造成的破坏作用、损害和影响，评估解决难题的意义和成本代价。

（4）从难题的可转化度、可利用度入手分析难题，评估难题转化、利用的可能性及难度，探讨转化、利用的路径方式和条件。

（5）对于竞争、博弈对手设计制造的难题，应该从对手所能掌控的资源、条件和手段入手，分析对手的动机、目标、依据、手段、优势点、劣势点、双主力量对比态势，得出综合、全面的认知和判断。为采取有效应对措施、应对决策提供可靠的依据。

三、 明确解决难题的思路

思路，是指运作一件事项、一项资源、一个项目的思想准备阶段，思维从出发点到终点的路线与逻辑。

解决难题的思路，是指根据原需求目标实现的条件、思路和方案，针对难题的节点特性，将难题、原因、解决目标、解决方式（举措与程序步骤）与原需求目标，这五点连成一线形成的路线与逻辑。思路是理清难题、原因、解决目标、解决方式、原需求目标五要素之间因果关系和运作程序的思维过程。解决难题的思路是制订解决方案的程序、步骤、手段、办法和资源配置的依据。没有思路或思路不明确，就难有解决难题的效率。必须强调，解决难题的目标不是原定的需求目标。相对于原定的需求目标，解决难题的目标是分目标、具体目标。解决难题的目标非常关键和重要，是解决思路和解决方案的核心，具有提纲挈领的功能。因为解决难题的思路和方案都是为了前后联结，进而实现这个分目标而建立的。

依据目标的取向不同，解决难题的思路也不同，如：①促进利益、价值增长的思路；②减少利益价值损失的思路；③提高工作效率的思路；④减少机会成本的思路；⑤成事、成名、成功的思路；⑥为另一个目标创造条件的思路；⑦互惠互利的思路；⑧利他利公的思路；⑨损他损公的思路；⑩迷惑对手战胜对手的思路；⑪功能合并的思路；⑫功能分离的思路；⑬资源整合的思路；⑭提升全局协调性的思路；⑮创新试错的思路；⑯改变目标诉求的思路；⑰改变标准和规则的思路；⑱改变手段和策略的思路；⑲改变双方力量对比态势的思路；⑳改变用人方式的思路等。

四、 制订解决难题的方案

思路是意图意愿的系统化，方案则是思路的程式化。制订解决难题的方案，就是将贯彻思路的条件、能力、保障措施和程序、步骤详细明列出来，为解决难题的决策提供依据和选项。解决方案由七要素组成，即思路五要素加条件、能力要素。

对于实现需求目标的原有思路和方案而言，当下这个解决难题的思路和方案，就是修复原思路和方案的局中局、计中计，是对原方案的补充方案，是修复原方案的方案。

对于小难题，一般有解决难题的意图和思路就是够了，不必专门制订解决方案。

对于需要多人合作或多个团队分工合作才能解决的大难题，则必须有解决方案，才能有效进行分工合作，有效进行组织指挥。对于那些复杂的系统的大难题，还要考虑到各种相关因素动态变化的各种可能性，在制订解决方案的同时，制订第二方案或第三方案作为预备方案。供执行第一方案的条件发生重大改变时选用。

第三节　决策思维

决策是指人们为解决难题，践行需求而出主意、定思路、作决定的思维过程。决策是由一连串相关的决断构成连续解决相关难题的思维过程。

动机与目标之间总是不可避免地存在各种难题障碍，只有解决难题、排除障碍，才能实现目标、满足需求。而要解决难题，就必须使需求目标、难题、能力、条件、时机五大要件相匹配。决策思维过程就是这样一个使五大要件相匹配的思维过程。决策思维的核心是用较低的成本代价获取较大的利益价值。一般地说，凡是根据择定的目标择机作出行动决定的思维过程，都可称为决策思维。就智慧化思维而言，一旦决

策，动机就被决策激发而启动，就会为实践行动提供驱动力。从这个意义上讲，决策就是动机的激发、启动机制。

一、 决策分类

（1）根据目标和条件匹配的繁简度，可分为简单决策和复杂决策。简单决策是对目标和条件匹配性，作出简单判断就可以确认的决策。复杂决策是对条件与目标因果关系反复评价判断的累积，是对条件与目标因果关系逻辑推理论证过程和结论的采信。

（2）根据主体的归属不同，决策可分为自然人决策和社会角色决策。自然人决策主要指纯为个人日常生活趋利避害和有序进行的意志表达。社会角色决策属于社会人的角色职能化决策，以履行自身使命职责和团体利益为取向。

（3）根据决策要件的匹配度，决策可分为匹配型决策和不匹配型决策。匹配型决策的执行结果会符合预期，可以预料。不匹配型决策即风险决策，风险决策的依据不够充分，条件不够具备，决策的过程不规范，决策执行的过程难以掌控，会出现多种可能性、不确定性和风险性，结果难以预料。

多类决策往往相互交集、相互包容，使得多类动机也相互交集、相互包容在一个决策执行的行为事项中。

二、 制约决策的其他因素

制约决策的其他因素主要是：需求标的的品质和方位决定决策的取向；需求的紧迫性影响决策的程序和速度；主体角色地位的不同使决策的利益价值诉求和决策方式都大不相同；可支配的资源条件的成熟度制约着决策的风险度；主体的智慧水平决定决策的效率。

三、 决策思维的性能

决策思维的主要性能：①使需求目标、难题、能力、条件、时机五要件相匹配，合成因果链、利益链，为智慧的实现创造必然性；②激发和启动动机；③发出行动指令；④使智慧化思维能量有的放矢地向需求对象释放，使智能向慧能转化；⑤修正错误，从犯错过程中找出改正错误的方法，作出改正错误的决定。

第四节　操作执行思维

操作执行思维是指接到决策指令后，按决策要求启动动机行动方案，组织指挥各参与要素运作工具手段，释放智慧执行能力，作用于难题对象，形成功效、产生绩效，依次实现目标获取成果的整个思维活动过程。操作执行过程，既是各种与目标相关的智慧能力有序释放做功，产生效能获取成果的实践过程；又是检验智慧化思维各环节各系统性能、成效以及适用性、匹配性的过程。检验的结果，必然导致思维品质及其性能的扬优弃劣。

操作执行思维的使命是为实现目标创造条件、逐步实现目标，同时为后续发展创造条件。操作执行思维的主要关注点：①因地制宜、因事制宜，采用适合的工具、手段与工作方式；②抓重点，抓主要矛盾，有所为有所不为，将复杂难办之事简易化；③依序依规办事，顺势而为；④关注细节，少犯错误，降低损耗与成本；⑤整合有利因素，借势借力，创建优势；⑥重视创新创造，提高效率。

第五节　评判思维

评判即评论评价和判断判定。评判思维是指依据一定的标准（样本）、程序、规则和态度，对思维对象的智慧表达过程及其结果作出评价和判断。评判的思维对象包括他人、自我、团体和社会现象（人、事、物）。评判思维也是对思维对象、智慧实现的操作执行过程的性能和功效，及其益利性和价值性等的评估判定。

评判思维主要由人格思维、智能思维、悟性思维系统协同完成。评判思维的过程包括：首先根据自我认知、情感、意愿和审美取向的样本，对思维对象表现特征作出评估判定；然后与社会的道德、标准、规范作比较；最后形成评判结论。

评判思维的目的首先是为选择应对思维对象的方式提供依据；其次

是引导人们在审美评判中享受过程或享受结果；再次是引导人们改错调适或总结经验。

第六节　成果转化思维

践行能量交换的智慧运作必然产出成果，有与需求目标相符的成果，也有预料之外的成果。分配和处置成果往往被认为是一个常识问题、非智慧课题，使成果的转化课题很容易被忽视。其实，将成果合理地及时地进行转化更能展现智慧之精妙。

所谓成果转化，指的是将成果活化，给成果注入和授予与新的需求强相关的性能，使之转化为实现新的需求目标的工具、手段或条件、平台，并为下一个智慧化思维循环创建良好的基础和平台。

在初级智慧化思维的传统常识中，成果是终端的，成果的性能就是专供消费、满足基本需求。在中高级智慧化思维中，成果是活的，供消费、满足基本需求的性能只是成果的自然价值。成果的性能还有大量的社会价值，可以转化为新的交换能量，可以转化为欢乐愉悦等审美享受；可以转化为人生优强态势；可以优化人生活动环境和氛围；可以转变为实现下一需求目标的条件或平台；可以转变为文化知识的理论原理，成为自己下一阶段智慧化思维的工具和手段，成为指导学习者思维言行智慧化的方法论。

成果转化思维的要点是：①认知成果性能及其与后继需求的相关性；②使成果性能与愿景规划目标链接；③学习或整合配置成果转化后的运作知识与技能，减少成果转化运用的盲目性，提高成果转化运用的功效；④重视经验总结和理论概括，将实践成果转化为理论原理或技术与技能；⑤制订成果转化方案并论证可行性，降低风险，避免既得成果的浪费和损失。

至此，智慧化思维完成了一个有始有终、由因至果的简单思维过程。智慧实现后，获得的成果将转化为新一轮智慧化再思维的条件和手段，推动思维不断升级，启动新一轮的智慧化再思维。

参考文献

1. 亚当·斯密著，唐日松等译：《国富论》，北京：华夏出版社2005年版。

2. 荣格著，李德荣编译：《荣格性格哲学》，北京：九州出版社2003年版。

3. 魏庆安等译：《情感·意志·个性》，厦门：鹭江出版社1988年版。

4. 马斯洛著，刘烨编译：《马斯洛的智慧——马斯洛人本哲学解读》，北京：中国电影出版社2005年版。

5. 罗素著，李国山等译：《罗素道德哲学》，北京：九州出版社2007年版。

6. 杜拉克著，苏伟伦编译：《杜拉克管理思想全书》，北京：九州出版社2001年版。

7. 陈晏清：《马克思主义哲学纲要》，北京：中央广播电视大学出版社；天津：天津人民出版社1983年版。

8. 苏天辅：《形式逻辑》，北京：中央广播电视大学出版社1983年版。

9. 荆其诚、林仲贤主编：《心理学概论》，北京：科学出版社1986年版。

10. 孙晔、李沂主编：《社会心理学》，北京：科学出版社1987年版。

11. 高玉祥：《个性心理学》，北京：北京师范大学出版社1989年版。

12. 王极盛：《青年心理学》，北京：中国社会科学出版社1983年版。

13. 唐钺编：《西方心理学史大纲》，北京：北京大学出版社1982

年版。

14. 匡培梓主编：《生理心理学》，北京：科学出版社 1987 年版。

15. 朱智贤：《儿童心理学》，北京：人民教育出版社 1979 年版。

16. 张伯源、陈仲庚编著：《变态心理学》，北京：北京科学技术出版社 1986 年版。

17. 徐联仓、凌文辁主编：《组织管理心理学》，北京：科学出版社 1988 年版。

18. 蔡德贵、刘宗贤：《十大思想家》，香港：中国评论学术出版社 2005 年版。

19. 王东岳：《物演通论》，北京：中信出版社 2015 年版。

20. 王东岳：《知鱼之乐》，北京：中信出版社 2015 年版。

21. 曲小月主编：《适者生存》，北京：中国长安出版社 2009 年版。

22. 王明哲：《中国式智慧》，北京：当代世界出版社 2007 年版。

23. 龙柒主编：《方圆大智慧》，北京：金城出版社 2011 年版。

24. 万斌主编：《智慧之光》，上海：上海人民出版社 2001 年版。

25. 邵汉明、刘辉、王永平：《儒家哲学智慧》，长春：吉林人民出版社 2005 年版。

26. 叔本华著，韦启昌译：《人生的智慧》，上海：上海人民出版社 2018 年版。

后 记

一苇渡江，念想通真理；十年一剑，思维化智慧。《探索人的智慧》一书的撰写历时十年有四，笔者在智慧学学科理论和相关学术书籍资料几乎一片空白的情况下，"摸着石头过河"似的探索人的智慧起源，智慧结构与本质，智慧与心理思维活动、实践活动的关系；探讨哲学原理和心理学原理在智慧化思维领域中的应用。

幸运的是，智慧的种子早就播种在了人类数千年的生存与发展实践中，我辈方能独辟蹊径、竭力追求、奋身探索，历经十数稿，终于明悟通达，将智慧学原理集成体系，完成了全书的撰写。本书对智慧学学科理论框架作了初步的探讨和整理。既然是智慧初探，就难免存在诸多不当甚至错误之处。在此，笔者敬请各位专家学者和广大读者给予理解和谅解。欢迎广大读者开展读后交流与讨论，欢迎提出批评和修改意见，以便笔者在本书再版时修订。为方便广大读者开展本书的读后讨论，笔者建立了《探索人的智慧》"知识星球"讨论群，欢迎广大读者通过微信扫描以下二维码加入交流并发表各自见解。

借本书出版之际，真诚感谢家人和亲朋好友在本书撰写过程中长期的支持和配合！真诚感谢曾鑫华女士、陈绪泉先生、饶欠林先生、徐友斌先生、骆志超先生在本书文稿编排与修改过程中给予的大力帮助。

刘达金　刘著明

2020 年 2 月 10 日

微信扫码，立刻加入智慧家族